天然气储运工程合规建设指南

贺永利 龚大利 田晓龙 路 军 王 凯 等编

石油工业出版社

内容提要

本书总结了长输管道、城镇燃气、LNG 接收站等天然气储运工程合规建设经验，以法律、行政法规、国务院决定设定的行政许可事项为基础，结合工程建设业务合规管理要求，对工程建设各项合规手续的适用范围、前置条件、办理流程、审批要求和执行法规进行了梳理归纳。

本书可供工程建设领域管理及技术人员参考，也可作为高等院校相关专业师生参考使用。

图书在版编目（CIP）数据

天然气储运工程合规建设指南 / 贺永利等编 .
北京：石油工业出版社，2024.9. -- ISBN 978-7-5183-6951-5
Ⅰ . TE88-62
中国国家版本馆 CIP 数据核字第 2024QM8332 号

出版发行：石油工业出版社
　　　　（北京安定门外安华里 2 区 1 号楼　100011）
　　网　　址：www.petropub.com
　　编辑部：（010）64523736
　　图书营销中心：（010）64523633
经　销：全国新华书店
印　刷：北京中石油彩色印刷有限责任公司

2024 年 9 月第 1 版　2024 年 9 月第 1 次印刷
787×1092 毫米　开本：1/16　印张：14
字数：355 千字

定价：70.00 元
（如出现印装质量问题，我社图书营销中心负责调换）
版权所有，翻印必究

《天然气储运工程合规建设指南》
编委会

主　　任：贺永利
副 主 任：龚大利　田晓龙　王明生
委　　员：（按姓氏笔画为序）
　　　　　王利锋　王　凯　王　鹏　路　军

编写组

主　　编：贺永利　龚大利
副 主 编：田晓龙　路　军　王　凯
成　　员：（按姓氏笔画为序）
　　　　　王利峰　王明生　王　鹏　孔令超　甘　霖
　　　　　叶健豹　冯立德　朱连波　乔元彪　孙钟阳
　　　　　李　苏　肖　津　张绍华　张显政　张效铭
　　　　　苗雨晖　郑世博　赵颇如　侯金桥　阎　俊

前言
PREFACE

　　工程项目建设是投资转化为生产力、实现效益的纽带。工程项目建设具有复杂性、一次性、系统性的特点，从可研论证到设计、施工直至竣工验收时间跨度长，所涉及的单位、机构和需办理的相关手续众多。国家近年来在工程建设领域大力推进政府职能转变和深化"放管服"改革、优化营商环境，一再精减工程建设审批事项，力争提高行政效能，打通项目开工前"最后一公里"。目前精简后保留下来的行政许可、行政确认、行政备案、第三方机构审查等事项都对工程建设有着直接影响，发挥着尤为突出的作用。

　　2014年，国务院国有资产监督管理委员会（简称"国资委"）提出中央企业要加强合规管理体系建设以来，央企合规管理历经十年的政策引导和不断实践探索，由浅入深、由点到面不断深化，2022年出台的《中央企业合规管理办法》提出构建分类分级的合规管理制度体系，包括合规管理基本制度、合规管理具体制度或专项指南，并根据法规变化实施修改完善。中国石油天然气集团有限公司（简称"集团公司"）作为国资委2016年选定的开展央企合规体系建设试点工作的五家央企之一，坚持依法合规治企，树立全员合规、主动合规、实质合规的理念，2023年发布的《中国石油天然气集团有限公司合规管理规定》提出集团公司及所属单位业务主管部门应当定期梳理业务流程，组织排查合规风险隐患和风险点，制定治理和风险防范措施，并落实到具体业务环节和工作岗位。《天然气储运工程合规建设指南》一书正是为了响应国资委和集团公司合规管理的相关要求，在浩如烟海的法律法规、规章制度条文中摘取合规事项办理的依据、要求、流程、结果汇编成册，作为天然气储运工程合规建设的专项指南。

　　全书由贺永利、龚大利担任主编并统稿，共分为六章。第一章为概论，由田晓龙编写；第二章为项目前期阶段合规管理，由路军编写；第三章为项目实施勘察设计阶段合规管理，第一节、第二节、第三节由王凯编写，第四节、第五节由侯金桥编写，第六节、第七节由孙钟阳编写，第八节、第九节由王利峰、朱连波编写，第十节由王鹏、甘霖编写；第四章为项目实施施工阶段合规管理，第一节、第二节、第三节由张效铭、叶健豹编写，第四节、第五节由苗雨晖、冯立德编写，第六节、第七节由赵颇如编写；第五章为项目验收阶段合规管理，第一节、第二节由张显政、郑世博编写，第三节、第四节由孔令超编写，第五节、第六节由王明生、乔元彪编写，第七节、第八节由肖津编写，第九节、第十节由张绍华、李苏编写；第六章为项目后评价阶段合规管理由阎俊编写。

工程建设业务合规管理牵涉面广、业务复杂程度高，项目建设过程几十条业务流程线错综交织，职责和权利盘根错节，需统筹兼顾，管理协调难度很大。多年的工程建设实践中，合规手续缺失一直是工程建设的难点和痛点，合规风险多、隐患治理难是工程项目管理中遇到的普遍困难，而因合规事项办理流程不规范、合规管理不达预期，常常给企业造成巨大损失和影响。希望《天然气储运工程合规建设指南》能够为广大工程建设管理者提供参考和借鉴，为工程合规事项办理提供指引和建议，提升工程建设管理效率和水平，助力集团公司建设成为世界一流法治企业。

由于编者水平有限，加之国家法律法规、规章制度不断更新，书中疏漏之处在所难免，恳请广大读者批评指正。

目录

CONTENTS

第一章　概论 ··· 1
 第一节　合规管理的概念及发展 ··· 1
 第二节　工程建设项目合规管理 ··· 3
 第三节　天然气储运工程建设合规管理 ······································· 7

第二章　项目前期阶段合规管理 ··· 15
 第一节　规划计划 ··· 16
 第二节　（预）可行性研究 ··· 16
 第三节　可行性研究支持性手续 ··· 18
 第四节　前期阶段地震安全性评价 ··· 32
 第五节　前期阶段用地手续 ··· 33
 第六节　项目的审批、核准、备案 ··· 41

第三章　项目实施勘察设计阶段合规管理 ······································· 46
 第一节　项目管理团队和管理体系的建立 ····································· 46
 第二节　安全条件审查 ··· 47
 第三节　用地及规划许可 ··· 49
 第四节　环境影响评价审批 ··· 73
 第五节　固定资产投资项目节能审查 ··· 80
 第六节　水土保持方案审批 ··· 83
 第七节　洪水影响评价类审批 ··· 85
 第八节　避免危害气象探测环境行政许可 ····································· 92
 第九节　初步设计 ··· 96
 第十节　详细设计文件审查 ·· 107

第四章　项目实施施工阶段合规管理 ··· 117
 第一节　工程质量监督申报 ·· 117
 第二节　工程开工许可手续 ·· 119

第三节　典型施工许可手续…………………………………………………122
　　第四节　其他施工行政许可手续……………………………………………135
　　第五节　工程建设技术规范…………………………………………………159
　　第六节　土地复垦验收………………………………………………………162
　　第七节　试运投产阶段验收手续……………………………………………164
第五章　项目验收阶段合规管理……………………………………………………177
　　第一节　安全设施竣工验收…………………………………………………177
　　第二节　环境保护设施竣工验收……………………………………………180
　　第三节　职业病防护设施验收………………………………………………183
　　第四节　水土保持设施验收…………………………………………………186
　　第五节　档案验收……………………………………………………………188
　　第六节　其他单项验收………………………………………………………190
　　第七节　水运建设项目竣工验收……………………………………………196
　　第八节　房屋建筑和市政基础设施工程竣工验收备案……………………198
　　第九节　天然气储运工程竣工验收…………………………………………201
第六章　项目后评价阶段合规管理…………………………………………………205
　　第一节　项目后评价概念及一般要求………………………………………205
　　第二节　集团公司投资项目后评价…………………………………………206
　　第三节　中央政府投资项目后评价…………………………………………208
参考文献………………………………………………………………………………214

第一章 概 论

第一节 合规管理的概念及发展

一、合规管理的概念

"合规"一词源于银行业，在商业银行监督管理工作中经常使用。随着世界经济一体化的发展，合规管理开始被应用于各行各业。从字面上理解，合规就是"符合规定"，遵守公司注册地的国家法律法规及政府、行业监管规定和遵守企业内部的管理制度及流程，包括企业文化、业务规范、员工行为准则、财务规则等。《合规管理体系 要求及使用指南》（GB/T 35770—2022）指出，"合规"是指履行组织的全部合规义务；"合规义务"是指组织强制性地必须遵守的要求，以及组织自愿遵守的要求。

《中央企业合规管理办法》（国资委令第 42 号）提出，"合规"是指企业经营管理行为和员工履职行为符合国家法律法规、监管规定、行业准则和国际条约、规则，以及公司章程、相关规章制度等要求；"合规管理"是指企业以有效防控合规风险为目的，以提升依法合规经营管理水平为导向，以企业经营管理行为和员工履职行为为对象，开展的包括建立合规制度、完善运行机制、培育合规文化、强化监督问责等有组织、有计划的管理活动。

二、合规管理的由来

企业合规管理起源于美国，在 1960 年，美国电话电报公司制定了《行为准则》，保护消费者权益，提升了公司社会形象和信誉。通用汽车公司在 1964 年发布了《通用汽车商业道德准则》，规范员工行为，加强了内部控制和企业声誉。

1973 年美国"水门事件"发生后，国外学者提出了合规的概念。20 世纪 70 年代国际商贸和经济合作与发展组织分别编制了《打击敲诈勒索和贿赂行为准则》和《跨国公司和国际投资宣言》；20 世纪 80 年代以后，《国际商务交易活动中反受贿的提议案》和《北美反腐败案例》等法案陆续出台。

21 世纪初，安然、世通等美国企业陷入丑闻，全球最大的会计师事务所安达信也因提交虚假审计报告等材料而失去证券审计资格和大量客户。为此，《萨班斯—奥克斯法案》（2002 年）、巴塞尔银行监管委员会《银行合规和合规部门》（2005 年）等合规管理文件出台，要求将公司管理方式转变为实质监管，使得银行业的合规管理制度体系创立起来并逐步走向完善。这一阶段企业合规管理要求企业在法律法规遵守方面达到高标准，同时也要求企业在风险控制、内部监督、信息披露等方面进行全面的自我监督与管理。

三、国内合规管理的发展

（一）合规管理的提出

国内合规管理的起步时间较晚，主要从跨国公司合规管理开始引发国内研究，逐渐发展为由政府部门推动、包括但不限于法律风险管理的治理行为，并首先在金融业和商业银行业开始合规管理实践。

2006年10月，中国银监会文发布了《商业银行合规风险管理指引》（银监发〔2006〕76号）。这是最早的合规指导性文件，提出"合规"是指使商业银行的经营活动与法律、规则和准则相一致；"合规风险"是指商业银行因没有遵循法律、规则和准则可能遭受法律制裁、监管处罚、重大财务损失和声誉损失的风险。

2007年9月，中国保监会（已撤销）发布了《保险公司合规管理指引》（保监发〔2007〕91号，已废止），提出"合规"是指保险公司及其员工和营销员的保险经营管理行为应当符合法律法规、监管机构规定、行业自律规则、公司内部管理制度以及诚实守信的道德准则；"合规风险"是指保险公司及其员工和营销员因不合规的保险经营管理行为引发法律责任、监管处罚、财务损失或者声誉损失的风险。

2008年7月，中国证监会发布了《证券公司合规管理试行规定》（中国证监会公告〔2008〕30号，现已失效），提出"合规"是指证券公司及其工作人员的经营管理和执业行为符合法律、法规、规章及其他规范性文件、行业规范和自律规则、公司内部规章制度，以及行业公认并普遍遵守的职业道德和行为准则；"合规管理"是指证券公司制定和执行合规管理制度，建立合规管理机制，培育合规文化，防范合规风险的行为。

（二）合规管理的推广

2016年12月，中国保监会发布《保险公司合规管理办法》（保监发〔2016〕116号），废止了《保险公司合规管理指引》（保监发〔2007〕91号）；2017年6月，证监会发布了《证券公司和证券投资基金管理公司合规管理办法》（证监会令第133号，2020年3月证监会令第166号修订）。两个《办法》的出台，构建了保险公司和证券基金经营机构合规管理体系。

商务部2014年12月发布了《贸易政策合规工作实施办法（试行）》（商务部公告2014年第86号），国家税务总局的2015年10月发布了《税收政策合规工作实施办法（试行）》（税总发〔2015〕117号）等，将合规管理推广到了其他的行业行政管理事务方面。

随着国家依法治国战略的深入推进，除金融行业以外的其他行业的央企合规管理工作也逐步开展起来。2014年12月，国务院国有资产监督管理委员会（简称"国资委"）在《关于推动落实中央企业法制工作新五年规划有关事项的通知》（国资发法规〔2014〕193号）中正式提出中央企业要加强合规管理体系建设。2015年12月，国资委发布《关于全面推进法治央企建设的意见》（国资发法规〔2015〕166号）中对央企提升合规管理能力提出了具体要求，要求建立由法律事务机构牵头、相关部门共同参与、齐抓共管的合规管理工作体系。2016年开始，国资委组织中国石油天然气集团有限公司、中国移动通信集团有限公司、中国东方电气集团有限公司、招商局集团有限公司、中国中铁股份有限公司等五家中央企业开展合规管理试点工作。

2017年12月29日，国家质量监督检验检疫总局和国家标准化管理委员会发布了

GB/T 35770—2017《合规管理体系　指南》（现已更新为 GB/T 35770—2022《合规管理体系 要求及使用指南》），对"合规"进行了明确的定义，即合规意味着遵守适用的法律法规及监管规定，也遵守相关标准、合同有效治理原则和道德准则；明确了合规管理体系的各项要素及各类组织建立、实施、评价和改进合规管理体系的指导和建议。

（三）合规管理的普及

党的十九大报告将全面依法治国确定为新时代坚持和发展中国特色社会主义的基本方略，党的二十大报告提出，坚持全面依法治国，推进法治中国建设。法治是全面依法治国的微观基础，合规是法治不可或缺的组成部分。

2018 年以"中兴事件"为标志，被称之为中国企业的合规元年，国家对依法治国、依法治企与合规管理的重视上升到了战略高度。2018 年 11 月，国资委出台了《中央企业合规管理指引（试行）》（国资发法规〔2018〕106 号）；2018 年 12 月，国家发展改革委等七部门联合下发了《企业境外经营合规管理指引》（发改外资〔2018〕1916 号）。两个《指引》的出台，标志着风险管理领域的重心已从法律风险管理转为合规管理，并从试点中央企业转为所有企业。

2021 年 10 月，国资委发布《关于进一步深化法治央企建设的意见》（国资发法规规〔2021〕80 号），提出持续完善合规管理工作机制，推动合规要求向各级子企业延伸，将合法合规性审查和重大风险评估作为重大决策事项必经前置程序。

国务院国资委将 2022 年规划为"国有企业合规管理强化年"。2022 年 8 月，国资委发布了《中央企业合规管理办法》（国资委令第 42 号），从组织保障、制度建设、运行机制、合规文化、信息化建设、监督问责等方面对中央企业合规管理建设提出了明确要求。

2020 年以来，最高人民检察院先后部署了两个批次涉案企业合规改革试点工作，截至 2024 年 9 月 1 日，发布了四批次共 20 个典型案例。2021 年 6 月，中华人民共和国最高人民检察院（简称"最高检"）等九个部门联合发布了《关于建立涉案企业合规第三方监督评估机制的指导意见（试行）》，建立对涉案企业的合规承诺进行调查、评估、监督和考察，将考察结果作为人民检察院依法处理案件的重要参考的管理机制。2022 年 4 月 2 日，最高检会同全国工商联召开全面推开涉案企业合规改革试点工作部署会，全面推开涉案企业合规改革试点工作。

2022 年 10 月，国家市场监管总局、国家标准化管理委员会对《合规管理体系指南》（GB/T 35770—2017）进行了升版，发布了《合规管理体系 要求及使用指南》（GB/T 35770—2022），为企业建立合规管理体系提供了标准和依据，成为广大国内企业可依据执行的标准，同时可依据该标准申请第三方管理体系认证。

这些由政府主管部门主导的集大成式的规定或指引的出台，使合规从模糊的轮廓发展为明确的步骤和方法，企业合规管理已成为中国企业管理的主要发展趋势。

第二节　工程建设项目合规管理

工程项目具有项目周期长、投资额度大、建设复杂度高、不可控因素多等特点。这些特点决定了项目管理中的每个环节都存在一定风险，有些风险隐患存在一定的潜伏周期，可能会在一段时间后才对整个工程项目造成影响。工程项目的合规风险来自外部合规环境和内部合规环境。项目外部合规环境是指项目所处客观环境中产生工程建设合规风险的因素，包括法律法规的出台和修订，监管机构、公众等法律主体对企业的法律行为等；项目内部合规环境是指项目内部产生合规风险的因素，包括工程建设各方责任主体的合规文化、合规重视程度、组织结构、权责关系、人员法律素质、的合规意识、人才政策和绩效管理等。本书的内容定位是对项目外部合规环境进行探讨和论述。

工程建设项目审批流程复杂，从立项到竣工验收，一个完整的工程建设项目需要经历多个环节的审批，这些环节包括规划立项、土地使用、环境影响评价、施工图设计、施工许可、专项验收等，每个环节都需要相关部门进行审核、批准、验收，以确保项目符合法律法规和技术标准，建设单位往往对前期需要办理的合规手续及相关要求了解不清，在办理相关手续时不能做到统筹运作，手续不全就急于开工，被主管部门勒令停工、行政处罚的事例屡见不鲜，甚至会造成不良的社会影响，给企业带来巨大损失。

近年来，国务院着力推进供给侧结构性改革，深入推进"放管服"改革，下决心减少审批，不断降低制度性成本，打通项目开工前"最后一公里"，提高行政效能。项目报建审批事项，是投资项目申请报告核准或者可行性研究报告批复之后、开工之前，由相关部门和单位依据法律法规向项目单位做出的行政审批事项。项目报建阶段是项目从前期规划设计到正式实施阶段的关键环节，必要的报建审批对于确保项目科学合理设计和实施必不可少。同时，报建审批事项的多少、办理时间的长短、办理效率的高低，直接关系项目投资能否真正发挥效益，关系相关投融资能否直接形成实物工作量。2016年5月，国务院发布了《清理规范投资项目报建审批事项实施方案》(国发〔2016〕29号)，清理了23项报建审批事项，将24项报建审批事项整合为8项，改为部门间征求意见的2项，涉及安全的强制性评估5项不列入行政审批事项。

2019年3月，国务院办公厅发布了《国务院办公厅关于全面开展工程建设项目审批制度改革的实施意见》(国办发〔2019〕11号)，提出精简审批事项和条件，取消不合法、不合理、不必要的审批事项，减少保留事项的前置条件；下放审批权限，按照方便企业和群众办事的原则，对下级机关有能力承接的审批事项，下放或委托下级机关审批。合并审批事项，对由同一部门实施的管理内容相近或者属于同一办理阶段的多个审批事项，整合为一个审批事项；转变管理方式，对能够用征求相关部门意见方式替代的审批事项，调整为政府内部协作事项。调整审批时序，地震安全性评价在工程设计前完成即可，环境影响评价、节能评价等评估评价和取水许可等事项在开工前完成即可，可以将用地预审意见作为使用土地证明文件申请办理建设工程规划许可证，将供水、供电、燃气、热力、排水、通信等市政公用基础设施报装提前到开工前办理，在工程施工阶段完成相关设施建设，竣工验收后直接办理接入事宜。

2023年3月，国务院办公厅根据法律法规修订和机构职能调整情况，公布了最新一期《法律、行政法规、国务院决定设定的行政许可事项清单（2023年版）》(国办发〔2023〕5号)，明确了涉及25个行政部门的182项工程建设类行政许可事项，占全部991项行政审批事项的18.4%。

工程建设类行政许可事项见表1-1。

表 1-1 工程建设类行政许可事项一览表

序号	主管部门	行政许可事项
1	国家发展改革委	(1)固定资产投资项目核准(含国发〔2016〕72号文件规定的外商投资项目);(2)固定资产投资项目节能审查
2	工业和信息化部	(1)全国性信息网络工程建设项目审批;(2)第二、三类和含磷硫氟的第四类监控化学品生产设施建设审批;(3)第二、三类和含磷硫氟的第四类监控化学品生产设施竣工验收;(4)国家电信网、互联网网络安全技术平台配套设施建设项目核准;(5)稀土矿山开发、稀土冶炼分离和深加工项目核准;(6)通信工程施工企业主要负责人、项目负责人和专职安全生产管理人员安全生产考核
3	公安部	(1)民用爆炸物品购买许可;(2)民用爆炸物品运输许可;(3)爆破作业单位许可;(4)爆破作业人员资格认定;(5)城市、风景名胜区和重要工程设施附近实施爆破作业审批;(6)放射性物品道路运输许可;(7)金融机构营业场所和金库安全防范设施建设方案审批;(8)金融机构营业场所和金库安全防范设施建设工程验收;(9)涉路施工交通安全审查
4	国家安全部	涉及国家安全事项的建设项目审批
5	自然资源部	(1)建设项目压覆重要矿床审批;(2)填海项目竣工验收;(3)建设项目用地预审与选址意见书核发;(4)海域使用审核;(5)海底电缆管道铺设路由调查勘测、铺设施工审批;(6)无居民海岛开发利用审核;(7)国有建设用地使用权出让后土地使用权分割转让批准;(8)乡(镇)村企业使用集体建设用地审批;(9)乡(镇)村公共设施、公用事业使用集体建设用地审批;(10)临时用地审批;(11)建设用地、临时建设用地规划许可
6	生态环境部	(1)一般建设项目环境影响评价审批;(2)海洋工程建设项目环境影响评价审批;(3)核与辐射类建设项目环境影响评价审批;(4)海洋工程建设项目环境保护设施竣工验收;(5)民用核设施选址、建造、运行、退役等活动许可;(6)注册核安全工程师注册;(7)民用核安全设备焊接人员资格认定;(8)民用核安全设备无损检测人员资格认定;(9)民用和材料许可证核准;(10)进口民用核安全设备安全检验;(11)为境内民用核设施进行核安全设备设计、制造、安装和无损检测活动的境外单位注册
7	住房城乡建设部	(1)建筑工程施工许可证核发;(2)超限高层建筑工程抗震设防审批;(3)由于工程施工、设备维修等原因确需停止供水的审批;(4)由于工程施工、设备维修等原因确需停止供水的审批;(5)市政设施建设类审批;(6)工程建设涉及城市绿地、树木审批;(7)历史建筑实施原址保护审批;(8)历史文化街区、名镇、名村核心保护范围内拆除历史建筑以外的建筑物、构筑物或者其他设施审批;(9)历史建筑外部修缮装饰、添加设施以及改变历史建筑的结构或者使用性质审批;(10)建设工程消防设计审查;(11)建设工程消防验收;(12)在村庄、集镇规划区内公共场所修建临时建筑等设施审批;(13)临时性建筑物搭建、堆放物料、占道施工审批;(14)建筑物起重机械使用登记;(15)建筑业企业资质认定;(16)建设工程勘察企业资质认定;(17)建设工程设计企业资质认定;(18)工程监理企业资质认定;(19)勘察设计注册工程师执业资格认定;(20)监理工程师执业资格认定;(21)建造师执业资格认定;(22)注册建筑师执业资格认定;(23)注册造价工程师注册;(24)建设工程质量检测机构资质审批;(25)建筑施工企业安全生产许可;(26)建筑施工企业主要负责人、项目负责人和专职安全生产管理人员安全生产考核;(27)建筑施工特种作业人员职业资格认定;(28)房地产开发企业资质核定;(29)城市建筑垃圾处置核准;(30)拆除、改动、迁移城市公共供水设施审核;(31)拆除、改动城镇排水与污水处理设置审核;(32)燃气经营者改动市政燃气设施审批;(33)特殊车辆在城市道路上行使审批;(34)改变绿化规划、绿化用地的使用性质审批
8	交通运输部	(1)公路、水运投资项目立项审批;(2)公路建设项目设计文件审批;(3)公路建设项目施工许可;(4)公路建设项目竣工验收;(5)涉路施工许可;(6)公路周边修筑坝、压缩或拓宽河床许可;(7)更新采伐护路林审批;(8)港口岸线使用审批;(9)水运建设项目设计文件审批;(10)航道建筑物运行方案审批;(11)航道通航条件影响评价审核;(12)水运建设项目竣工验收;(13)危险货物港口建设项目安全条件审查;(14)危险货物港口建设项目安全设施设计审查;(15)港口采掘、爆破施工作业许可;(16)公路水运施工单位主要负责人、项目负责人和专职安全生产管理人员安全生产考核;(17)公路超限运输许可;(18)公路工程监理企业资质许可;(19)公路水运工程质量检测机构资质审批;(20)水运工程监理企业资质许可;(21)海域或者内河通航水域、岸线施工作业许可;(22)造价工程师(交通运输工程)注册;(23)监理工程师(交通运输工程)注册
9	水利部	(1)水利基建项目初步设计文件审批;(2)取水许可;(3)洪水影响评价类审批;(4)河道管理范围内特定活动审批;(5)生产建设项目水土保持方案审批;(6)农村集体经济组织修建水库审批;(7)城市建设填堵水域、废除围堤审批;(8)占用农用灌溉水源、灌排工程设施审批;(9)大中型水利水电工程移民安置规划审核;(10)大坝管理和保护范围内修建码头、池塘许可;(11)水利工程建设监理单位资质认定;(12)水利工程质量检测单位资质认定;(13)造价工程师(水利工程)注册;(14)监理工程师(水利工程)注册;(15)水利水电工程施工企业主要负责人、项目负责人和专职安全生产管理人员安全生产考核

续表

序号	主管部门	行政许可事项
10	农村农业部	(1)渔港内新建、改建、扩建设施或其他水上、水下施工审批;(2)建设禁渔区线内侧的人工鱼礁审批
11	国家卫生健康委	(1)医疗机构建设项目放射性职业病危害预评价报告审核;(2)医疗机构建设项目放射性职业病防护设施竣工验收
12	应急管理部	(1)石油天然气建设项目安全设施设计审查;(2)金属冶金建设项目安全设施设计审查;(3)生产、储存危险化学品建设项目安全条件审查;(4)生产、储存危险化学品建设项目安全设施设计审查;(5)生产、储存烟花爆竹品建设项目安全设施设计审查;(6)重大工程抗震设防要求审定;(7)安全评价检测检验机构资质认定;(8)注册消防工程师注册;(9)公众聚集场所投入使用、营业前消防安全检查;(10)注册安全工程师注册;(11)特种作业人员职业资格认定
13	市场监督管理总局	(1)特种设备使用登记;(2)特种设备采用新材料、新技术、新工艺审批;(3)特种设备生产单位许可;(4)特种设备检验、检测机构核准;(5)特种设备检验、检测人员资格认定;(6)特种设备安全管理和作业人员资格认定;(7)检验检测机构资质认定
14	中国气象局	(1)雷电防护装置设计审核;(2)雷电防护装置竣工验收;(3)新建、改建、扩建建设工程避免危害气象探测环境审批;(4)雷电防护装置检测单位资质认定;(5)气象台站迁建审批
15	国家能源局	(1)在电力设施周围或者电力设施保护区内进行可能危及电力设施安全作业审批;(2)核电厂建设工程消防设计审批;(3)核电厂建设工程消防验收审批;(4)煤矿建设工程消防设计审批;(5)国家重点建设和国家核准水电站项目竣工验收;(6)固定资产投资项目核准;(7)新建不能满足管道保护要求的石油天然气管道防护方案审批;(8)可能影响石油天然气管道保护的施工作业审批;(9)电力业务许可;(10)承装(修、饰)电力设施许可
16	国家国防科工局	(1)固定资产投资项目核准(国防科技工业);(2)民用航天发射项目许可;(3)国防科技工业军用核设施安全许可;(4)核电站实体保卫工程验收;(5)核材料许可证核发;(6)国防科技工业军用核设施安全设备设计、制造、安装、无损检验单位许可;(7)国防科技工业军用核设施操纵人员及核安全设备特种工艺人员资格认定
17	国家烟草专卖局	烟草制品生产企业为扩大生产能力进行基本建设或技术改造审批
18	国家林草局	(1)建设项目使用林地及在森林和野生动物类型国家自然保护区内建设审批;(2)建设项目使用草原审批;(3)树木采伐许可证核发;(4)在国家级风景名胜区内修建缆车、索道等重大建设工程项目选址方案核准;(5)在风景名胜区内从事建设、设置广告、举办大型游乐活动及其他影响生态和景观活动许可;(6)进入自然保护区从事有关活动审批;(7)森林草原防火期内在森林草原防火区野外用火审批;(8)森林草原防火期内在森林草原防火区爆破、勘察和施工等活动审批;(9)进入森林高火险区、草原防火管制区审批
19	中国民航局	(1)民用机场场址及总体规划审批;(2)民航专业工程及含有中央投资的民航建设项目初步设计审批;(3)规定权限内新建、改建、扩建民用机场审批;(4)运输机场专业工程验收;(5)民用机场不停航施工许可
20	国家文物局	(1)建设工程文物保护许可;(2)文物保护单位的迁移、拆除或者不可移动文物的原址重建审批;(3)文物保护工程资质审批
21	国家矿山安监局	(1)矿山建设项目安全设施设计审查;(2)矿山特种作业人员职业资格认定
22	国家档案局	移交档案审批
23	国家人防办	(1)应建防空地下室的民用建筑项目报建审批;(2)拆除人民防空工程审批
24	国家交通战备办	(1)国防交通工程设施建设项目和有关贯彻国防要求建设项目设计审定;(2)国防交通工程设施建设项目和有关贯彻国防要求建设项目竣工验收;(3)国防交通工程设施改变用途或报废处理审批;(4)占用国防交通控制范围土地审批
25	国务院城乡规划主管部门	(1)建设工程、临时建设工程规划许可;(2)乡村建设规划许可

第三节　天然气储运工程建设合规管理

一、天然气储运工程建设合规管理影响因素

天然气储运工程外部合规环境主要受三个方面的影响。

（一）国家相关法律法规日益完善

工程建设项目涉及方方面面的法律法规、行政规章、管理制度，制度体系颇为繁杂，工程建设中稍有不慎就会因法律风险综合评价不足，导致合规风险的形成。工程建设相关法律法规、行政规章、管理制度又处于不断地出台、修订、废止的动态过程中，无形中会导致合规风险的增大。

（二）政府监管和行业监管趋于严格

国家对安全、环境的监管力度持续加强，而石油化工属高危行业，更是监管的重中之重。安全源于设计、源于质量，相关主管部门对石油天然气工程的前期合规手续办理也是慎之又慎，监管力度也不断增大，加大了合规手续办理难度。

（三）项目建设节奏持续加速

以"标准化设计、集约化采购、工厂化预制、模块化建设、智能化管控、数字化交付"为内容的"六化"建设的深入推进，工程建设节奏越来越快，建设效率不断提升，合理建设工期变短，客观上也缩短了办理工程建设合规手续的窗口期，对合规手续办理带来了挑战。

二、天然气储运工程建设的阶段划分

一般情况下，可以将天然气储运工程建设分为决策阶段、实施阶段、验收阶段和后评价阶段四个阶段，其中实施阶段又可分为勘察设计、施工和试运投产三个分阶段，如图1-1所示。

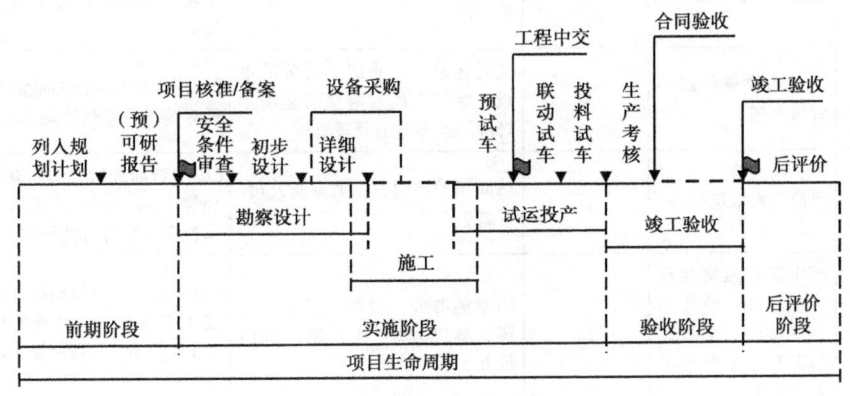

图1-1　天然气储运工程建设阶段划分

三、天然气储运工程各建设阶段的行政许可事项

如果将工程建设项目看作一个整体，不考虑项目内部审查、验收手续，天然气储运工程项目需要向外部办理的相关合规手续涉及前期阶段、实施阶段、验收阶段和后评价阶段

4个阶段96项手续,其中包括16个行政部门的54项行政许可事项(不含单位资质、人员资格类许可事项),同时政府相关部门还存在一些行政备案、行政确认事项,企业内部也存在相应报告、方案的编制、报批、验收等相关事项。合规事项清单见表1-2。

表1-2 天然气储运工程建设合规事项汇总表

建设阶段	序号	合规手续	是否为行政许可事项	实施机关	设定和实施依据
前期阶段	1	建设项目用地预审与选址意见书核发	是	自然资源部;省级、设区的市级、县级自然资源部门	《中华人民共和国城乡规划法》《中华人民共和国土地管理法》《中华人民共和国土地管理费实施条例》《建设项目用地预审管理办法》
	2	重大工程抗震设防要求审定	是	省级应急管理部门	《中华人民共和国防震减灾法》《地震安全性评价管理条例》
	3	安全预评价	否	生产、储存危险化学品的建设项目报建设项目所在地设区的市级以上人民政府安全生产监督管理部门	《危险化学品安全管理条例》
	4	职业病危害预评价	否	建设单位	《建设项目职业病防护设施"三同时"监督管理办法》
	5	社会稳定风险评估	否	按可行性研究报告的审查程序进行评审	《重大行政决策程序暂行条例》《国家发展改革委重大固定资产投资项目社会稳定风险评估暂行办法》
	6	气候可行性论证	否	国务院、省级气象主管机构或其委托的机构	《气候可行性论证管理办法》
	7	地质灾害危险性评估	否	评估单位组织技术审查,并向省级、设区的市级、县级国土资源行政主管部门备案	《地质灾害防治条例》《国土资源部关于加强地质灾害危险性评估工作的通知》
	8	压覆重要矿床审批	否	自然资源部和省级自然资源主管部门	《国土资源部关于进一步做好建设项目压覆重要矿产资源审批管理工作的通知》
	9	航道通航条件影响评价审核	是	交通运输部、省级、设区的市级、县级人民政府交通运输主管部门或者航道管理机构	《中华人民共和国航道法》《航道通航条件影响评价审核管理办法》
	10	可研报告审批	否	总部相关部门、相关专业公司、所属企业	《中国石油天然气集团有限公司投资管理规定》《中国石油天然气集团有限公司投资项目可行性研究工作管理办法》
	11	固定资产投资项目核准[进口液化天然气接收、储运设施新建(含异地扩建)项目]	是	国家能源局;省级、设区的市级、县级政府(由其制定部门承办)	《企业投资项目核准和备案条例》《国务院关于发布政府核准的投资项目目录(2016年本)的通知》(国发〔2016〕72号)
	12	固定资产投资项目核准(含国发〔2016〕72号文件规定的外商投资项目)	是	国家发展改革委;省级、设区的市级、县级政府	《企业投资项目核准和备案管理条例》《国务院关于发布政府核准的投资项目目录(2016年本)的通知》(国发〔2016〕72号)
	13	固定资产投资项目备案	否	按照属地原则通过全国投资项目在线审批监管平台进行备案	《企业投资项目核准和备案管理条例》《企业投资项目核准和备案管理办法》

续表

建设阶段	序号	合规手续	是否为行政许可事项	实施机关	设定和实施依据
实施阶段	14	项目建设模式审批	否	工程和物装管理部、相关专业公司、所属企业	《中国石油天然气集团有限公司工程建设项目管理规定》
	15	项目管理手册审批及备案	否	所属企业审批，重点工程项目管理手册报专业公司、工程和物装管理部备案	《中国石油天然气集团有限公司工程建设项目管理规定》
	16	项目总体部署审批	否	工程和物装管理部、相关专业公司、所属企业	《中国石油天然气集团有限公司工程建设项目管理规定》《中国石油天然气集团有限公司工程建设项目总体部署管理办法》
	17	生产、储存危险化学品建设项目安全条件审查	是	应急管理部；省级、设区的市级应急管理部门	《危险化学品安全管理条例》《危险化学品建设项目安全监督管理办法》
	18	固定资产投资项目节能审查	是	省级、设区的市级、县级节能审查机关	《中华人民共和国节约能源法》
评价审批	19	一般建设项目环境影响评价审批	是	生态环境部；省级、设区的市级、县级生态环境部门	《中华人民共和国环境保护法》《中华人民共和国环境影响评价法》《中华人民共和国水污染防治法》《中华人民共和国大气污染防治法》《中华人民共和国土壤污染防治法》《中华人民共和国固体废物污染环境防治法》《中华人民共和国噪声污染防治法》《建设项目环境保护条例》
	20	海洋工程建设项目环境影响评价审批	是	生态环境部；省级、设区的市级、县级生态环境部门	《中华人民共和国环境保护法》《中华人民共和国环境影响评价法》《中华人民共和国海洋污染防治法》《防治海洋工程建设项目污染损害海洋环境管理条例》
	21	建设项目压覆重要矿床审批	是	自然资源部；省级自然资源部门	《中华人民共和国矿产资源法》《国土资源部关于进一步做好建设项目压覆重要矿产资源审批管理工作的通知》（国土资发〔2010〕137号）
	22	洪水影响评价类审批	是	水利部；水利部各流域管理机构；省级、设区的市级、县级水利部门	《中华人民共和国水法》《中华人民共和国防洪法》《中华人民共和国河道管理条例》《中华人民共和国水文条例》
	23	生产建设项目水土保持方案审批	是	水利部；省级、设区的市级、县级水利部门	《中华人民共和国水土保持法》
	24	新建、改建、扩建建设工程避免危害气象探测环境审批	是	省级气象主管机构	《中华人民共和国气象法》《气象设施和气象探测环境保护条例》
用地规划许可	25	建设用地、临时建设用地规划许可	是	直辖市、设区的市级县级自然资源部门	《中华人民共和国城乡规划法》
	26	临时用地审批	是	省级、设区的市级、县级自然资源部门	《中华人民共和国土地管理法》

续表

建设阶段	序号	合规手续	是否为行政许可事项	实施机关	设定和实施依据
实施阶段	27	建设工程文物保护许可	是	国家文物局；省级、设区的市级、县级政府（由文物部门承办，征得上一级文物管理部门同意）；省级、设区的市级、县级文物部门	《中华人民共和国文物保护法》
实施阶段 用地规划许可	28	建设项目控制工期的单体工程先行用地审查	否	自然资源部	《建设用地审查报批管理办法》
	29	建设项目使用林地及在森林和野生动物类型国家自然保护区内建设审批	是	国家林草局；设区的市级、县级林草部门	《中华人民共和国森林法》《中华人民共和国森林法实施条例》《森林和野生动物类型自然保护区管理办法》
	30	建设项目使用草原审批	是	国家林草局；设区的市级、县级林草部门	《中华人民共和国草原法》
	31	农用地转用审批	否	国务院授权各省、自治区、直辖市人民政府批准	《建设用地审查报批管理办法》
	32	建设工程、临时建设工程规划许可	是	城市、县城乡规划部门；省级政府确定的镇政府	《中华人民共和国城乡规划法》
	33	土地征收审批	否	国务院、省级人民政府	《中华人民共和国土地管理法》《建设用地审查报批管理办法》
设计审查	34	石油天然气建设项目安全设施设计审查	是	应急管理部；省级、设区的市级、县级应急管理部门	《中华人民共和国安全生产法》《建设项目安全设施"三同时"监督管理办法》《冶金企业和有色金属企业安全生产规定》
	35	生产、储存危险化学品建设项目安全设施设计审查	是	应急管理部；省级、设区的市级应急管理部门	《中华人民共和国安全生产法》《危险化学品建设项目安全监督管理办法》
	36	职业病设施设计评审	否	建设单位	《建设项目职业病防护设施"三同时"监督管理办法》
	37	初步设计审查	否	工程和物装管理部、相关专业公司、所属企业	《中国石油天然气集团有限公司工程建设项目基础设计审批管理办法》
	38	水运建设项目初步设计审批	是	交通运输部、省级交通运输主管部门、所在地港口行政管理部门	《港口工程建设管理规定》
	39	超限高层建筑工程抗震设防审批	是	省级住房城乡建设部门	《建设工程抗震》《国务院对确需保留的行政审批项目设定行政许可的决定》
	40	建设工程消防设计审查	是	省级、设区的市级、县级住房城乡建设部门	《中华人民共和国消防法》《建设工程消防设计审查验收管理暂行规定》
	41	雷电防护装置设计审核	是	省级、设区的市级、县级气象主管机构	《气象灾害防御条例》
	42	安全防范设计方案审查	否	执行工程所在地公安部门的相关规定	《安全防范工程技术标准》

续表

建设阶段		序号	合规手续	是否为行政许可事项	实施机关	设定和实施依据
实施阶段	设计审查	43	房屋建筑和市政基础设施工程施工图设计文件审查	否	施工图审查机构	《房屋建筑和市政基础设施工程施工图设计文件审查管理办法》
		44	水运建设项目施工图设计审批	是	所在地港口行政管理部门	《港口工程建设管理规定》
	施工许可	45	工程质量监督申报	否	工程质量监督机构	《建设工程质量管理条例》《中国石油天然气集团有限公司工程建设项目质量监督管理办法》
		46	开工报告审批	否	工程和物装管理部、相关专业公司、所属企业	《中国石油天然气集团有限公司工程建设项目开工报告管理办法》
		47	建筑工程施工许可证核发	是	省、市、县级住房城乡建设部门	《中华人民共和国建筑法》《建筑工程施工许可证管理办法》
		48	管道穿越铁路手续	否	铁路企业	《油气输送管道与铁路交汇工程技术及管理规定》
		49	管道穿越光缆手续	否	电信企业	《中华人民共和国电信条例》
		50	涉路施工许可	是	省级、设区的市级、县级交通运输部门	《中华人民共和国公路法》《公路安全保护条例》《路政管理规定》
		51	涉路施工交通安全审查	是	省级、设区的市级、县级公安机关	《中华人民共和国道路交通安全法》《中华人民共和国公路法》《城市道路管理条例》
		52	压力管道监督检查	否	直辖市或者设区的市的特种设备安全监督管理部门、压力管道监检机构	《中华人民共和国特种设备安全法》《特种设备安全监察条例》
		53	用电手续	否	供电企业用	《中华人民共和国电力法》《电力供应与使用条例》《供电营业规则》
		54	市政设施建设类审批	是	直辖市、设区的市级县级政府（由市政工程部门承办）；直辖市、设区的市级、县级市政工程部门	《城市道路管理条例》
		55	由于工程施工、设备维修等原因确需停止供水的审批	是	城市政府供水部门	《城市供水条例》
		56	在村庄、集镇规划区内公共场所修建临时建筑等设施审批	是	乡级政府	《村庄和集镇规划建设管理条例》
		57	临时性建筑物搭建、堆放物料、占道施工审批	是	城市政府市容环境卫生部门	《城市市容和环境卫生管理条例》
		58	建筑物起重机械使用登记	是	直辖市、设区的市级、县级住房城乡建设部门	《中华人民共和国特种设备法》《建设工程安全生产管理条例》

续表

建设阶段	序号	合规手续	是否为行政许可事项	实施机关	设定和实施依据
实施阶段	59	海底电缆管道铺设路由调查勘测、铺设施工审批	是	自然资源部	《中华人民共和国专属经济区和大陆架法》《铺设海底电缆管道管理规定》
	60	民用爆炸物品购买许可	是	县级公安机关	《民用爆炸物品安全管理条例》
	61	民用爆炸物品运输许可	是	县级公安机关(运达地)	《民用爆炸物品安全管理条例》
	62	城市、风景名胜区和重要工程设施附近实施爆破作业审批	是	设区的市级公安机关	《民用爆炸物品安全管理条例》
	63	放射性物品道路运输许可	是	公安部；省级、设区的市级、县级公安机关	《中华人民共和国核安全法》《放射性物品运输安全管理条例》
	64	取水许可	是	水利部各流域管理机构；省级、设区的市级、县级水利部门	《中华人民共和国水法》《取水许可和水资源费征收管理条例》
	65	占用农用灌溉水源、灌排工程设施审批	是	省级、设区的市级、县级水利部门	《国务院对确需保留的行政审批项目设定行政许可的决定》
	66	特种设备使用登记	是	直辖市市场监管部门；设区的市级市场监管部门	《中华人民共和国特种设备安全法》《特种设备安全监察条例》
	67	特种设备采用新材料、新技术、新工艺审批	是	省级、设区的市级、县级市场监管部门	《中华人民共和国特种设备安全法》
	68	在电力设施周围或者电力设施保护区内进行可能危及电力设施安全作业审批	是	设区的市级、县级电力管理部门	《中华人民共和国电力法》《电力设施保护条例》
	69	新建不能满足管道保护要求的石油天然气管道防护方案审批	是	省级、设区的市级、县级管道保护主管部门	《中华人民共和国石油天然气管道保护法》
	70	树木采伐许可证核发	是	国家林草局；设区的市级、县级林草部门	《中华人民共和国森林法》《中华人民共和国森林法实施条例》
	71	森林草原防火期内在森林草原防火区爆破、勘察和施工等活动审批	是	省级、设区的市级、县级林草部门	《森林防火条例》《草原防火条例》
	72	进入森林高火险区、草原防火管制区审批	是	省级、设区的市级、县级政府(由林草部门承办)；省级、设区的市级、县级林草部门	《森林防火条例》《草原防火条例》
	73	应建防空地下室的民用建筑项目报建审批	是	省级、设区的市级、县级人防主管部门	《中共中央 国务院 中央军委关于加强人民防空工作的决定》

续表

建设阶段		序号	合规手续	是否为行政许可事项	实施机关	设定和实施依据
实施阶段	施工许可	74	土地复垦验收	否	阶段验收：项目所在地县级自然资源主管部门 总体验收：审查通过土地复垦方案的自然资源主管部门或者其委托有关自然资源主管部门	《土地复垦条例》《土地复垦条例实施办法》
		75	建设工程消防验收	是	省级、设区的市级、县级住房城乡建设部门	《中华人民共和国消防法》《建设工程消防设计审查验收管理暂行规定》
		76	雷电防护装置竣工验收	是	省级、设区的市级、县级气象主管机构	《气象灾害防御条例》
		77	生产安全事故应急预案备案	否	属地县级以上人民政府应急管理部门和其他负有安全生产监督管理职责的部门	《生产安全事故应急预案管理办法》
		78	环境应急预案备案	否	县级环境保护主管部门	《企业事业单位突发环境事件应急预案备案管理办法（试行）》
		79	安全防范系统验收	否	建设单位或执行工程所在地相关要求	《中华人民共和国反恐怖主义法》《安全防范工程技术标准》
		80	工程试运行安全报备	否	负责建设项目安全许可的安全生产监督管理部门	《建设项目职业病防护设施"三同时"监督管理办法》《危险化学品建设项目安全监督管理办法》
验收阶段		81	安全设施竣工验收	否	建设单位	《建设项目安全设施"三同时"监督管理办法》《危险化学品建设项目安全监督管理办法》
		82	环境保护设施竣工验收	否	建设单位	《建设项目环境保护管理条例》《建设项目竣工环境保护验收暂行办法》
		83	海洋工程建设项目环境保护设施竣工验收	是	生态环境部；省级、设区的市级、县级生态环境部门	《中华人民共和国海洋环境保护法》《防治海洋工程建设项目污染损害海洋环境管理条例》
		84	职业病防护设施验收	否	建设单位	《建设项目职业病防护设施"三同时"监督管理办法》
		85	水土保持设施验收	否	建设单位	《中华人民共和国水土保持法》《生产建设项目水土保持设施自主验收规程（试行）》
		86	档案验收	否	国家档案局、综合管理部或其委托的机构，所属企业档案管理机构	《重大建设项目档案验收办法》《中国石油天然气集团有限公司工程建设项目档案管理办法》
		87	节能验收	否	建设单位	《固定资产投资项目节能审查办法》
		88	防洪工程设施验收	否	水行政主管部门	《中华人民共和国防洪法》
		89	地质灾害治理工程验收	否	建设单位	《地质灾害防治条例》
		90	建设工程规划条件核实和建设用地检查核验	否	原审批的国土规划主管部门	《中华人民共和国城乡规划法》

续表

建设阶段	序号	合规手续	是否为行政许可事项	实施机关	设定和实施依据
验收阶段	91	竣工决算审计	否	集团公司审计部、所属企业审计机构	《中国石油天然气集团有限公司工程建设项目审计管理办法》
	92	水运建设项目竣工验收	是	省级交通运输主管部门、所在地港口行政管理部门、建设单位	《中华人民共和国港口法》《港口工程建设管理规定》
	93	公路建设项目竣工验收	是	交通运输部；省级、设区的市级、县级交通运输部门	《中华人民共和国公路法》《建设工程质量管理条例》《公路工程竣（交）工管理办法》《农村公路建设管理办法》
	94	房屋建筑和市政基础设施工程竣工验收备案	否	工程所在地的县级以上地方人民政府建设主管部门	《房屋建筑和市政基础设施工程竣工验收规定》《房屋建筑和市政工程基础设施工程竣工验收备案管理办法》
	95	石油天然气建设工程竣工验收	否	工程和物装管理部、相关专业公司、所属企业	《中国石油天然气集团有限公司工程建设项目竣工验收管理办法》
后评价阶段	96	投资项目后评价	否	国家发展改革委，集团公司、专业公司、所属企业发展计划部门	《中央政府投资项目后评价管理办法》《中国石油天然气集团有限公司投资项目后评价管理办法》

第二章　项目前期阶段合规管理

项目前期阶段也称为策划决策阶段，主要任务是将投资项目纳入战略规划，开展预可行性研究、办理政府相关部门出具的可研支持性文件、开展可行性研究、进行项目核准（或备案）。项目前期阶段要从建设必要性、要素保障性、工程可行性、运营有效性、财务合理性、影响可持续性、风险可控性，以及何时投资、在何地投资、如何实施等重大问题进行分析论证和多方案比较，提出指标性目标，作出科学决策。项目前期阶段虽然投入少，但对项目效益影响大，前期决策的失误往往会导致重大的投资损失。

项目前期阶段的基本工作流程如图 2-1 所示。

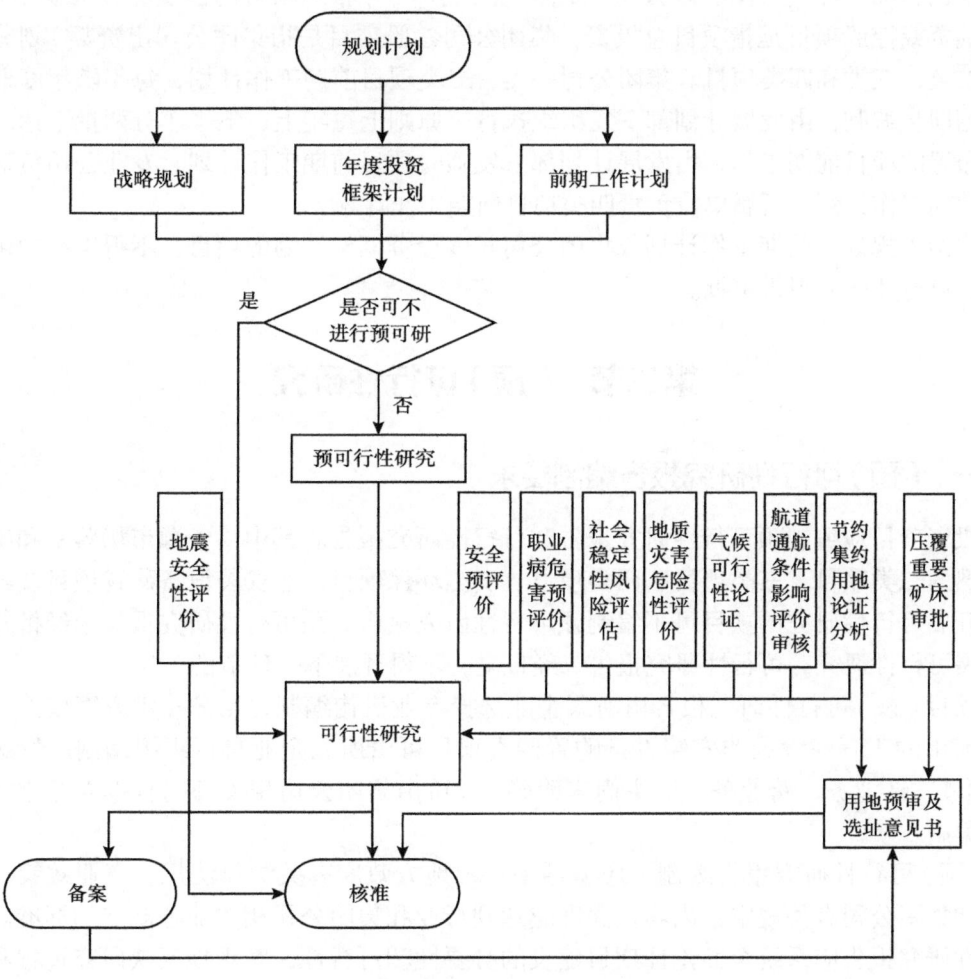

图 2-1　项目前期阶段工程建设流程图

第一节　规划计划

根据《中国石油天然气集团有限公司投资管理规定》（中国石油发〔2024〕4号），战略规划确定公司未来中长期发展愿景、战略定位、发展目标、规划部署、战略举措和相应的实施方案，明确重大项目、投资规模和投资效益预期，包括五年发展规划及远景目标和滚动规划。战略规划以五年发展规划为重点，五年发展规划是制定年度业务发展和投资计划、编制项目前期工作计划的重要依据。未纳入五年发展规划的业务和重大投资项目，原则上不得列入前期工作计划，不得开展项目预可行性研究、可行性研究，不得列入年度业务发展和投资计划。

滚动规划是衔接五年规划和年度计划的滚动实施方案，滚动规划编制突出生产经营主要指标和重点部署，与年度业务发展和投资框架计划编报程序保持一致。专业公司、所属单位在编报年度业务发展和投资计划时，要在确定年度计划指标基础上，提出后两年滚动发展重点指标。

中国石油天然气集团有限公司（简称"集团公司"）根据项目的性质和投资规模（集团公司独资或控股项目是指项目总投资，集团公司参股项目是指集团公司出资额）划分为一类、二类、三类和四类项目。集团公司一类、二类项目前期工作计划，每年随年度框架建议计划同步编制，由发展计划部下发组织执行，原则上每年上、下半年分两批下达。对于临时布置的项目前期工作，由发展计划部下发临时项目前期工作计划。专业公司负责三类项目前期工作计划，所属单位负责四类项目前期工作计划。

未纳入规划、前期工作计划或集团公司年度投资框架计划的项目，不得组织预可行性研究、可行性研究报告审批。

第二节　（预）可行性研究

一、（预）可行性研究报告编制要求

投资项目应编制预可行性研究报告和可行性研究报告。其中，资源市场落实和工艺技术成熟的二类项目、三类项目、四类项目、安全环保项目、非安装设备购置项目及经批准直接开展可行性研究的项目可不编制预可行性研究报告。预可行性研究报告未经批复，不得开展可行性研究；可行性研究报告未经批复，不得开展下一环节的工作。

项目（预）可行性研究报告由所属企业选择专业机构编制，工艺技术方案成熟、建设内容简单的工程建设或非安装设备购置四类项目可由所属企业自行组织编制。特殊情况（新领域、新业务、跨业务、业主尚未明确等）可由集团公司相关部门直接委托相关单位组织编制。

（预）可行性研究报告编制，应遵循国家及地方政府有关法律法规、产业政策、标准规范和集团公司有关规定，内容及深度应达到行业和集团公司相关业务规定的标准。（预）可行性研究报告应系统全面论证项目建设的必要性和可行性，客观地反映研究过程和研究成果；必须开展多方案比选，推荐先进适用的技术和产品方案；实事求是地分析项目存在

的主要问题，明确提出研究结论、推荐方案、税收筹划、投资估算和经济性分析等内容。（预）可行性研究报告编制单位，应当对报告及附具文件的真实性、合法性和完整性负责。投资1000万元以下的工程建设项目、单台（套）500万元以下的非安装设备购置项目，可行性研究报告的编制内容可适当简化。

二、（预）可行性研究报告评估

项目（预）可行性研究报告申报材料齐全、符合规定的，负责审查单位在收到申请报告15个工作日内，组织开展委托评估等下步工作，需开展专项评估的重大项目可延长至20个工作日。

原则上一、二、三类项目应委托第三方评估单位开展投资项目评估工作，其中投资5000万元以下的资源市场落实、工艺技术方案成熟、建设内容简单、投资风险小的项目可由审查单位组织评估审查；四类项目评估工作由所属企业组织，根据情况确定是否委托第三方评估。

一类项目和总投资30亿元及以上的涉及合资合作、上下游产业链资源衔接的二类项目应开展专项评估论证。专项评估论证包括市场和资源配置评估论证，技术评估论证，财务评估论证，安全、环保、能耗、碳排放评估论证，合规合法性和风险评估论证、合资合作评估论证等内容。

受评项目可研报告的编制单位、技术提供者等利益关联方不得承担同一项目可研报告的评估工作。

三、（预）可行性研究报告审批

（1）（预）可行性研究报告审批执行以下要求：

①一类项目由所属企业组织预审，按项目所属业务报专业公司初审，无专业公司管理的报所属企业主管专业公司初审；专业公司及无专业公司主管的所属企业报发展计划部组织审查，发展计划部综合论证后编制预可行性研究、可行性研究审议报告。上述预审、初审和审议报告分别由相关单位主要领导和主责领导签字把关。

审议报告经集团公司业务、计划分管领导和总经理审核后，预可行性研究审议报告报集团公司董事长审批，可根据董事长提议报董事会授权决策专题会审定；可行性研究审议报告报集团公司董事会审定，报审前提交集团公司党组审议。

②二类项目由所属企业组织预审，按项目所属业务报专业公司初审，无专业公司管理的报所属企业主管专业公司初审；专业公司及无专业公司主管的所属企业报集团公司相关部门组织审查。

负责审查部门编制审议报告，由董事会授权决策专题会审定可行性研究报告的项目，经集团公司业务和计划分管领导、总经理审核后，预可行性研究审议报告报董事长审批，可行性研究审议报告报董事会授权决策专题会审定；由总经理办公会审定可行性研究报告的项目，经集团公司业务和计划分管领导审核后，预可行性研究审议报告报总经理审批，可行性研究审议报告报总经理办公会审定；其他项目（预）可行性研究审议报告由集团公司业务和计划分管领导审批。

5亿元以下楼堂馆所、技术用房、公共用房等项目由集团公司总经理、董事长审批。

③一类、二类项目批复文件下达给专业公司，专业公司转发下达给所属企业；无专业公司管理的批复下达给所属企业。

④三类项目由所属企业组织初审，专业公司按决策程序组织审批。专业公司业务和计划主责领导、主要领导签字把关，审批文件抄送发展计划部。

⑤四类项目由所属企业按决策程序组织审批，审批文件抄送专业公司。

（2）可行性研究报告审查单位组织对项目进行综合论证。根据可研报告、预审意见、初审意见，在收到咨询评估单位评估报告及相关部门专项论证报告或意见等资料后，15个工作日内完成综合论证，对具备决策条件的项目编制审议报告，履行决策批复程序。

（3）经批准的投资项目可行性研究报告，项目实施前，其投资主体、资源市场、建设规模、场址选择、工艺技术、产品方案、收购方案、合资合作等内容和内外部实施条件发生重大变化的，应及时编制项目调整方案并报告原审批部门履行调整变更程序。

项目变化导致超估算投资10%以内的，调整方案中还应对比与可研估算差异，新增投资对项目效益的影响等。项目变化导致总投资增加，超过原批复10%以上，或预期收益低于集团公司效益标准的，或批准超过两年未开展实质性工作的，应按照投资项目审批权限重新论证报批或取消。

四、相关法律法规及规章制度

（1）《中国石油天然气集团有限公司投资管理规定》（2024年2月2日中国石油发〔2024〕4号发布）；

（2）《中国石油天然气集团有限公司投资项目可行性研究工作管理办法》（2023年9月8日中国石油计划〔2023〕178号发布）。

第三节　可行性研究支持性手续

一、安全预评价

（一）安全预评价项目范围

（1）《建设项目安全设施"三同时"监督管理办法》明确，下列建设项目在进行可行性研究时，生产经营单位应当按照国家规定，委托具有相应资质的安全评价机构进行安全预评价：

①非煤矿矿山建设项目；

②生产、储存危险化学品（包括使用长输管道输送危险化学品）的建设项目；

③生产、储存烟花爆竹的建设项目；

④金属冶炼建设项目；

⑤使用危险化学品从事生产并且使用量达到规定数量的化工建设项目（属于危险化学品生产的除外）；

⑥海洋石油建设项目；

⑦法律、行政法规和国务院规定的其他建设项目。

以上项目以外的其他建设项目，生产经营单位应当对其安全生产条件和设施进行综合分析，形成书面报告备查。

（2）《危险化学品建设项目安全监督管理办法》（国家安全监管总局令第45号）规定，建设项目有下列情形之一的，应当由甲级安全评价机构进行安全评价：

①国务院及其投资主管部门审批（核准、备案）的；

②生产剧毒化学品的；

③跨省、自治区、直辖市的；

④法律、法规、规章另有规定的。

（二）安全评价程序及内容

（1）根据《危险化学品建设项目安全评价细则（试行）》（安监总危化〔2007〕255号），安全评价工作程序如下：

①前期准备。

②安全评价。

a. 辨识危险、有害因素；

b. 划分评价单元；

c. 确定安全评价方法；

d. 定性、定量分析危险、有害程度；

e. 分析安全条件；

f. 提出安全对策与建议；

g. 整理、归纳安全评价结论。

h. 与建设单位交换意见。

i. 编制安全评价报告。

（2）根据安全评价结果、国内外同类装置（设施）的设计情况和国家现行有关安全生产法律、法规和部门规章及标准的规定和要求，从以下几方面做出结论：

①建设项目所在地的安全条件和与周边的安全防护距离；

②建设项目安全设施设计的采纳情况和已采用（取）的安全设施水平；

③建设项目试生产（使用）中表现出来的技术、工艺和装置、设备（设施）的安全、可靠性和安全水平；

④建设项目试生产（使用）中发现的设计缺陷和事故隐患及其整改情况；

⑤建设项目试生产（使用）后具备国家现行有关安全生产法律、法规和部门规章及标准规定和要求的安全生产条件。

（3）油气长输管道安全评价同时应符合《陆上油气输送管道安全审查要点（试行）》《陆上油气输送管道建设项目安全评价报告编制导则（试行）》（安监总厅管三〔2017〕27号）的相关规定。

（三）安全评价报告报审

《危险化学品安全管理条例》规定，建设单位应当将安全评价的情况报告报建设项目所在地设区的市级以上人民政府安全生产监督管理部门；安全生产监督管理部门应当自收到报告之日起45日内作出审查决定，并书面通知建设单位。

（四）相关法律法规及规章制度

（1）《危险化学品安全管理条例》（2002年1月26日国务院令第344号公布，2013年12月第二次修订）之第十二条；

（2）《建设项目安全设施"三同时"监督管理办法》（2010年12月14日国家安全监管总局令第36号公布，2015年4月2日国家安全监管总局令第77号修正）之第七条、第八条；

（3）《危险化学品建设项目安全监督管理办法》（2012年1月30日国家安监总局令第45号公布，2015年5月27日国家安监总局令第79号修正）之第八条、第九条；

（4）《危险化学品建设项目安全评价细则（试行）》（2007年12月12日安监总危化〔2007〕255号公布，2008年1月1日试行）。

二、职业病危害预评价

（一）职业病危害预评价项目范围

《中华人民共和国职业病防治法》第十七条规定，新建、扩建、改建建设项目和技术改造、技术引进项目可能产生职业病危害的，建设单位在可行性论证阶段应当进行职业病危害预评价。

《建设项目职业病防护设施"三同时"监督管理办法》明确，可能产生职业病危害的建设项目是指存在或者产生职业病危害因素分类目录所列职业病危害因素的建设项目。2015年11月，国家卫生和计划生育委员会、人力资源和社会保障部、安全生产监督管理总局、中华全国总工会联合发布了《职业病危害因素分类目录》（国卫疾控发〔2015〕92号）。

（二）职业病危害预评价程序及内容

（1）对可能产生职业病危害的建设项目，建设单位应当在建设项目可行性论证阶段进行职业病危害预评价，编制预评价报告。

建设项目职业病危害预评价报告应当包括下列主要内容：

①建设项目概况，主要包括项目名称、建设地点、建设内容、工作制度、岗位设置及人员数量等；

②建设项目可能产生的职业病危害因素及其对工作场所、劳动者健康影响与危害程度的分析与评价；

③对建设项目拟采取的职业病防护设施和防护措施进行分析、评价，并提出对策与建议；

④评价结论，明确建设项目的职业病危害风险类别及拟采取的职业病防护设施和防护措施是否符合职业病防治有关法律、法规、规章和标准的要求。

（2）建设单位进行职业病危害预评价时，对建设项目可能产生的职业病危害因素及其对工作场所、劳动者健康影响与危害程度的分析与评价，可以运用工程分析、类比调查等方法。其中，类比调查数据应当采用获得资质认可的职业卫生技术服务机构出具的、与建设项目规模和工艺类似的用人单位职业病危害因素检测结果。

（3）《建设项目职业病防护设施"三同时"监督管理办法》（国家安全生产监督管理总局令第90号）第四条规定，建设项目职业病防护设施"三同时"工作可以与安全设施"三同时"工作一并进行。建设单位可以将建设项目职业病危害预评价和安全预评价、职业病防护设施设计和安全设施设计、职业病危害控制效果评价和安全验收评价合并出具报告或者设计，并对职业病防护设施与安全设施一并组织验收。

（三）职业病危害预评价报告评审

（1）2021年3月12日，国家卫生健康委员会办公厅发布了《建设项目职业病危害风险分类管理目录》（国卫办职健发〔2021〕5号），将建设项目职业病危害风险由原来的严重、较重、一般三类简化调整为严重和一般两类，删除了较重等级。职业病危害预评价报告编制完成后，应由建设单位主要负责人或其指定的负责人组织评审：

①属于职业病危害一般的建设项目，其建设单位主要负责人或其指定的负责人应当组织具有职业卫生相关专业背景的中级及中级以上专业技术职称人员或者具有职业卫生相关专业背景的注册安全工程师（以下统称职业卫生专业技术人员）对职业病危害预评价报告进行评审，并形成是否符合职业病防治有关法律、法规、规章和标准要求的评审意见；

②属于职业病危害严重的建设项目，其建设单位主要负责人或其指定的负责人应当组织外单位职业卫生专业技术人员参加评审工作，并形成评审意见。

（2）建设单位应当按照评审意见对职业病危害预评价报告进行修改完善，并对最终的职业病危害预评价报告的真实性、客观性和合规性负责。职业病危害预评价工作过程应当形成书面报告备查。

（3）建设项目职业病危害预评价报告通过评审后，建设项目的生产规模、工艺等发生变更导致职业病危害风险发生重大变化的，建设单位应当对变更内容重新进行职业病危害预评价和评审。

（四）相关法律法规及规章制度

（1）《中华人民共和国职业病防治法》（2001年10月27日通过，2018年12月29日第四次修正）之第十七条；

（2）《建设项目职业病防护设施"三同时"监督管理办法》（2017年3月9日国家安全生产监督管理总局令第90号公布，2017年5月1日起施行）之第十条、第十一条、第十二条、第十四条；

（3）《职业病危害因素分类目录》（2015年11月17日国卫疾控发〔2015〕92号公布）；

（4）《建设项目职业病危害风险分类管理目录》（2021年3月12日国卫办职健发〔2021〕5号公布）。

三、社会稳定风险评估

（一）社会稳定风险评估项目范围

（1）《重大行政决策程序暂行条例》（国务院令第713号）规定，重大行政决策的实施可能对社会稳定、公共安全等方面造成不利影响的，决策承办单位或者负责风险评估工作的其他单位应当组织评估决策草案的风险可控性。所称重大行政决策事项包括：

①制定有关公共服务、市场监管、社会管理、环境保护等方面的重大公共政策和措施；

②制定经济和社会发展等方面的重要规划；

③制定开发利用、保护重要自然资源和文化资源的重大公共政策和措施；

④决定在本行政区域实施的重大公共建设项目；

⑤决定对经济社会发展有重大影响、涉及重大公共利益或者社会公众切身利益的其他重大事项。

（2）《中央办公厅、国务院办公厅关于建立健全重大决策社会稳定风险评估机制的指导意见（试行）》（中办发〔2012〕2号）规定，直接关系人民群众切身利益且涉及面广、容易引发社会稳定问题的重大决策事项,包括涉及征地拆迁、农民负担、国有企业改制、环境影响、社会保障、公益事业等方面的重大工程项目建设、重大政策制定及其他对社会稳定有较大影响的重大决策事项,党政机关作出决策前都要进行社会稳定风险评估。需要评估的具体决策事项由各地区各有关部门根据上述规定和实际情况确定。重大工程项目建设需要进行社会稳定风险评估的,应当把社会稳定风险评估作为工程项目可行性研究的重要内容,不再另行评估。

(3)《国家发展改革委重大固定资产投资项目社会稳定风险评估暂行办法》(发改投资〔2012〕2492号)要求,国家发展改革委审批、核准或者核报国务院审批、核准的在中华人民共和国境内建设实施的固定资产投资项目需要进行社会风险评估,社会稳定风险分析应当作为项目可行性研究报告、项目申请报告的重要内容并设独立篇章。

(4)根据《重大行政决策程序暂行条例》(国务院令第713号)、《关于建立健全重大决策社会稳定风险评估机制的指导意见(试行)》(中办发〔2012〕2号)、《国家发展改革委重大固定资产投资项目社会稳定风险评估暂行办法》(发改投资〔2012〕2492号)、《中华人民共和国土地管理法》等法律法规和规定,全国很多地方发文明确了本地区应纳入社会稳定风险评估的范围,有些地区还要求需要单独编制社会稳定风险评估报告。从各地的要求来看,以下项目需进行社会稳定性评估:

①国家发展改革委审批、核准;报国务院审批、核准的在中华人民共和国境内建设实施的固定资产投资项目;

②直接关系到广大人民群众切身利益,涉及面广,容易引发社会稳定问题的重大决策事项;

③易发生社会不稳定问题的重点领域建设项目应开展风险评估工作;

④涉及土地与房屋征收的建设项目;

⑤在项目规划、环评公示阶段发生社会不稳定问题且尚未化解的建设项目;

⑥在居民密集区建设且对周边群众生产、生活具有一定影响的建设项目;

⑦项目单位应加强审批(核准)前的风险预研工作,凡是经预研判定可能引发社会不稳定问题的其他建设项目。

(二)社会稳定风险评估内容

(1)合法性。决策机关是否享有相应的决策权并在权限范围内进行决策,决策内容和程序是否符合有关法律法规和政策规定。

(2)合理性。决策事项是否符合大多数群众的利益,是否兼顾了群众的现实利益和长远利益,会不会给群众带来过重经济负担或者对群众的生产生活造成过多不便,会不会引发不同地区、行业、群体之间的攀比。拟采取的措施和手段是否必要、适当,是否尽最大可能维护了所涉及群众的合法权益。政策调整、利益调节的对象和范围界定是否准确,拟给予的补偿、安置或者救助是否合理公平及时。

(3)可行性。决策事项是否与本地经济社会发展水平相适应,实施是否具备相应的人力、物力和财力,相关配套措施是否经过科学严谨周密论证,出台时机和条件是否成熟。决策方案是否充分考虑群众的接受程度,是否超出大多数群众的承受能力,是否得到大多数群众的支持。

(4)可控性。决策事项是否存在公共安全隐患,会不会引发群体性时间、集体上访,会不会引发社会负面舆论、恶意炒作及其他影响社会稳定的问题。决策可能引发社会稳定风险是否可控，能否得到有效防范和化解；是否制定了社会矛盾预防和化解措施及相应的应急处置预案，宣传解释和舆论引导工作是否充分。

（三）社会稳定风险评估报告评审

社会稳定风险分析作为项目可行性研究报告的重要内容并设独立篇章，按可行性研究报告的审查程序进行评审。

对于重大固定资产投资项目，国务院有关部门、省级发展改革部门、中央管理企业在向国家发展改革委报送项目可行性研究报告、项目申请报告的申报文件中，应当包含对该项目社会稳定风险评估报告的意见，并附社会稳定风险评估报告。

从各地执行情况来看，全国很多地方提出了对社会稳定风险评估报告进行评审并送政法委备案的要求。

（四）相关法律法规及规章制度

（1）《重大行政决策程序暂行条例》（2019年9月1日国务院令第713号公布）之第三条、第二十二条、第二十三条、第二十四条；

（2）《中央办公厅、国务院办公厅关于建立健全重大决策社会稳定风险评估机制的指导意见（试行）》（2012年1月20日中办发〔2012〕2号公布）；

（3）《国家发展改革委重大固定资产投资项目社会稳定风险评估暂行办法（2012年8月16日发改投资〔2012〕2492号公布）。

四、地质灾害危险性评估

（一）地质灾害危险性评估项目范围

地质灾害是指包括自然因素或者人为活动引发的危害人民生命和财产安全的山体崩塌、滑坡、泥石流、地面塌陷、地裂缝、地面沉降等与地质作用有关的灾害。《地质灾害防治条例》第二十一条规定，在地质灾害易发区内进行工程建设应当在可行性研究阶段进行地质灾害危险性评估，并将评估结果作为可行性研究报告的组成部分；可行性研究报告未包含地质灾害危险性评估结果的，不得批准其可行性研究报告。

（1）地质灾害危险性评估范围，不能局限于建设用地和规划用地面积内，应视建设和规划项目的特点、地质环境条件和地质灾害种类予以确定。

①若危险性仅限于用地面积内，则按用地范围进行评估。

②崩塌、滑坡其评估范围应以第一斜坡带为限；泥石流必须以完整的沟道流域面积为评估范围；地面塌陷和地面沉降的评估范围应与初步推测的可能范围一致；地裂缝应与初步推测可能延展、影响范围一致。

③建设工程和规划区位于强震区，工程场地内分布有可能产生明显位错或构造性地裂的全新活动断裂或发震断裂，评估范围应尽可能把邻近地区活动断裂的一些特殊构造部位（不同方向的活动断裂的交会部位、活动断裂的拐弯段、强烈活动部位、端点及断面上不平滑处等）包括其中。

④重要的线路工程建设项目，评估范围一般应以相对线路两侧扩展500~1000m为限。

⑤在已进行地质灾害危险性评估的城市规划区范围内进行工程建设，建设工程处于已划定为危险性大—中等的区段，还应按建设工程项目的重要性与工程特点进行建设工程地

质灾害危险性评估。

⑥区域性工程项目的评估范围，应根据区域地质环境条件及工程类型确定。

（2）地质灾害危险性评估项目分为一级、二级和三级三个级别。

①从事下列活动之一的，其地质灾害危险性评估的项目级别属于一级：

a. 进行重要建设项目建设；

b. 在地质环境条件复杂地区进行较重要建设项目建设；

c. 编制城市总体规划、村庄和集镇规划。

②从事下列活动之一的，其地质灾害危险性评估的项目级别属于二级：

a. 在地质环境条件中等复杂地区进行较重要建设项目建设；

b. 在地质环境条件复杂地区进行一般建设项目建设。

③除上述属于一、二级地质灾害危险性评估项目外，其他建设项目地质灾害危险性评估的项目级别属于三级。

（二）地质灾害危险性评估程序及内容

国家对从事地质灾害危险性评估的单位实行资质管理制度，地质灾害危险性评估单位资质，分为甲、乙、丙三个等级。取得甲级地质灾害危险性评估资质的单位，可以承担一、二、三级地质灾害危险性评估项目；取得乙级地质灾害危险性评估资质的单位，可以承担二、三级地质灾害危险性评估项目；取得丙级地质灾害危险性评估资质的单位，可以承担三级地质灾害危险性评估项目。

地质灾害危险性评估主要应包括以下内容：

（1）前言，说明评估任务由来，评估工作的依据，主要任务和要求；

（2）评估工作概述，阐述工程和规划概况与征地范围、以往工作程度、工作方法及完成的工作量、评估范围与级别的确定；

（3）地质环境条件，包括气象、水文、地形地貌、地层岩性、地质构造与区域地壳稳定性、工程地质条件、水文地质条件、人类工程活动对地质环境的影响等内容；

（4）地质灾害危险性现状评估，阐述已发生的灾种、数量、分布、规模、形成机制、危害对象、稳定性等，按灾种分别进行评估；

（5）地质灾害危险性预测评估，包括工程建设引发或加剧地质灾害危险性的预测和工程建设可能遭受地质灾害危险性的预测，在山地丘陵区进行工程建设，一般工程设计挖方切坡工程，对潜在不稳定边坡，必须进行危险性预测评估，可列专节论述；

（6）地质灾害危险性综合分区评估及防治措施，包括地质灾害危险性综合评估原则与量化指标的确定、地质灾害危险性综合分区评估、建设场地适宜性分区评估、防治措施等内容；

（7）结论与建议。

（三）地质灾害危险性评估报告评审

（1）评估单位应自行组织具有资格的地质灾害防治专家对拟提交的地质灾害危险性评估报告进行技术审查，并由专家组提出书面审查意见。

（2）审查专家应具有水文、工程、环境地质专业高级技术职称；从事相关工作10年以上，同时主持过中型以上地质灾害勘查报告的编制工作或参与过大型地质灾害勘查报告的审查。一级评估报告一般聘请5~7名专家、二级评估报告一般聘请3~5名专家、三级评估报告一般聘请 2~3 名专家。

（3）地质灾害危险性评估成果实行备案制度。地质灾害危险性评估报告通过专家组审查后，评估单位应在 1 个月内到国土资源行政主管部门备案。备案材料包括《××……地质灾害危险性评估报告》《××…地质灾害危险性评估报告专家组审查意见》和《××……地质灾害危险性评估报告备案登记表》的文字报告（报表）和电子文档各一式两份。

①一级评估报告报省（自治区、直辖市）国土资源厅（局）备案；省（自治区、直辖市）国土资源厅（局）应在收到备案材料后 5 个工作日内将备案登记表一式一份转报国土资源部备查。

②二级评估报告报市（地）级国土资源行政主管部门备案，备案登记表抄报省（自治区、直辖市）国土资源厅（局）备查。

③三级评估报告报县级国土资源行政主管部门备案，备案登记表抄报省（自治区、直辖市）、市（地）级国土资源行政主管部门备查。

（四）相关法律法规及规章制度

（1）《地质灾害防治条例》（2003 年 11 月 24 日国务院令第 394 号公布，2004 年 3 月 1 日起施行）；

（2）《国土资源部关于加强地质灾害危险性评估工作的通知》（2004 年 3 月 25 日国土资发〔2004〕69 号公布）；

（3）《地质灾害危险性评估单位资质管理办法》（2005 年 5 月 20 日国土资源部令第 29 号公布，2019 年 7 月 16 日第二次修正）。

五、气候可行性论证

气候可行性论证，是指对与气候条件密切相关的规划和建设项目进行气候适宜性、风险性及可能对局地气候产生影响的分析、评估活动。《中华人民共和国气象法》第三十四条规定，各级气象主管机构应当组织对城市规划、国家重点建设工程、重大区域性经济开发项目和大型太阳能、风能等气候资源开发利用项目进行气候可行性论证。《国务院关于印发清理规范投资项目报建审批事项实施方案的通知》（国发〔2016〕29 号）中将"重大规划、重点工程项目气候可行性论证"列入了涉及安全的强制性评估事项。潮州市、商丘市等一些地方将气候可行性论证纳入了地方政府工程建设项目审批清单。

（一）开展气候可行性论证的项目范围

《气候可行性论证管理办法》（中国气象局令第 18 号）第四条规定，与气候条件密切相关的下列规划和建设项目应当进行气候可行性论证：

（1）城乡规划、重点领域或者区域发展建设规划；

（2）重大基础设施、公共工程和大型工程建设项目；

（3）重大区域性经济开发、区域农（牧）业结构调整建设项目；

（4）大型太阳能、风能等气候资源开发利用建设项目；

（5）其他依法应当进行气候可行性论证的规划和建设项目。

（二）气候可行性论证程序及内容

（1）项目建设单位在组织前款第 2 项至第 5 项规定的建设项目时，应当进行气候可行性论证。建设项目的气候可行性论证应当由国务院气象主管机构确认的具备相应论证能力的机构进行。

（2）论证机构进行建设项目的气候可行性论证时应当编制气候可行性论证报告，并保证报告的真实性、科学性。气候可行性论证报告应当包括下列内容：

①规划或者建设项目概况；

②基础资料来源及其代表性、可靠性说明，通过现场探测所取得的资料，还应当对探测仪器、探测方法和探测环境进行说明；

③气候可行性论证所依据的标准、规范、规程和方法；

④规划或者建设项目所在区域的气候背景分析；

⑤气候适宜性、风险性及可能对局地气候产生影响的评估，极端天气气候事件出现概率；

⑥预防或者减轻影响的对策和建议；

⑦论证结论和适用性说明；

⑧其他有关内容。

（3）论证机构进行气候可行性论证，应当使用气象主管机构直接提供的气象资料或者经过省、自治区、直辖市气象主管机构审查的气象资料；现有气象资料不能满足气候可行性论证需要的，应当开展现场气象探测，探测仪器、探测方法和探测环境应当遵守气象探测有关法律、法规、规章和标准、规范、规程。现场气象探测所获取的气象资料应当按照国家有关规定向国务院气象主管机构或者省、自治区、直辖市气象主管机构汇交。

（三）气候可行性论证报告评审

（1）气象主管机构或者其委托的机构应当组织专家对建设项目的气候可行性论证报告进行评审，并出具书面评审意见。

（2）气候可行性论证报告评审机构按下列要求执行。

①下列建设项目的气候可行性论证报告由国务院气象主管机构或者其委托的机构组织专家进行评审：

a. 国家重大基础设施、公共工程和大型工程建设项目；

b. 跨省、自治区、直辖市行政区域的工程建设项目；

c. 法律、法规、规章规定的其他应当由国务院气象主管机构评审的建设项目。

②前款规定以外的气候可行性论证报告由建设项目所在地的省、自治区、直辖市气象主管机构或者其委托的机构组织专家进行评审。

（3）评审通过的报告和评审意见作为建设项目的立项、设计或者审批的依据。

（4）必须进行气候可行性论证的建设项目，属于审批制和核准制的，由政府投资主管部门在审核项目可行性研究报告和申请报告前征求同级气象主管机构的专业性意见。属于备案制的，按照相关备案管理办法执行。

（5）负责规划或者建设项目审批、核准的部门应当将气候可行性论证结果和专家评审通过的气候可行性论证报告纳入规划或者建设项目可行性研究报告的审查内容，统筹考虑气候可行性论证报告结论。对可行性研究报告或者申请报告中未包括气候可行性论证内容的建设项目，不予审批或者核准。

（四）相关法律法规及规章制度

（1）《中华人民共和国气象法》（1999年10月31通过，2016年11月7日第三次修正）

之第三十四条；

（2）《气象灾害防御条例》（2010年1月27日国务院令第570号公布，2017年10月7日修订）之第二十七条；

（3）《气候可行性论证管理办法》（2008年12月1日中国气象局第18号令公布，自2009年1月1日起施行）。

六、航道通航条件影响评价审核

道通航条件影响评价审核是指在建设与航道有关的工程前，建设单位根据国家有关规定和技术标准规范，论证评价工程对航道通航条件的影响并提出减小或者消除影响的对策措施，由有审核权的交通运输主管部门或者航道管理机构进行审核，属于行政许可事项。

（一）航道通航条件影响评价项目范围

（1）《航道通航条件影响评价审核管理办法》（交通运输部令第1号）第三条规定，除《中华人民共和国航道法》第二十八条第一款第（一）（二）（三）项规定的工程外，下列与航道有关的工程，应当进行航道通航条件影响评价审核：

①跨越、穿越航道的桥梁、隧道、管道、渡槽、缆线等建筑物、构筑物；

②通航河流上的永久性拦河闸坝；

③航道保护范围内的临河、临湖、临海建筑物、构筑物，包括码头、取（排）水口、栈桥、护岸、船台、滑道、船坞、圈围工程等。

（2）根据《中华人民共和国航道法》第二十八条，下列工程可不进行航道通航条件影响评价：

①临河、临湖的中小河流治理工程；

②不通航河流上建设的水工程；

③现有水工程的水毁修复、除险加固、不涉及通航建筑物和不改变航道原通航条件的更新改造等不影响航道通航条件的工程。

（二）行政许可申报流程及办理前置条件

1. 航道通航条件影响评价报告编制

（1）建设与航道有关的工程，建设单位应当在工程可行性研究阶段，按照交通运输部有关规定和技术标准要求编制航道通航条件影响评价报告（以下简称"航评报告"）。

航评报告由建设单位自行编制，也可以委托具有相应经验、技术条件和能力，信誉良好的机构编制。审核部门不得以任何形式要求建设单位委托特定机构编制航评报告。

（2）航评报告应当包括下列内容：

①建设项目概况，包括项目名称、地点、规模、建设单位等；

②建设项目所在河段、湖区、海域的通航环境，包括自然条件、水上水下有关设施、航道及通航安全状况等；

③建设项目的选址评价；

④建设项目与通航有关的技术参数和技术要求的分析论证；

⑤建设项目对航道条件、通航安全、港口及航运发展的影响分析；

⑥减小或者消除对航道通航条件影响的措施；

⑦航道条件与通航安全的保障措施；

⑧征求各有关方面意见的情况及处理情况。

（3）编制航评报告，应当开展现场踏勘、调研，做到搜集资料齐全、论证充分、评价全面、结论明确、客观公正，并如实反映各相关部门、单位的意见及处理情况。建设单位和航评报告编制单位应当对资料的真实性、有效性，以及航评报告的内容与结论负责。

（4）在航评报告编制过程中，建设单位应当就通航影响征求港航企业等利害相关方的意见。

2. 前置条件

（1）符合国家有关法律法规规定和航道规划、通航标准、技术规范；

（2）按规定编制航道通航条件影响评价报告；

（3）航道通航条件影响评价报告已按咨询意见修改完善，内容全面，论证充分，结论客观，拟采取的措施得当。

3. 办理材料

建设单位在工程可行性研究阶段完成航评报告后，应当向审核部门提出航道通航条件影响评价审核申请。建设单位申请航道通航条件影响评价审核时，应当提交以下材料：

（1）审核申请书；

（2）航评报告；

（3）项目的规划或者其他建设依据；

（4）涉及规划调整或者拆迁等措施的应当提供规划调整或者拆迁已取得同意或者已达成一致的承诺函、协议等材料。

（三）行政许可事项审核

（1）审核部门。

①国务院或者国务院有关部门批准、核准的建设项目，以及交通运输部按照国务院的规定直接管理的跨省、自治区、直辖市的重要干线航道和国际、国境河流航道等重要航道有关的建设项目，其航道通航条件影响评价，由交通运输部负责审核。其中，与长江干线航道有关的建设项目，除国务院或者国务院有关部门批准、核准的建设项目以及跨（穿）越长江干线的桥梁、隧道工程外，由长江航务管理局承担审核的具体工作。

②其他建设项目的航道通航条件影响评价，按照省、自治区、直辖市人民政府的规定由县级以上地方人民政府交通运输主管部门或者航道管理机构负责审核。

（2）审核部门收到建设单位提交的审核申请后，应当进行材料审查，审查内容主要包括申请事项是否属于受理范围、材料是否齐全、航评报告文本格式是否符合规定要求等。

不属于受理范围的，审核部门应当及时告知建设单位。申请材料不全或者不符合规定要求的，应当在五个工作日内一次性告知需要补正的全部内容。材料审查通过的，审核部门应当予以受理，并出具受理通知书。

（3）审核部门受理建设单位提交的审核申请后，应当及时组织审核。审核部门应当围绕航评报告内容是否全面，程序是否合规，论证是否充分，结论是否客观，拟采取的措施是否得当等方面内容，针对下列事项进行审核：

①拦河闸坝的选址，总平面布置，运量预测，代表船型，通航建筑物设计通航标准及规模、设计通航水位及流量、上下游梯级通航水位衔接、回水变动区淤积及坝下清水冲刷影响，施工期通航方案，通航建筑物施工组织计划，航道与通航安全保障措施等；

②桥梁、缆线等跨越航道建设项目的选址，河床演变分析，设计通航水位，代表船型，通航净空尺度，桥跨布置方案，墩柱防撞标准，航道与通航安全保障措施等；

③隧道、管道等穿越航道建设项目的选址、河床演变、埋设深度、出入土点、冲刷深度、应急抛锚影响，航道与通航安全保障措施等；

④临河、临湖、临海建设项目的选址及工程布置对航道通航条件的影响，航道与通航安全保障措施等。

（4）审核部门在审核中认为必要的，可以采取专家咨询、委托第三方技术咨询机构开展技术咨询等方式。

委托第三方技术咨询机构的，应当选择具有港口河海工程咨询、水运行业设计、水运行业（航道工程）设计资质之一，并具备相关专业业务能力的技术服务机构承担技术咨询工作。第三方技术咨询机构的选择应当遵守政府采购法律、法规的有关要求，并及时公告有关信息。

委托的第三方技术咨询机构不得与可行性研究报告编制单位、航评报告编制单位为同一单位，不得与可行性研究报告编制单位、航评报告编制单位、建设单位存在控股、管理关系或者存在法人、负责人为同一人等重大关联关系。

（5）审核部门应当在受理审核申请后20个工作日内完成审核并出具航道通航条件影响评价审核意见（以下简称"审核意见"）。技术咨询、专家评审、评价材料修改完善所需时间不计算在规定的审核期限内。

审核未通过的，建设单位可以根据审核意见对工程选址或者建设方案等进行调整，重新编制航评报告，并报送审核部门审核。

审核部门应当在审核意见中明确负责组织监督检查的部门或者建设项目所在水域负责航道现场管理的机构，并将审核意见抄送该部门或者机构。

（6）审核部门出具审核意见后，建设单位、项目名称和涉及航道、通航的事项发生变化的，建设单位应当向原审核部门申请办理变更手续。

其中，建设项目涉及航道、通航的以下事项发生较大调整且对航道通航条件可能产生不利影响的，建设单位应当开展补充或者重新评价，并重新报送审核部门审核：

①工程选址；

②拦河闸坝总平面布置，通航建筑物型式、有效尺度及规模，设计通航水位等；

③跨越航道建设项目的通航净空尺度、通航孔布置、墩柱布置等；

④穿越航道建设项目的埋设深度、出入土点等；

⑤临河、临湖、临海建设项目的设计代表船型、工程布置、功能用途、结构形式等；

⑥其他可能对航道条件、通航安全、航运发展产生较大影响的事项。

（7）建设单位取得审核意见后，未在审核意见签发之日起3年内开工建设的，或者建设项目开工建设前因重大自然灾害、极端水文条件等引起航道通航条件发生重大变化的，建设单位应当重新申请办理审核手续。

（8）审核部门应当将开展航道通航条件影响评价审核的依据、条件、程序、期限及需要提交的材料目录等依法予以公开，接受社会监督。

（9）办理结果：《关于××××××工程航道通航条件影响评价的审核意见》。

（四）相关法律法规及规章制度

（1）《中华人民共和国航道法》（2014年12月28日通过，2016年7月2日修正）之第二十八条；

（2）《航道通航条件影响评价审核管理办法》（2017年1月16日交通运输部令第1号发布，2019年11月28日修正）。

七、节约集约用地论证分析

《自然资源部等7部门关于加强用地审批前期工作积极推进基础设施项目建设的通知》（自然资发〔2022〕130号）第三条规定：可行性研究阶段，用地涉及耕地、永久基本农田、生态保护红线的建设项目，需开展节约集约用地论证分析，从占用耕地和永久基本农田的必要性、用地规模和功能分区的合理性、不可避让生态保护红线的充分性、节地水平的先进性等对方案进行分析比选，形成节约集约用地专章作为用地预审申报材料提交审查，审查后的内容纳入可行性研究报告或项目申请报告相关章节。

（一）编制节约集约用地论证分析专章项目范围

根据《节约集约用地论证分析专章编制与审查工作指南（试行）》（自然资办函〔2023〕473号），经依法批准的国土空间规划确定的城镇开发边界和村庄建设边界外（土地利用总体规划确定的城市和村庄、集镇建设用地规模范围外）的交通、能源、水利等基础设施建设项目，可行性研究阶段，用地涉及耕地、永久基本农田、生态保护红线，应编制节约集约用地论证分析专章。

（二）节约集约用地论证分析程序及内容

（1）节约集约用地论证分析应落实选址选线要求和结果，统筹规划选址、耕地和永久基本农田保护、生态和历史文化保护、矿产资源保护、节约集约用地、地质灾害风险防控等要求，加强多方案比选，在满足功能需求、技术安全和合理投资的前提下，促进建设项目不占或少占耕地，合理避让永久基本农田、生态保护红线、国家重要矿产保护区和地质灾害高风险区。

（2）节约集约用地论证分析整合现有的建设项目选址论证、节地评价、占用耕地踏勘论证、不可避让生态保护红线论证、永久基本农田补划等技术报告的核心内容，按照"突出重点，注重实效"的原则，从项目概况、方案比选、功能分区和用地规模的合理性、节地水平的先进性、占用永久基本农田的必要性、合理性和补划的可行性等方面编制专章。编制专章的建设项目，在办理用地预审和规划选址时，不再单独编制相关技术报告。

（3）节约集约用地论证分析专章主要内容：

①项目概况。

a. 建设依据。说明项目依据的规划或文件，以及规划或文件对项目内容（如名称、长度、地点等）的有关表述。

b. 建设内容。包括项目性质、建设标准、功能分区、建设地点、备选方案等内容。

②选址选线方案比选。

a. 国土空间规划"一张图"符合性。分析项目在国土空间规划"一张图"上图落位情况，是已精准确定空间位置，还是以线型示意表达，是否列入规划重点项目清单，是否预留了规划建设用地指标。未纳入国土空间规划的，是否符合现行用途管制规则。

b. 选址选线约束性。从建设条件情况、历史文化保护情况、生态保护情况、矿产资源情况、安全防护情况、重要设施影响情况、投资情况、其他影响情况等方面进行分析。

c. 占用耕地和永久基本农田的合理性。包括占用的必要性、占用的合理性分析。

d. 不可避让生态保护红线的充分性。包括难以避让理由、空间分布及重叠面积情况、对生态环境影响程度分析比选。

e. 推荐方案情况。在满足功能需求、技术安全和合理投资的前提下，通过定量比较和定性分析，确定推荐方案，优先选择永久基本农田占用少、耕地占用少或质量差、生态环境影响小的方案，并说明推荐方案基本情况。

③功能分区和用地规模的合理性。

a. 功能分区。说明推荐方案功能分区依据，各功能分区建设内容及用地规模、占总用地比例情况，是否体现了项目所在区域的地形地貌特征，是否设置了不必要的功能分区，是否存在"搭车用地"等。

b. 设施利用。分析推荐方案各功能分区是否充分利用既有设施、线路、场站，是否合理利用地上及地下空间或者科学合理提高项目投资强度、容积率、建筑密度，是否采取土地复合、功能混合和设施融合或者应用先进的工艺流程、施工工艺和技术减少占用土地。

c. 用地标准。国家和地方是否均有土地使用标准，按照更严格的执行。说明推荐方案总用地及各功能分区用地测算依据，计算过程和结果，是否符合对应的工程项目建设用地标准。在满足要求的前提下，尽量选用标准的中值或低值，减少占地。

④节地水平的先进性。

a. 采用的节地技术。从建设项目适用的设计依据、技术规范、技术标准出发，分析推荐方案采用的节地技术、节地措施，取得的节地效果。对于突破土地使用标准的建设项目应分析项目采用的工艺流程、施工工艺、技术和设备的先进性。

b. 案例对比情况。与各省（区、市）节地项目案例库内同类型、同地貌的节约集约用地案例（单位用地量、功能分区占比）进行对比，得出项目节地先进性结论及下阶段改进优化的建议。

⑤耕地占补平衡与永久基本农田补划。

a. 耕地占补平衡。分析项目所在区域补充耕地储备库指标是否充足，储备指标不足的应明确补充耕地落实方式，并承诺在农用地转用报批时落实占补平衡。

b. 永久基本农田补划。详细说明推荐方案占用的永久基本农田图斑个数、面积、质量情况。分析补划永久基本农田图斑个数、面积、质量情况，与生态保护红线、城镇开发边界的衔接关系，是否属于现状稳定耕地。说明是否优先在储备区中补划，未在储备区内补划的，应说明原因，并在县域内落实补划；不能在县域内落实补划的，应说明原因，提供承担补划任务的县（市）级人民政府意见，以及省级自然资源主管部门的确认意见。

⑥其他情况。

说明自然资源主管部门是否参与选址选线。如参与，说明参与的层级、形式、次数、反馈意见，以及意见采纳情况。

（三）节约集约用地论证分析专章审查

（1）节约集约用地论证分析专章作为建设项目用地预审申报材料之一，自然资源主管部门需对专章论证内容进行审查。

（2）报自然资源部预审的建设项目，由项目所在地的省级自然资源主管部门组织对专章进行审查并提出意见；地方预审的建设项目，按照预审层级，由对应的自然资源主管部门组织对专章进行审查。

（3）自然资源主管部门按照审查标准对专章进行量化评分，划分为不合格、一般（60.1~80分）、优良（80.1~100分）。专章成果不符合要求、质量不合格的予以退回，质量一般的提出补正意见，优良的原则上不提出意见。

（4）经审查通过后的节约集约用地论证分析专章，应纳入可行性研究报告或项目申请报告相关章节。

（四）相关法律法规及规章制度

（1）《自然资源部等7部门关于加强用地审批前期工作积极推进基础设施项目建设的通知》（2022年8月3日自然资发〔2022〕130号发布）之第三条；

（2）《节约集约用地论证分析专章编制与审查工作指南（试行）》（2023年3月14日自然资办函〔2023〕473号发布）；

（3）《中国石油天然气股份有限公司新增建设用地管理细则》（2024年1月18日股份财务〔2024〕20号发布）之第十九条。

第四节　前期阶段地震安全性评价

《国务院关于印发清理规范投资项目报建审批事项实施方案的通知》（国发〔2016〕29号）中将"地震安全性评价"列入了涉及安全的强制性评估事项。《法律、行政法规、国务院决定设定的行政许可事项清单（2023年版）》（国办发〔2023〕5号）将"重大工程抗震设防要求审定"列为行政许可事项。

一、地震安全性评价项目范围

根据《地震安全性评价管理条例》，下列建设工程必须进行地震安全性评价：
（1）国家重大建设工程；
（2）受地震破坏后可能引发水灾、火灾、爆炸、剧毒或者强腐蚀性物质大量泄露或者其他严重次生灾害的建设工程，包括水库大坝、堤防和贮油、贮气、贮存易燃易爆、剧毒或者强腐蚀性物质的设施以及其他可能发生严重次生灾害的建设工程；
（3）受地震破坏后可能引发放射性污染的核电站和核设施建设工程；
（4）省、自治区、直辖市认为对本行政区域有重大价值或者有重大影响的其他建设工程。

二、地震安全性评价程序及内容

（1）从事地震安全性评价的单位应当具备下列条件：
①有与从事地震安全性评价相适应的地震学、地震地质学、工程地震学方面的专业技术人员；
②有从事地震安全性评价的技术条件。
（2）虽然《国务院办公厅关于全面开展工程建设项目审批制度改革的实施意见》（国办发〔2019〕11号）提出调整审批时序，地震安全性评价在工程设计前完成即可，但《地震

安全性评价管理条例》第十三条规定，县级以上人民政府负责项目审批的部门，应当将抗震设防要求纳入建设工程可行性研究报告的审查内容，对可行性研究报告中未包含抗震设防要求的项目，不予批准。《中国石油天然气集团有限公司投资管理规定》（中国石油发〔2024〕4号）第二十五条也规定，需上报国家主管部门审批、核准、备案、审核的投资项目，所属单位负责编制和上报地震安全性评价、矿产压覆资源评价、地质灾害危险性评价、水土保持评价、文物调查、防洪评价等专项评价报告并获取批复或备案文件。

（3）地震安全性评价报告应当包括下列内容：
①工程概况和地震安全性评价的技术要求；
②地震活动环境评价；
③地震地质构造评价；
④设防烈度或者设计地震动参数；
⑤地震地质灾害评价；
⑥其他有关技术资料。

三、地震安全性评价报告审定

（1）国务院地震工作主管部门负责下列地震安全性评价报告的审定：
①国家重大建设工程；
②跨省、自治区、直辖市行政区域的建设工程；
③核电站和核设施建设工程。

（2）省、自治区、直辖市人民政府负责管理地震工作的部门或者机构负责除前款规定以外的建设工程地震安全性评价报告的审定。

（3）国务院地震工作主管部门和省、自治区、直辖市人民政府负责管理地震工作的部门或者机构，应当自收到地震安全性评价报告之日起15日内进行审定，确定建设工程的抗震设防要求，以书面形式通知建设单位，并告知建设工程所在地的市、县人民政府负责管理地震工作的部门或者机构。

四、相关法律法规及规章制度

（1）《中华人民共和国防震减灾法》（主席令第七号，2008年12月27日修订通过公布，2009年5月1日起施行）之第二十四条；

（2）《地震安全性评价管理条例》（2001年11月15日国务院令第323号公布，2019年3月2日修正）之第六条至第十二条；

（3）《建设工程抗震设防要求管理规定》（2002年1月28日中国地震局令第7号公布）之第五条。

第五节　前期阶段用地手续

一、节约集约用地论证分析

《自然资源部等7部门关于加强用地审批前期工作积极推进基础设施项目建设的通知》

（自然资发〔2022〕130号）第三条规定：节约集约用地专章作为用地预审申报材料提交审查，审查后的内容纳入可行性研究报告或项目申请报告相关章节。

《中国石油天然气股份有限公司新增建设用地管理细则》（股份财务〔2024〕20号）第十九条规定，建设项目用地涉及耕地、永久基本农田、生态保护红线的，在可行性研究阶段，应开展节约集约用地论证分析，从占用耕地和永久基本农田的必要性、用地规模和功能分区的合理性、不可避让生态保护红线的充分性、节地水平的先进性等方面对方案进行分析比选，形成节约集约用地专章，作为用地预审申报材料。

节约集约用地论证分析具体要求见本章第三节第七部分。

二、建设项目压覆重要矿床审批

建设项目压覆重要矿床审批是《矿产资源法》确定的一项重要管理工作，对避免或减少压覆重要矿产资源、提高矿产资源保障能力，保障建设项目正常进行具有重要作用，为行政许可事项。

（一）建设项目压覆重要矿床审批办理范围

《中华人民共和国矿产资源法》第三十一条规定，在建设铁路、工厂、水库、输油管道、输电线路和各种大型建筑物或者建筑群之前，建设单位必须向所在省、自治区、直辖市地质矿产主管部门了解拟建工程所在地区的矿产资源分布和开采情况。非经国务院授权的部门批准，不得压覆重要矿床。

《中华人民共和国矿产资源法实施细则》第三十五条规定：建设单位在建设铁路、公路、工厂、水库、输油管道、输电线路和各种大型建筑物前，必须向所在地的省、自治区、直辖市人民政府地质矿产主管部门了解拟建工程所在地区的矿产资源分布情况，并在建设项目设计任务书报请审批时附具地质矿产主管部门的证明。

（二）行政许可申报流程及办理前置条件

建设项目压覆重要矿床审批所涉流程多、历年变化大，实践中也存在各省操作不一的情况，其基本流程如图2-2所示。

（1）根据《国土资源部关于进一步做好建设项目压覆重要矿产资源审批管理工作的通知》（国土资发〔2010〕137号），建设项目选址前，建设单位应向自然资源主管部门查询拟建项目所在地区的矿产资源规划、矿产资源分布和矿业权设置情况，各级自然资源行政主管部门应为建设单位查询提供便利条件。《自然资源部办公厅关于做好建设项目压覆重要矿产资源审批服务的通知》（自然资办函〔2020〕710号）第三条规定，2021年5月起，各省（区、市）自然资源主管部门应建立建设项目压覆重要矿产资源查询服务系统，涵盖辖区范围内查明矿产资源、矿业权设置及区划、压覆重要矿产资源审批等基本情况数据，方便建设单位通过互联网预查询。

重要矿产资源是指《矿产资源开采登记管理办法》附录所列34个矿种和省级国土资源行政主管部门确定的本行政区优势矿产、紧缺矿产。

炼焦用煤、富铁矿、铬铁矿、富铜矿、钨、锡、锑、稀土、钼、铌钽、钾盐、金刚石矿产资源储量规模在中型以上的矿区原则上不得压覆，但国务院批准的或国务院组成部门按照国家产业政策批准的国家重大建设项目除外。

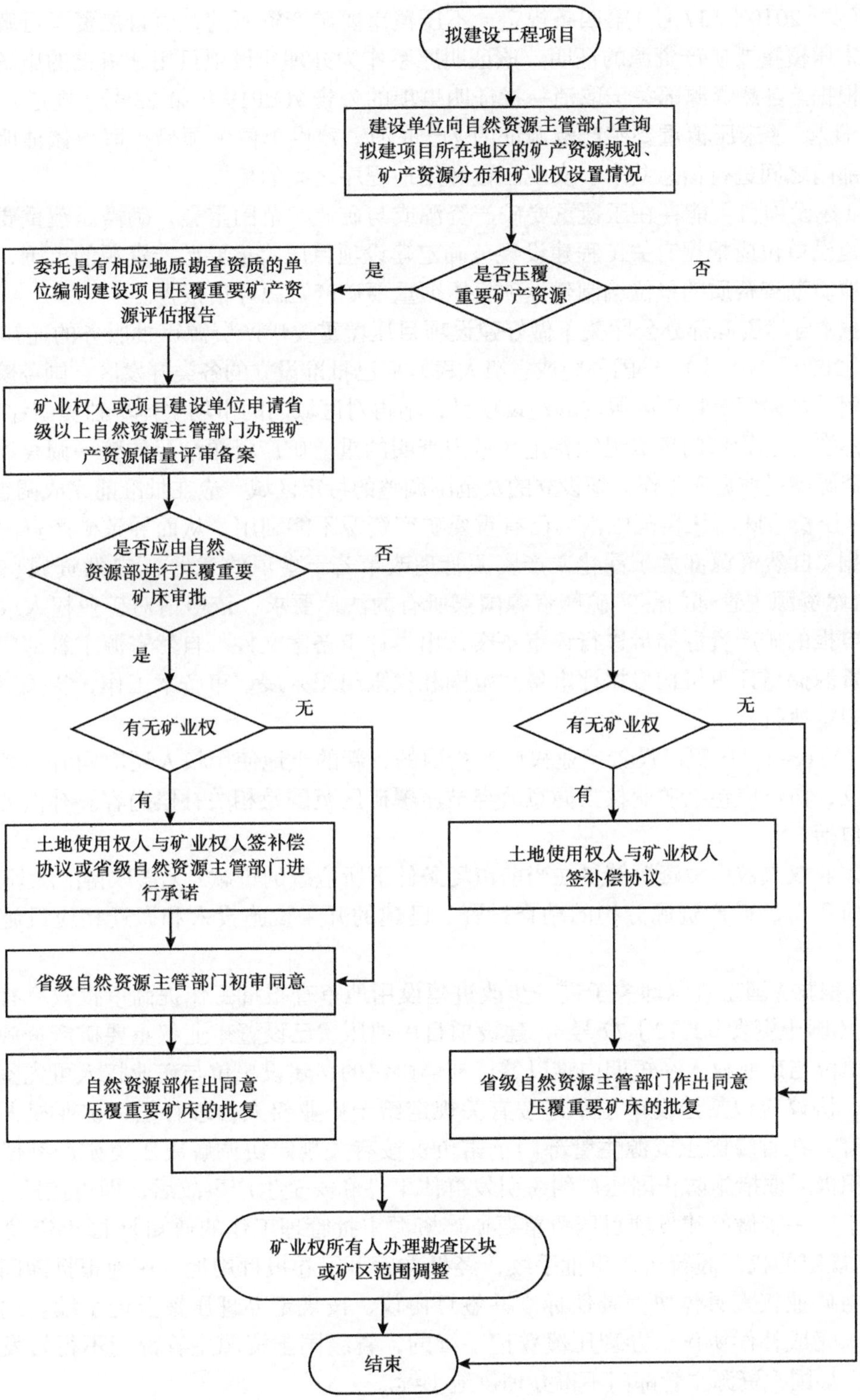

图 2-2 建设项目压覆重要矿床审批办理流程图

（2）《国土资源部关于进一步做好建设项目压覆重要矿产资源审批管理工作的通知》（国土资发〔2010〕137号）第四条规定，不压覆重要矿产资源的，由自然资源行政主管部门出具未压覆重要矿产资源的证明。该证明原系作为办理建设项目用地审批的申请文件之一，但根据《自然资源部关于取消一批证明事项的公告》（2019年第23号）规定，2019年5月14日起，《未压覆重要矿产资源证明》已取消，建设单位无须另行取得该证明，而是由政府部门之间进行信息共享，实现压覆和用地程序之间的衔接。

（3）建设项目可能存在压覆重要矿产资源或与矿业权范围重叠，确需压覆重要矿产资源的，建设单位应根据有关工程建设规范确定建设项目压覆重要矿产资源的范围，委托具有相应地质勘查资质的单位编制建设项目压覆重要矿产资源评估报告。

根据《自然资源部办公厅关于做好建设项目压覆重要矿产资源审批服务的通知》（自然资办函〔2020〕710号），经国务院或省级人民政府已批准设立的各类开发区、国务院已批准的自由贸易试验区等特定区域内的建设项目，不再对区域内的市场主体单独提出评估要求。省级自然资源主管部门负责组织特定区域内查明的重要矿产资源情况的统一调查评估和录入矿产资源储量数据库工作。新设立的及范围调整的特定区域，应在批准前完成调查评估。

（4）压覆意味着压覆范围内的已有重要矿产资源不能利用，从而导致矿产资源储量变化。根据《自然资源部关于深化矿产资源管理改革若干事项的意见》（自然资规〔2023〕6号），自然资源主管部门落实矿产资源国家所有的法律要求，依申请对矿业权人或项目建设单位申报的矿产资源储量进行评审备案，出具评审备案文件。自然资源主管部门可以委托矿产资源储量评审机构根据评审备案范围和权限组织开展评审备案工作，相关费用按国家有关规定执行。

（5）建设项目压覆已设置矿业权矿产资源的，新的土地使用权人还应同时与矿业权人签订协议，协议应包括矿业权人同意放弃被压覆矿区范围及相关补偿内容。补偿的范围原则上应包括：

①矿业权人被压覆资源储量在当前市场条件下所应缴的价款（无偿取得的除外）；

②所压覆的矿产资源分担的勘查投资、已建的开采设施投入和搬迁相应设施等直接损失。

（6）根据《国土资源部关于进一步改进建设用地审查报批工作提高审批效率有关问题的通知》（国土资发〔2012〕77号），建设项目用地压覆已设置矿业权重要矿产资源时，对于建设单位与矿业权人在短期内难以签订补偿协议的，建设单位与矿业权人可先签订意向性协议，协议应包括建设单位承诺按有关规定给予矿业权人合理补偿、矿业权人同意压覆等内容。在省级国土资源主管部门承诺负责按有关规定协调解决压覆矿产补偿等相关事宜、积极采取措施防止因压矿纠纷引发群体事件和安全生产事故后，即可按照《国土资源部关于进一步做好建设项目压覆重要矿产资源审批管理工作的通知》（国土资发〔2010〕137号）规定的权限履行压矿审批手续，经批准后可组卷报批用地。用地报批期间，建设单位应与矿业权人具体协商补偿标准并签订协议，按规定办理压覆登记手续。用地批准后，尚未完成补偿协议、办理压覆登记手续的，省级国土资源主管部门不得转发用地批复，市、县国土资源主管部门不得办理供地手续。

（7）前置条件：

①压覆重要矿产资源；

②炼焦用煤、富铁矿、铬铁矿、富铜矿、钨、锡、锑、稀土、钼、铌钽、钾盐、金刚石矿产资源储量规模在中型以上的矿区原则上不得压覆，但国务院批准的或国务院组成部门按照国家产业政策批准的国家重大建设项目除外。

（8）办理材料。

①建设单位关于压覆重要矿产资源的申请函；

②压覆重要矿产资源评估报告及评审备案文件；

③省级自然资源主管部门初审意见（自然资源部审批）；

④建设项目压覆矿产资源不可避免性论证材料；

⑤建设单位与被压覆矿业权人签订的协议或省级自然资源管理部门对解决压覆相关事宜的承诺（适用于压覆已设置矿业权矿产资源的情况）；

⑥被压覆矿业权人有效期内的勘查许可证或采矿许可证复印件（适用于压覆已设置矿业权矿产资源的情况）。

（三）行政许可审批

（1）重要矿产资源压覆审批实行分级管理方式，按照被压覆矿产资源的种类和规模，分别由自然资源部和省级自然资源主管部门负责。根据自然资源部《建设项目压覆重要矿床（矿产资源）审批服务指南》第一条规定，压覆下列已查明的重要矿产资源，由省级自然资源主管部门进行初审，报自然资源部审批：

①压覆石油、天然气、页岩气、天然气水合物、放射性矿产；

②压覆《矿产资源开采登记管理办法》附录所列矿种（石油、天然气、放射性矿产除外）累计查明资源储量数量达大型矿区规模以上的或矿区查明资源储量规模达到大型并且压覆占三分之一以上的；

③符合上款的炼焦用煤、富铁矿、铬铁矿、富铜矿、钨、锡、锑、稀土、钼、铌钽、钾盐、金刚石矿产资源储量规模在中型以上的矿区原则上不得压覆，但国务院批准的或国务院组成部门按照国家产业政策批准的国家重大建设项目除外。

除以上重要矿产资源应当报自然资源部审批外，其余重要矿产资源一般由省级自然资源主管部门审批，实践中也有省级自然资源主管部门将审批权限下放到市一级的自然资源部门的情况。

（2）凡符合审批要求的压覆重要矿产资源申请，自然资源主管部门自受理之日起20个工作日内，作出准予压覆或者不准压覆的决定。

（3）建设单位应在收到同意压覆重要矿产资源的批复文件后45个工作日内，到项目所在地省级国土资源行政主管部门办理压覆重要矿产资源储量登记手续。45个工作日内不申请办理压覆重要矿产资源储量登记手续的，审批文件自动失效。

（四）压覆重要矿床审批和用地审批的关系

《建设项目用地预审管理办法》（国土资源部令第7号）中规定，建设单位应当对单独选址建设项目是否压覆重要矿产资源进行查询核实；压覆重要矿产资源的，应当依据相关法律法规的规定，在办理用地预审手续后，完成压覆矿产资源登记等。

（五）相关法律法规及规章制度

（1）《中华人民共和国矿产资源法》（1986年3月19日通过，1986年10月1日起施行）之第三十一条；

（2）《中华人民共和国矿产资源法实施细则》（1994年3月26日国务院令第152号发布并施行）之第三十五条；

（3）《国土资源部关于进一步做好建设项目压覆重要矿产资源审批管理工作的通知》（2021年3月9日国土资发〔2010〕137号公布）；

（4）《国土资源部关于进一步改进建设用地审查报批工作提高审批效率有关问题的通知》（2012年5月5日国土资发〔2012〕77号公布）；

（5）《自然资源部关于深化矿产资源管理改革若干事项的意见》（2023年7月26日自然资规〔2023〕6号公布）；

（6）《建设项目用地预审管理办法》（2001年7月25日国土资源部令第7号发布，2016年11月25日第二次修正）。

三、用地预审与选址意见书

（一）用地预审与选址意见书办理范围

用地预审及选址意见书为行政许可事项，建设项目用地预审是指自然资源主管部门在建设项目审批、核准、备案阶段，依法对建设项目涉及的土地利用事项进行的审查。《中华人民共和国土地管理法实施条例》第二十四条规定：建设项目批准、核准前或者备案前后，由自然资源主管部门对建设项目用地事项进行审查，提出建设项目用地预审意见。建设项目需要申请核发选址意见书的，应当合并办理建设项目用地预审与选址意见书，核发建设项目用地预审与选址意见书。

《中华人民共和国城乡规划法》第三十六条规定，按照国家规定需要有关部门批准或者核准的建设项目，以划拨方式提供国有土地使用权的，建设单位在报送有关部门批准或者核准前，应当向城乡规划主管部门申请核发选址意见书。前款规定以外的建设项目不需要申请选址意见书。

《自然资源部关于以"多规合一"为基础推进规划用地"多审合一、多证合一"改革的通知》（自然资规〔2019〕2号）明确规定：合并规划选址和用地预审，将建设项目选址意见书、建设项目用地预审意见合并，自然资源主管部门统一核发建设项目用地预审与选址意见书，不再单独核发建设项目选址意见书、建设项目用地预审意见。

（1）用地预审应当遵循的原则：符合土地利用总体规划；保护耕地，特别是基本农田；合理和集约节约利用土地；符合国家供地政策。

根据《关于积极做好用地用海要素保障的通知》（自然资发〔2022〕129号），国家严格占用永久基本农田的重大建设项目范围，允许将以下占用永久基本农田的重大建设项目纳入用地预审受理范围：

①党中央、国务院明确支持的重大建设项目；

②按《关于梳理国家重大项目清单加大建设用地保障力度的通知》（发改投资〔2020〕688号）要求，列入需中央加大用地保障力度清单的以下项目：

a.具体项目名称已列入党中央、国务院、中央军委印发或同意的文件、规划，或列入国家发展规划（国民经济和社会发展五年规划纲要），或列入中央有关部门编制印发的能源、交通、水利、石化等国家级专项规划（或行动计划），或中央军委有关部门编制印发的军事国防设施专项规划；

b. 需报请党中央、国务院、中央军委，以及党中央、国务院、中央军委有关部门审批（核准、备案）的重大项目；

c. 为推动落实长江经济带发展、京津冀协同发展、粤港澳大湾区建设、海南全面深化改革开放、长三角区域一体化发展、黄河流域生态保护和高质量发展等国家重大战略，需要实施并经中央有关战略领导小组同意的重大项目；

d. 党中央、国务院、中央军委明确支持的重大项目；

e. 其他经国家发展改革委认定的为贯彻党中央、国务院重大决策部署的重大项目。

③中央军委及其有关部门批准的军事国防类项目；

④纳入国家级规划的机场、铁路、公路、水运、能源、水利项目；

⑤省级公路网规划的省级高速公路和连接原深度贫困地区直接为该地区服务的省级公路项目；

⑥原深度贫困地区、集中连片特困地区、国家扶贫开发工作重点县省级以下基础设施、民生发展等项目。

（2）不需办理用地预审的项目范围。

《自然资源部关于积极做好用地用海要素保障的通知》（自然资发〔2022〕129号）规定，以下情形无需申请办理用地预审，直接申请办理农用地转用和土地征收：

①经依法批准的国土空间规划（含土地利用总体规划）确定的城市和村庄、集镇建设用地范围内的建设项目；

②"探采合一"和"探转采"油气类及钻井配套设施建设用地；

③具备直接出让采矿权条件、能够明确具体用地范围的采矿用地；

④露天煤矿接续用地；

⑤水利水电项目涉及的淹没区用地。

（二）行政许可申报流程及办理前置条件

（1）申报时机。

根据《建设项目用地预审管理办法》（国土资源部令第7号）第五条，用地预审申请提交时间要求如下：

①需审批的建设项目在可行性研究阶段，由建设用地单位提出预审申请。

②需核准的建设项目在项目申请报告核准前，由建设单位提出用地预审申请。

③需备案的建设项目在办理备案手续后，由建设单位提出用地预审申请。

（2）前置条件。

①建设项目用地符合国家供地政策和土地管理法律、法规规定的条件。

②建设项目选址符合国土空间规划管控规则。

③建设项目用地规模符合有关土地使用标准的规定；对国家和地方尚未颁布土地使用标准和建设标准的建设项目，以及确需突破土地使用标准确定规模和功能分区的建设项目，省级自然资源主管部门已组织开展建设项目节地评价并出具评审论证意见。

④占用永久基本农田或占用其他耕地规模较大的建设项目，省级自然资源主管部门已组织踏勘论证。

⑤建设项目占用耕地和涉及征地补偿、土地复垦的，建设单位需承诺将补充耕地、征地补偿、土地复垦等相关费用纳入工程概算，占用永久基本农田的缴费标准按照当地耕地

开垦费最高标准的两倍执行。

⑥建设项目符合占用自然保护区和经国务院批准公布的生态保护红线的要求。

⑦建设项目不涉及违法用地和信访等问题，或涉及有关问题已处理到位。

对不符合上述要求的，不予批准建设项目用地预审。

（3）申请用地预审（国家级权限）的项目建设单位，应当提交下列材料：

①建设项目用地预审申请表；

②建设项目用地预审申请报告，内容包括拟建项目的基本情况、拟选址占地情况、拟用地是否符合土地利用总体规划、拟用地面积是否符合土地使用标准、拟用地是否符合供地政策等；

③自然资源主管部门初审意见；

④项目建设依据（项目列入相关规划文件等）；

⑤标注项目用地范围的土地利用总体规划图、土地利用现状图、占用永久基本农田示意图（包含城市周边范围线）及其他相关图件；

⑥项目用地边界拐点坐标表、占用永久基本农田拐点坐标表（2000国家大地坐标系）。

（三）行政许可审批

（1）建设项目用地实行分级预审。

①需人民政府或有批准权的人民政府发展和改革等部门审批的建设项目，由该人民政府的自然资源主管部门预审。

②需核准和备案的建设项目，由与核准、备案机关同级的国土资源主管部门预审。

（2）应当由自然资源部预审的建设项目，自然资源部委托项目所在地的省级自然资源主管部门受理，但建设项目占用规划确定的城市建设用地范围内土地的，委托市级自然资源主管部门受理。受理后，提出初审意见，转报自然资源部。涉密军事项目和国务院批准的特殊建设项目用地，建设用地单位可直接向自然资源部提出预审申请。应当由自然资源部负责预审的输电线塔基、钻探井位、通信基站等小面积零星分散建设项目用地，由省级自然资源主管部门预审，并报自然资源部备案。

（3）预审意见是有关部门审批项目可行性研究报告、核准项目申请报告的必备文件。建设项目用地预审文件有效期为三年，自批准之日起计算。已经预审的项目，如需对土地用途、建设项目选址等进行重大调整的，应当重新申请预审。未经预审或者预审未通过的，不得批复可行性研究报告、核准项目申请报告；不得批准农用地转用、土地征收，不得办理供地手续。预审审查的相关内容在建设用地报批时，未发生重大变化的，不再重复审查。

（4）建设单位应当对单独选址建设项目是否位于地质灾害易发区、是否压覆重要矿产资源进行查询核实；位于地质灾害易发区或者压覆重要矿产资源的，应当依据相关法律法规的规定，在办理用地预审手续后，完成地质灾害危险性评估、压覆矿产资源登记等。

（5）办理结果：《关于××××用地的预审意见》或《建设项目用地预审与选址意见书》。

（四）相关法律法规及规章制度

（1）《中华人民共和国城乡规划法》（2007年10月28日通过，2019年4月23日第二次修正）之第三十六条；

（2）《中华人民共和国土地管理法实施条例》（1998年12月27日国务院令第256号发布，2021年7月2日第三次修订）之第二十四条；

（3）《建设项目用地预审管理办法》（2001年7月25日国土资源部令第7号发布，2016年11月25日第二次修正）；

（4）《自然资源部关于做好占用永久基本农田重大建设项目用地预审的通知》（2018年08月03日自然资规〔2018〕3号发布）；

（5）《关于梳理国家重大项目清单加大建设用地保障力度的通知》（2020年4月28日发改投资〔2020〕688号发布）；

（6）《自然资源部关于积极做好用地用海要素保障的通知》（2022年8月2日自然资发〔2022〕129号公布）；

（7）《国土资源部关于改进和优化建设项目用地预审和用地审查的通知》（2016年11月30日国土资规〔2016〕16号发布）；

（8）《自然资源部关于以"多规合一"为基础推进规划用地"多审合一、多证合一"改革的通知》（2019年09月17日自然资规〔2019〕2号发布）。

第六节 项目的审批、核准、备案

一、项目的审批、核准、备案适用范围

（1）政府采取直接投资方式、资本金注入方式投资的项目，项目单位应按照政府投资管理权限和规定的程序，报投资主管部门或者其他有关部门审批。

（2）对于企业不使用政府投资建设的项目，不实行审批制，根据项目不同情况，分别实行核准管理或备案管理。对关系国家安全、涉及全国重大生产力布局、战略性资源开发和重大公共利益等项目，实行核准管理，具体项目范围及核准机关、核准权限依照政府核准的投资项目目录执行；其他项目实行备案管理。

（3）《中国石油天然气集团有限公司投资项目可行性研究工作管理办法》（中国石油计划〔2023〕178号）第五十七条规定，中国石油计划〔2023〕178号境内自营原油和天然气开发项目列入集团公司年度业务发展和投资计划、其他项目履行集团公司可行性研究报告审批程序后，按规定编制项目申请报告或备案请示。

二、企业投资项目核准相关要求

根据《企业投资项目核准和备案管理条例》《国务院关于发布政府核准的投资项目目录（2016年本）的通知》（国发〔2016〕72号）、《企业投资项目核准和备案管理办法》（国家发展改革委令第2号），项目核准要求如下：

（1）实行核准管理的具体项目范围以及核准机关、核准权限，由国务院颁布的《政府核准的投资项目目录》（以下简称《核准目录》）确定。

（2）《政府核准的投资项目目录（2016年本）》中天然气储运建设工程核准要求如下：

①液化石油气接收、存储设施（不含油气田、炼油厂的配套项目）：由地方政府核准。

②进口液化天然气接收、储运设施：新建（含异地扩建）项目由国务院行业管理部门核准，其中新建接收储运能力$300×10^4$t及以上的项目由国务院投资主管部门核准并报国务院备案。其余项目由省级政府核准。

③输气管网（不含油气田集输管网）：跨境、跨省（区、市）干线管网项目由国务院投资主管部门核准，其中跨境项目报国务院备案。其余项目由地方政府核准。

④煤炭、矿石、油气专用泊位：由省级政府按国家批准的相关规划核准。

（3）按照规定由国务院核准的项目，由国家发展改革委审核后报国务院核准；核报国务院及国务院投资主管部门核准的项目，事前须征求国务院行业管理部门的意见。

三、企业投资项目备案相关要求

（1）除国务院另有规定外，实行备案管理的项目按照属地原则备案。各省级政府负责制定本行政区域内的项目备案管理办法，明确备案机关及其权限。

（2）实行备案管理的项目，项目单位应当在开工建设前通过全国投资项目在线审批监管平台（以下简称"在线平台"）将以下相关信息告知项目备案机关：

①企业基本情况；

②项目名称、建设地点、建设规模、建设内容；

③项目总投资额；

④项目符合产业政策的声明。

企业应当对备案项目信息的真实性负责。项目备案后，项目法人发生变化，项目建设地点、规模、内容发生重大变更，或者放弃项目建设的，项目单位应当通过在线平台及时告知项目备案机关，并修改相关信息。

四、固定资产投资项目核准行政许可办理

固定资产投资项目核准为行政许可事项。除涉及国家秘密的项目外，项目核准通过在线平台实行网上受理、办理、监管和服务。

（一）行政许可申报流程

固定资产投资项目核准为行政许可事项。除涉及国家秘密的项目外，项目核准通过在线平台实行网上受理、办理、监管和服务。

（1）企业投资建设应由国务院及有关部门核准的项目。

①地方企业投资建设应当分别由国务院投资主管部门、国务院行业管理部门核准的项目，可以分别通过项目所在地省级政府投资主管部门、行业管理部门向国务院投资主管部门、国务院行业管理部门转送项目申请报告。属于国务院投资主管部门核准权限的项目，项目所在地省级政府规定由省级政府行业管理部门转送的，可以由省级政府投资主管部门与其联合报送。

②国务院有关部门所属单位、计划单列企业集团、中央管理企业投资建设应当由国务院有关部门核准的项目，直接向相应的项目核准机关报送项目申请报告，并附行业管理部门的意见。

③企业投资建设应当由国务院核准的项目，按照本条第（1）（2）款规定向国务院投资主管部门报送项目申请报告，由国务院投资主管部门审核后报国务院核准。新建运输机场项目由相关省级政府直接向国务院、中央军委报送项目申请报告。

（2）企业投资建设应当由地方政府核准的项目，应当按照地方政府的有关规定，向相应的项目核准机关报送项目申请报告。

（二）申报资料

企业办理项目核准手续，应当按照国家有关要求编制项目申请报告，项目申请报告应当主要包括以下内容：

（1）项目单位情况；

（2）拟建项目情况，包括项目名称、建设地点、建设规模、建设内容等；

（3）项目资源利用情况分析及对生态环境的影响分析；

（4）项目对经济和社会的影响分析。

（三）行政许可办理前置条件

（1）《国务院办公厅关于印发精简审批事项规范中介服务实行企业投资项目网上并联核准制度工作方案的通知》（国办发〔2014〕59号）指出，精简前置审批。只保留规划选址、用地预审（用海预审）两项前置审批，其他审批事项实行并联办理。对重特大项目，也应将环评（海洋环评）审批作为前置条件。《企业投资项目核准和备案管理办法》（国家发展改革委令第2号）第二十二条规定，项目单位在报送项目申请报告时，应当根据国家法律法规的规定附具以下文件：

①城乡规划行政主管部门出具的选址意见书（仅指以划拨方式提供国有土地使用权的项目）；

②国土资源（海洋）行政主管部门出具的用地（用海）预审意见（国土资源主管部门明确可以不进行用地预审的情形除外）；

③法律、行政法规规定需要办理的其他相关手续。

（2）根据《关于一律不得将企业经营自主权事项作为企业投资项目核准前置条件的通知》（发改投资〔2014〕2999号），下列事项一律不再作为企业投资项目核准的前置条件：

①银行贷款承诺；

②融资意向书；

③资金信用证明；

④股东出资承诺；

⑤其他资金落实情况证明材料；

⑥可行性研究报告审查意见；

⑦规划设计方案审查意见；

⑧电网接入意见；

⑨接入系统设计评审意见；

⑩铁路专用线接轨意见；

⑪原材料运输协议；

⑫燃料运输协议；

⑬供水协议；

⑭与相关企业签署的副产品资源综合利用意向协议；

⑮与相关供应商签署的原材料供应协议等；

⑯与合作方签署的合作意向书、协议、框架协议（中外合资、合作项目除外）；

⑰通过企业间协商和市场调节能够解决的协议、承诺、合同等事项；

⑱其他属于企业经营自主决策范围的事项。

（四）行政许可审批

（1）项目核准机关从以下方面对项目进行审查：

①是否危害经济安全、社会安全、生态安全等国家安全；

②是否符合相关发展建设规划、产业政策和技术标准；

③是否合理开发并有效利用资源；

④是否对重大公共利益产生不利影响。

（2）项目核准机关在正式受理项目申请报告后，需要评估的，应在4个工作日内按照有关规定委托具有相应资质的工程咨询机构进行评估。除项目情况复杂的，评估时限不得超过30个工作日。接受委托的工程咨询机构应当在项目核准机关规定的时间内提出评估报告，并对评估结论承担责任。项目情况复杂的，履行批准程序后，可以延长评估时限，但延长的期限不得超过60个工作日。评估费用由委托评估的项目核准机关承担，评估机构及其工作人员不得收取项目单位的任何费用。

（3）项目涉及有关行业管理部门或者项目所在地地方政府职责的，项目核准机关应当商请有关行业管理部门或地方人民政府在7个工作日内出具书面审查意见。

（4）项目建设可能对公众利益构成重大影响的，项目核准机关在作出核准决定前，应当采取适当方式征求公众意见。对于特别重大的项目，可以实行专家评议制度。除项目情况特别复杂外，专家评议时限原则上不得超过30个工作日。

（5）项目核准机关应当在正式受理申报材料后20个工作日内作出是否予以核准的决定，或向上级项目核准机关提出审核意见。项目情况复杂或者需要征求有关单位意见的，经本行政机关主要负责人批准，可以延长核准时限，但延长的时限不得超过40个工作日，并应当将延长期限的理由告知项目单位。项目核准机关需要委托评估或进行专家评议的，所需时间不计算在规定的期限内。项目核准机关应当将咨询评估或专家评议所需时间书面告知项目单位。

（6）项目自核准机关出具项目核准文件或同意项目变更决定2年内未开工建设，需要延期开工建设的，项目单位应当在2年期限届满的30个工作日前，向项目核准机关申请延期开工建设。项目核准机关应当自受理申请之日起20个工作日内，作出是否同意延期开工建设的决定，并出具相应文件。开工建设只能延期一次，期限最长不得超过1年；国家对项目延期开工建设另有规定的，依照其规定。在2年期限内未开工建设也未按照规定向项目核准机关申请延期的，项目核准文件或同意项目变更决定自动失效。

（7）办理结果：形成正式批文。

（五）相关法律法规及规章制度

（1）《中华人民共和国城乡规划法》（2007年10月28日通过，2019年4月23日第二次修正）之第三十六条；

（2）《企业投资项目核准和备案管理条例》（2016年11月30日国务院令第673号公布，2017年2月1日施行）；

（3）《政府投资条例》（2019年4月14日国务院令第712号公布，自2019年7月1日起施行）之第九条；

（4）《企业投资项目核准和备案管理办法》（2017年3月8日国家发改委令第2号发布，2017年4月8日施行）；

（5）《国务院关于发布政府核准的投资项目目录（2016年本）的通知》（2016年12月20日国发〔2016〕72号发布）；

（6）《国务院办公厅关于印发精简审批事项规范中介服务实行企业投资项目网上并联核准制度工作方案的通知》（2014年12月29日国办发〔2014〕59号发布）；

（7）《关于一律不得将企业经营自主权事项作为企业投资项目核准前置条件的通知》（发改投资〔2014〕2999号）；

（8）《国家能源局关于进一步做好油气开发项目备案填报工作的通知》（2022年10月12日国能发油气〔2022〕89号发布）；

（9）《中国石油天然气集团有限公司投资项目可行性研究工作管理办法》（2023年9月8日中国石油计划〔2023〕178号发布）之第五十七条。

第三章 项目实施勘察设计阶段合规管理

第一节 项目管理团队和管理体系的建立

一、成立项目管理团队

项目可行性研究报告批复或项目申请报告核准、备案后,所属企业应组建项目管理团队,明确组织机构设置、与各职能部门关系、职责及分工,并授权其负责项目管理。项目管理团队应由工程建设管理人员和生产运行等人员联合组成,在项目实施过程中实现工程和生产的有机融合。

项目管理团队关键岗位人员应具备相应的执业能力和管理经验,优先选择取得国家注册建造师、注册监理工程师、注册建筑师、勘察设计注册工程师、注册安全工程师、注册造价工程师等相应执业资格,或取得国际项目经理资质(PMP、IPMP)认证证书的人员。

二、确定项目建设模式

(1)在项目可行性研究阶段或总体设计阶段,所属企业应根据项目特点和建设目标要求,结合本单位人力资源能力、市场可获得资源等条件,提出项目建设模式建议方案。其中:

①投资规模大、一体化程度高、工艺技术复杂、实施环节多的大型炼油化工、液化天然气(LNG)、油气管道等项目,鼓励采用"业主+PMC(+监理)+EPC"模式;需要与专业项目管理公司组建 IPMT 的,采用"IPMT+监理+EPC"模式;

②其他技术复杂的整装油气田地面建设、天然气处理、大型炼油化工、大型油气储运、多个加油(气)站捆绑建设等项目,鼓励采用"业主+监理+EPC"模式;

③其他项目可采用"业主+监理+E+P+C""业主+监理+EP+C""业主+监理+E+PC""业主+监理+EPC"模式。

(2)项目建设模式方案选择应在可行性研究报告批复后按照以下要求履行审批手续:

①重点工程项目建设模式方案由所属企业报专业公司初审,由专业公司报工程和物装管理部,工程和物装管理部审查并会签专业公司后批复;

②其他项目建设模式方案选择报专业公司审批或由所属企业自行审批,具体权限划分由专业公司确定。

三、制定项目总体部署

总体部署是统筹项目基础设计或初步设计(以下统称初步设计)批复至竣工验收全过

程管理工作，策划项目质量、健康安全环保（以下简称"HSE"）、进度、投资等目标并明确相关措施和对策的文件，是项目实施过程中建设、项目管理、监理、工程总承包、勘察设计、采购、施工、检测、生产准备等单位组织工程建设的纲领性文件。

总体部署应以批准的初步设计文件为依据，并结合工程实际情况，在初步设计审查完成后三个月内编制完成。三、四类项目总体部署可适当简化或编制项目进度计划。

重点工程总体部署由所属企业报专业公司初审，由专业公司将初审意见及总体部署报工程和物装管理部，工程和物装管理部组织审查并会签专业公司后批复。根据工作需要，重点工程总体部署初审和审查会议可一并组织进行；其中，由工程和物装管理部、专业公司联合组织审查总体部署的项目，不再履行专业公司初审手续。其他项目总体部署编制及审批要求由专业公司确定，其中由专业公司审查的总体部署批复文件抄送工程和物装管理部。

重点工程总体部署审查完成后一个月内，所属企业应将修改版总体部署各两套报工程和物装管理部、专业公司备案。

四、编制项目管理手册

重点工程应编制项目管理手册，项目管理手册应由项目管理团队组织编制。项目管理手册应全面覆盖项目组织与管理、勘察设计、采购、施工、生产准备与试车、质量、HSE、进度、投资、资金、风险、合同、财务、文档、信息与沟通等管理内容，明确项目管理目标、职责划分、管理界面、工作流程，建立项目管理执行的相关法律法规、规章制度、标准规范指引等。

项目管理手册由所属企业审批，重点工程项目管理手册报专业公司、工程和物装管理部备案，并在开工报告批复前发布实施。根据工作需要，可适时对项目管理手册进行修改并升版，经重新履行相关审批手续后发布实施。

五、相关法律法规及规章制度

（1）《中国石油天然气集团有限公司工程建设项目管理规定》（2021年3月11日中油物装〔2021〕41号印发）之第十一条至第十八条；

（2）《中国石油天然气集团有限公司工程建设项目总体部署管理办法》（2021年6月25日中油物装〔2021〕98号印发）。

第二节　安全条件审查

一、安全条件审查项目范围

生产、储存危险化学品建设项目安全条件审查是行政许可事项。《危险化学品安全管理条例》第六条规定，安全生产监督管理部门对新建、改建、扩建生产、储存危险化学品（包括使用长输管道输送危险化学品）的建设项目进行安全条件审查。

二、行政许可申报流程及办理前置条件

根据《危险化学品建设项目安全监督管理办法》（国家安全监管总局令第45号），建设

单位应当在建设项目开始初步设计前，向应急管理部门申请建设项目安全条件审查。

（一）安全条件审查机构

（1）应急管理部负责实施下列危险化学品建设项目的安全审查：

①国务院审批（核准、备案）的；

②跨省、自治区、直辖市的。

（2）危险化学品建设项目有下列情形之一的，应当由省级应急管理部门负责安全审查：

①国务院投资主管部门审批（核准、备案）的；

②生产剧毒化学品的；

③省级应急管理部门确定的上条规定以外的其他建设项目。

（3）负责实施危险化学品建设项目安全审查的应急管理部门根据工作需要，可以将其负责实施的建设项目安全审查工作，委托下一级应急管理部门实施。委托实施安全审查的，审查结果由委托的应急管理部门负责。跨省、自治区、直辖市的建设项目和生产剧毒化学品的建设项目，不得委托实施安全审查。

（4）危险化学品建设项目有下列情形之一的，不得委托县级人民政府应急管理部门实施安全审查：

①涉及应急管理部公布的重点监管危险化工工艺的；

②涉及应急管理部公布的重点监管危险化学品中的有毒气体、液化气体、易燃液体、爆炸品，且构成重大危险源的。

（5）接受委托的应急管理部门不得将其受托的险化学品建设项目安全审查工作再委托其他单位实施。

（二）安全条件审查前置条件

（1）依法取得工商行政管理部门颁发的企业营业执照或者企业名称预先核准通知书；

（2）建设项目取得批准、核准或者备案文件和规划相关文件；

（3）依法取得具备相应资质的评价机构出具建设项目安全评价报告。

（三）安全条件审查办理

建设单位向应急管理部门申请建设项目安全条件审查，应提交下列文件、资料，并对其真实性负责：

（1）建设项目安全条件审查申请书及文件；

（2）建设项目安全评价报告；

（3）建设项目批准、核准或者备案文件和规划相关文件（复制件）；

（4）工商行政管理部门颁发的企业营业执照或者企业名称预先核准通知书（复制件）。

三、行政许可审批

（1）对已经受理的建设项目安全条件审查申请，应急管理部门应当指派有关人员或者组织专家对申请文件、资料进行审查，并自受理申请之日起45日内向建设单位出具建设项目安全条件审查意见书。建设项目安全条件审查意见书的有效期为两年。

根据法定条件和程序，需要对申请文件、资料的实质内容进行核实的，安全生产监督管理部门应当指派两名以上工作人员对建设项目进行现场核查。

建设单位整改现场核查发现的有关问题和修改申请文件、资料所需时间不计算在本条规定的期限内。

（2）建设项目有下列情形之一的，安全条件审查不予通过：

①安全评价报告存在重大缺陷、漏项的，包括建设项目主要危险、有害因素辨识和评价不全或者不准确的；

②建设项目与周边场所、设施的距离或者拟建场址自然条件不符合有关安全生产法律、法规、规章和国家标准、行业标准的规定的；

③主要技术、工艺未确定，或者不符合有关安全生产法律、法规、规章和国家标准、行业标准的规定的；

④国内首次使用的化工工艺，未经省级人民政府有关部门组织的安全可靠性论证的；

⑤对安全设施设计提出的对策与建议不符合法律、法规、规章和国家标准、行业标准的规定的；

⑥未委托具备相应资质的安全评价机构进行安全评价的；

⑦隐瞒有关情况或者提供虚假文件、资料的。

建设项目未通过安全条件审查的，建设单位经过整改后可以重新申请建设项目安全条件审查。

（3）已经通过安全条件审查的建设项目有下列情形之一的，建设单位应当重新进行安全评价，并申请审查：

①建设项目周边条件发生重大变化的；

②变更建设地址的；

③主要技术、工艺路线、产品方案或者装置规模发生重大变化的；

④建设项目在安全条件审查意见书有效期内未开工建设，期限届满后需要开工建设的。

四、相关法律法规及规章制度

（1）《危险化学品安全管理条例》（2002年1月26日国务院令第344号公布，2013年12月7日第二次修订）；

（2）《危险化学品建设项目安全监督管理办法》（2012年1月30日国家安监总局令第45号公布，2015年5月27日国家安监总局令第79号修正）。

第三节 用地及规划许可

一、建设用地（含临时用地）规划许可

（一）行政许可适用范围

在城市、镇规划区内以划拨方式提供国有土地使用权的建设项目，经有关部门批准、核准、备案后，建设单位应当向城市、县人民政府城乡规划主管部门提出建设用地规划许可申请，由城市、县人民政府城乡规划主管部门依据控制性详细规划核定建设用地的位置、面积、允许建设的范围，核发建设用地规划许可证。

以出让方式取得国有土地使用权的建设项目，建设单位在取得建设项目的批准、核准、备案文件和签订国有土地使用权出让合同后，向城市、县人民政府城乡规划主管部门

领取建设用地规划许可证。

（二）行政许可申报材料及办理前置条件

（1）前置条件。

①以划拨方式提供国有土地使用权的，建设单位申请建设用地规划许可证，应当具备以下条件：

a. 拟建设项目经有关部门批准、核准、备案；

b. 拟建设项目批准、核准、备案的用地位置、面积，建设内容等符合国土空间规划。

②以出让方案提供国有土地使用权的，建设单位申请建设用地规划许可证，应当具备以下条件：

a. 拟建设项目经有关部门批准、核准、备案；

b. 建设单位已签订国有土地使用权出让合同。

（2）申报材料。

①建设用地规划许可证申请表；

②建设项目批准、核准或备案文件；

③建设用地位置界限图；

④划拨用地建设项目应提供国有土地意向划拨意见函和选址意见书；出让用地建设项目应提供土地使用权出让合同。

（三）行政许可审批

（1）各地承诺的办理时限不尽相同。

（2）办理结果：《建设用地规划许可证》。

（四）相关法律法规及规章制度

《中华人民共和国城乡规划法》（2007年10月28日通过，2019年4月23日第二次修正）之第三十七条、第三十八条。

二、临时用地行政审批

临时用地是指建设项目施工、地质勘查等临时使用，不修建永久性建（构）筑物，使用后可恢复的土地（通过复垦可恢复原地类或者达到可供利用状态）。

（一）临时用地行政许可适用范围

《中华人民共和国土地管理法》第五十七条规定，建设项目施工和地质勘查需要临时使用国有土地或者农民集体所有的土地的，由县级以上人民政府自然资源主管部门批准。

临时用地具有临时性和可恢复性等特点，与建设项目施工、地质勘查等无关的用地，使用后无法恢复到原地类或者复垦达不到可供利用状态的用地，不得使用临时用地。《自然资源部关于规范临时用地管理的通知》（自然资规〔2021〕2号）明确，临时用地的范围包括：

（1）建设项目施工过程中建设的直接服务于施工人员的临时办公和生活用房，包括临时办公用房、生活用房、工棚等使用的土地；直接服务于工程施工的项目自用辅助工程，包括农用地表土剥离堆放场、材料堆场、制梁场、拌合站、钢筋加工厂、施工便道、运输便道、地上线路架设、地下管线敷设作业，以及能源、交通、水利等基础设施项目的取土场、弃土（渣）场等使用的土地。

（2）矿产资源勘查、工程地质勘查、水文地质勘查等，在勘查期间临时生活用房、临时工棚、勘查作业及其辅助工程、施工便道、运输便道等使用的土地，包括油气资源勘查中钻井井场、配套管线、电力设施、进场道路等钻井及配套设施使用的土地。

（3）符合法律、法规规定的其他需要临时使用的土地。

（二）临时用地选址要求

（1）建设项目施工、地质勘查使用临时用地时应坚持"用多少、批多少、占多少、恢复多少"，尽量不占或者少占耕地。使用后土地复垦难度较大的临时用地，要严格控制占用耕地。铁路、公路等单独选址建设项目，应科学组织施工，节约集约使用临时用地。制梁场、拌合站等难以恢复原种植条件的不得以临时用地方式占用耕地和永久基本农田，可以建设用地方式或者临时占用未利用地方式使用土地。

（2）临时用地一般不得占用永久基本农田，建设项目施工和地质勘查需要临时用地、选址确实难以避让永久基本农田的，在不修建永久性建（构）筑物、经复垦能恢复原种植条件的前提下，土地使用者按法定程序申请临时用地并编制土地复垦方案，经县级自然资源主管部门批准可临时占用，并在市级自然资源主管部门备案，一般不超过两年，同时通过耕地耕作层土壤剥离再利用等工程技术措施，减少对耕作层的破坏。

（三）行政许可申报流程及办理前置条件

（1）前置条件。

①项目涉及在城镇开发边界内临时用地的，应取得城市规划主管部门的意见；

②项目临时占用林地、草地、湿地及自然保护地的，应当取得相关行政主管部门的审查意见或审批结果；

③临时使用农民集体所有土地的，应先征得土地所有权人的同意。

④建设项目施工和地质勘查需要临时使用农民集体所有的土地的，依法签订临时使用土地合同并支付临时使用土地补偿费，不得办理土地征收。

（2）临时用地申请人根据土地权属，与县（市）自然资源主管部门或者农村集体经济组织、村民委员会签订临时使用土地合同，明确临时用地的地点、四至范围、面积和现状地类，以及临时使用土地的用途、使用期限、土地复垦标准、补偿费用和支付方式、违约责任等。

（3）土地复垦方案编制及审查要求。

①土地复垦方案分为土地复垦方案报告书和土地复垦方案报告表。

依法由省级以上人民政府审批建设用地的建设项目，以及由省级以上自然资源主管部门审批登记的采矿项目，应当编制土地复垦方案报告书。其他项目可以编制土地复垦方案报告表。

复垦方案应对可能因挖损、塌陷、占压等原因破坏的土地范围、面积、地类和程度等进行科学合理预测，提出复垦技术路线和方法，明确复垦时间和措施，并落实复垦资金。土地复垦方案随有关报批材料报送有关自然资源主管部门审查。

②具体承担相应建设用地审查和采矿权审批的自然资源主管部门负责对土地复垦义务人报送的土地复垦方案进行审查。

③生产建设周期长、需要分阶段实施土地复垦的生产建设项目，土地复垦方案应当包含阶段土地复垦计划和年度实施计划。

④有关自然资源主管部门受理土地复垦方案审查申请后，应当组织专家进行论证。

⑤土地复垦方案经专家论证通过后，由有关自然资源主管部门进行最终审查。

⑥土地复垦方案通过审查的，有关自然资源主管部门应当向土地复垦义务人出具土地复垦方案审查意见书。土地复垦方案未通过审查的，有关自然资源主管部门应当书面告知土地复垦义务人补正。逾期不补正的，不予办理建设用地或者采矿审批相关手续。

⑦土地复垦义务人因生产建设项目的用地位置、规模等发生变化，或者采矿项目发生扩大变更矿区范围等重大内容变化的，应当在3个月内对原土地复垦方案进行修改，报原审查的自然资源主管部门审查。

⑧土地复垦义务人与损毁土地所在地县级自然资源主管部门在双方约定的银行建立土地复垦费用专门账户，按照土地复垦方案确定的资金数额，在土地复垦费用专门账户中足额预存土地复垦费用。

（4）临时用地申请人应当编制临时用地土地复垦方案报告表，由有关自然资源主管部门负责审核。其中，所申请使用的临时用地位于项目建设用地报批时已批准土地复垦方案范围内的，不再重复编制土地复垦方案报告表。

（5）项目占用耕地和永久基本农田及黑土地的，建设单位应组织编制表土剥离方案，并取得自然资源主管部门的评审意见。

（6）办理材料。

《中国石油天然气股份有限公司临时用地管理细则》第十五条规定，申请临时用地应提交下列材料：

①临时用地申请书；

②临时使用土地合同；

③项目审批（核准、备案）文件、公益勘查项目设计批复或者探矿权许可证等；

④土地复垦方案报告书或报告表；

⑤勘测定界材料；

⑥土地权属材料；

⑦土地利用现状照片；

⑧占用林地、草地、湿地和自然保护地的审查意见或审批结果；

⑨土地复垦费用使用监管协议及土地复垦费缴存凭证；

⑩其他必要的材料。

（7）抢险救灾、疫情防控等急需使用土地的，可以先行使用土地。其中，属于临时用地的，用后应当恢复原状并交还原土地使用者使用，不再办理用地审批手续。

（四）行政许可事项审批

（1）县（市）自然资源主管部门负责临时用地审批，其中涉及占用耕地和永久基本农田的，由市级或者市级以上自然资源主管部门负责审批。

（2）不得下放临时用地审批权或者委托相关部门行使审批权。

（3）城镇开发边界内使用临时用地的，可以一并申请临时建设用地规划许可和临时用地审批，具备条件的还可以同时申请临时建设工程规划许可，一并出具相关批准文件。

（4）油气资源探采合一开发涉及的钻井及配套设施建设用地，可先以临时用地方式批准使用，勘探结束转入生产使用的，办理建设用地审批手续；不转入生产的，油气企业应当完成土地复垦，按期归还。

（5）临时用地使用期限一般不超过两年。建设周期较长的能源、交通、水利等基础设施建设项目施工使用的临时用地,期限不超过四年。城镇开发边界内临时建设用地规划许可、临时建设工程规划许可的期限应当与临时用地期限相衔接。临时用地使用期限,从批准之日起算。

(6)办理结果:出具准予许可决定书。

(五)相关法律法规及规章制度

(1)《中华人民共和国土地管理法》(1986年6月25日通过,2019年8月26日第三次修正)之五十七条;

(2)《中华人民共和国土地管理法实施条例》(1998年12月27日国务院令第256号发布,2021年7月2日第三次修订)之第二十条;

(3)《土地复垦条例》(2011年3月5日国务院令第592号公布)之第十条;

(4)《土地复垦条例实施办法》(2012年12月27日国土资源部第56号令公布,2019年7月16日修正)之第六条至第十六条;

(5)《自然资源部关于规范临时用地管理的通知》(2021年11月4日自然资规〔2021〕2号公布);

(6)《自然资源部关于积极做好用地用海要素保障的通知》(2022年8月2日自然资发〔2022〕129号公布);

(7)《自然资源部农业农村部关于加强和改进永久基本农田保护工作的通知》(2019年1月3日自然资规〔2019〕1号公布)。

(8)《中国石油天然气股份有限公司临时用地管理细则》(2024年1月18日股份财务〔2024〕20号发布)之第十四条、第十五条、第二十条、第二十五条、第二十六条。

三、文物调查、勘探许可

《国务院关于印发清理规范投资项目报建审批事项实施方案的通知》(国发〔2016〕29号)将附件二第18至21项合并为"建设工程文物保护和考古许可",包括"文物保护单位的保护范围内进行其他建设工程或者爆破、钻探、挖掘等作业的许可""文物保护单位的建设控制地带内进行建设工程的许可""进行大型基本建设工程前在工程范围内有可能埋藏文物的地方进行考古调查、勘探的许可""配合建设工程进行考古发掘的许可"四个子项。

(一)文物调查、勘探的项目范围

(1)《中华人民共和国文物保护法》第二十九条规定,进行大型基本建设工程,建设单位应当事先报请省、自治区、直辖市人民政府文物行政部门组织从事考古发掘的单位在工程范围内有可能埋藏文物的地方进行考古调查、勘探。第三十一条规定,凡因进行基本建设和生产建设需要的考古调查、勘探、发掘,所需费用由建设单位列入建设工程预算。

(2)2021年3月8日公布的《自然资源部 国家文物局关于在国土空间规划编制和实施中加强历史文化遗产保护管理的指导意见》规定,经文物主管部门核定可能存在历史文化遗存的土地,要实行"先考古、后出让"制度,在依法完成考古调查、勘探、发掘前,原则上不予收储入库或出让。具体空间范围由文物主管部门商自然资源主管部门确定。在文物主管部门完成考古工作,认定确需依法保护的文物,并提出具体保护要求后,自然资源主管部门在国土空间规划编制、土地出让中落实。暂不具备考古前置条件的,文物主管部门应在土地出让前完成考古工作。

（二）办理流程及前置条件

（1）《国家文物局关于加强基本建设工程中考古工作的指导意见》（文物保发〔2006〕42号）规定，开展基本建设工程中考古工作，应严格履行以下工作程序：

①在工程建设的"项目建议书"阶段，由文物考古机构收集建设项目涉及和影响区域内文物分布情况，提出初步文物保护意见，报省级文物行政部门确认后向设计单位提交《文物影响评估报告》。

②在工程建设的"可行性研究"阶段，由省级文物行政部门组织文物考古机构，对建设项目涉及和影响区域进行专项考古调查，编制《文物调查工作报告》，报省级文物行政部门认可后提交设计单位或建设单位。

③在工程建设的"初步设计"阶段，由省级文物行政部门组织具有考古勘探资质的单位，根据《文物调查工作报告》对建设项目涉及和影响区域有可能埋藏文物的地点进行勘探，向建设单位提交《考古勘探工作报告》，提交前应报省级文物行政部门备案。

④在工程实施前，由省级文物行政部门委托具有考古发掘资质的单位，依据《考古勘探工作报告》，编制考古发掘计划，经省级文物行政部门初步审查后报送国家文物局。考古发掘单位依据发掘计划与建设单位签订工作合同，填报考古发掘申请书，经批准后实施。如发掘计划发生变更，应及时上报。

但工程实践中，特别是《国务院办公厅关于印发精简审批事项规范中介服务实行企业投资项目网上并联核准制度工作方案的通知》（国办发〔2014〕59号）指出精简前置审批，只保留规划选址、用地预审（用海预审）两项前置审批，其他审批事项实行并联办理的要求后，以上程序并未得到严格执行。各省、自治区、直辖市对文物调查、勘探的流程要求也不尽相同，并且制定了地方性规章制度。例如山东省由建设单位委托考古资质单位编制《考古调查勘探方案》，按程序履行考古调查勘探许可手续后，考古资质单位依据省级文物行政部门的批准文件开展考古调查勘探工作；河南省建设单位向文物行政部门提出考古调查勘探申请后，考古调查、勘探、发掘工作由省级文物行政部门统一负责协调管理和组织实施。

（2）前置条件。

①考古调查勘探区域的边界桩点明确；

②完成符合考古调查勘探要求的土地清表（垃圾清运、地面硬化层破碎、地面附属物清理等）工作；

③无妨碍考古调查勘探工作的权属纠纷等。

（3）办理材料。

①关于申请建设项目文物考古调查、勘探的请示文件；

②建设项目规划总平面图；

③宗地实测图。

（三）行政许可审批

（1）《中华人民共和国文物保护法实施条例》第二十三条规定，配合建设工程进行的考古调查、勘探、发掘，由省、自治区、直辖市人民政府文物行政主管部门组织实施。跨省、自治区、直辖市的建设工程范围内的考古调查、勘探、发掘，由建设工程所在地的有关省、自治区、直辖市人民政府文物行政主管部门联合组织实施；其中，特别重要的建设工程范围内的考古调查、勘探、发掘，由国务院文物行政主管部门组织实施。

（2）考古调查、勘探费用执行《考古调查、勘探、发掘经费预算定额管理办法》〔国家文物局（90）文物字第248号〕，由于该办法多年未更新，有些地方根据本地情况提出了当地的考古调查、勘探、发掘经费标准。

（3）办理结果：《关于××××项目涉及文物保护的意见》。

（四）相关法律法规及规章制度

（1）《中华人民共和国文物保护法》（1982年11月19日通过，2015年4月24日第四次修正）之第二十条、第二十九条；

（2）《中华人民共和国文物保护法实施条例》（国务院令第377号，2003年5月18日公布，2017年10月7日第四次修订）之第二十三条；

（3）《国务院关于进一步加强文物工作的指导意见》（2016年3月8日国发〔2016〕17号公布）；

（4）《关于加强文物保护利用改革的若干意见》（2018年10月8日中办发〔2018〕54号发布）；

（5）《自然资源部 国家文物局关于在国土空间规划编制和实施中加强历史文化遗产保护管理的指导意见》（2021年3月8日公布）；

（6）《关于做好当前基本建设考古工作保障重大建设项目顺利实施的通知》（2015年07月14日文物保函〔2015〕2885号公布）；

（7）《国家文物局关于加强基本建设工程中考古工作的指导意见》（2007年1月16日文物保发〔2006〕42号公布）；

（8）《国家文物局关于进一步加强考古管理的意见》（2019年5月31日文物保发〔2019〕16号公布）；

（9）《考古调查、勘探、发掘经费预算定额管理办法》〔1990年4月20日国家文物局（90）文物字第248号公布〕。

四、建设项目控制工期的单体工程先行用地审查

根据《国务院关于取消非行政许可审批事项的决定》（国发〔2015〕27号），将建设项目控制工期的单体工程先行用地核准调整为政府内部审批事项。

（一）先行用地项目范围

（1）国家重点建设项目中的控制工期的单体工程。

（2）因工期紧或者受季节影响急需动工建设的其他工程。

（二）办理流程及前置条件

（1）办理主体。

该手续为政府内部审批事项，由项目所在省级自然资源部门向自然资源部提出申请。

（2）前置条件。

①建设项目为国务院及有关部门审批（核准、备案）的项目或国家级规划明确的建设项目。

②按规定由有权一级自然资源管理部门通过预审，已完成国家规定的有关投资审批程序，相关审批文件在有效期限内。

③办理先行用地部分属于控制性工程。

④地类、位置、面积准确，土地产权清晰，界址清楚，没有争议。

⑤涉及集体土地的，补偿安置已征得农民同意并确保补偿及时足额支付到位，地方政府承诺动工前将补偿费发放到相关村组和群众及确保不因先行用地发生信访问题和突发事件；涉及国有土地的，国有单位对先行用地补偿标准无异议并出具书面同意意见。

⑥项目未开工建设，不存在违法用地行为。

⑦占用林地的，已经取得林业主管部门出具的林地审核同意书或同意先行使用林地的说明。

（3）办理材料。

①省级自然资源主管部门先行用地请示文件；

②建设项目用地预审批复文件；

③建设项目批准、核准或备案文件；

④建设项目初步设计批准文件或国家有关部门确认工程建设的文件；

⑤市、县级人民政府对申请先行用地有关情况的说明及承诺（说明先行用地补偿标准和安置途径有关情况，承诺动工前将补偿费发放到先行用地涉及村组和群众及确保不因先行用地发生信访问题和突发事件，并附建设单位拨付补偿费用的凭证、涉及村组和群众对补偿标准和安置途径的意见）；

⑥申请先行用地的工程位置示意图。

（三）事项审批

自然资源部用途管制司依据法律法规等有关规定对先行用地报件进行审查，并报部会审会审查。先行用地经会审会审查通过后，自然资源部印制先行用地批复，由政务大厅通过网上申报系统发送省级自然资源主管部门。该事项在20个工作日内办结。

先行用地申请规模原则上不得超过用地预审控制规模的30%。先行用地批准后，应于1年内提出农用地转用和土地征收申请。

（四）相关法律法规及规章制度

（1）《建设用地审查报批管理办法》（1999年3月2日国土资源部令第3号公布，2016年11月25日第二次修改）之第六条；

（2）《自然资源部关于进一步做好用地用海要素保障的通知》（2023年6月13日自然资发〔2023〕89号公布）；

（3）《国土资源部关于进一步改进建设用地审查报批工作提高审批效率有关问题的通知》（2012年5月5日国土资发〔2012〕77号公布）。

五、建设项目使用林地及在森林和野生动物类型国家级自然保护区建设审批

《国务院关于印发清理规范投资项目报建审批事项实施方案的通知》（国发〔2016〕29号）将"勘察、开采矿藏和各项建设工程占用或者征收、征用林地审核""在林业部门管理的自然保护区建立机构和修筑设施审批""在沙化土地封禁保护区范围内进行修建铁路、公路等建设活动审批"三项林业部门行政许可事项，合并为"建设项目使用林地及在林业部门管理的自然保护区、沙化土地封禁保护区建设审批（核）"一项行政许可事项。国务院办公厅公布的《法律、行政法规、国务院决定设定的行政许可事项清单（2023年版）》（国办发〔2023〕5号）中将该行政许可事项名称改为"建设项目使用林地及在森林和野生动物

类型国家级自然保护区建设审批"。

（一）建设项目占用林地审批

1. 林地使用范围

国家保护林地，严格控制林地转为非林地，实行占用林地总量控制，确保林地保有量不减少。各类建设项目占用林地不得超过本行政区域的占用林地总量控制指标。根据《建设项目使用林地审核审批管理办法》（国家林业局令第35号）第四条，占用和临时占用林地的建设项目应当遵守林地分级管理的规定：

（1）各类建设项目不得使用Ⅰ级保护林地。

（2）国务院批准、同意的建设项目，国务院有关部门和省级人民政府及其有关部门批准的基础设施、公共事业、民生建设项目，可以使用Ⅱ级及其以下保护林地。

（3）国防、外交建设项目，可以使用Ⅱ级及其以下保护林地。

（4）县（市、区）和设区的市、自治州人民政府及其有关部门批准的基础设施、公共事业、民生建设项目，可以使用Ⅱ级及其以下保护林地。

（5）战略性新兴产业项目、勘查项目、大中型矿山、符合相关旅游规划的生态旅游开发项目，可以使用Ⅱ级及其以下保护林地。其他工矿、仓储建设项目和符合规划的经营性项目，可以使用Ⅲ级及其以下保护林地。

（6）符合城镇规划的建设项目和符合乡村规划的建设项目，可以使用Ⅱ级及其以下保护林地。

（7）符合自然保护区、森林公园、湿地公园、风景名胜区等规划的建设项目，可以使用自然保护区、森林公园、湿地公园、风景名胜区范围内Ⅱ级及其以下保护林地。

（8）公路、铁路、通讯、电力、油气管线等线性工程和水利水电、航道工程等建设项目配套的采石（沙）场、取土场使用林地按照主体建设项目使用林地范围执行，但不得使用Ⅱ级保护林地中的有林地。其中，在国务院确定的国家所有的重点林区（以下简称"重点国有林区"）内，不得使用Ⅲ级以上保护林地中的有林地。

（9）上述建设项目以外的其他建设项目可以使用Ⅳ级保护林地。

上述第（2）项、第（3）项、第（7）项以外的建设项目使用林地，不得使用一级国家级公益林地。国家林业局根据特殊情况对具体建设项目使用林地另有规定的，从其规定。

2. 办理流程及前置条件

（1）前置条件。

①建设项目使用林地应当严格执行《建设项目使用林地审核审批管理办法》（国家林业局令第35号）的规定。列入省级以上国民经济和社会发展规划的重大建设项目，符合国家生态保护红线政策规定的基础设施、公共事业、民生项目和国防项目，确需使用林地但不符合林地保护利用规划的，先调整林地保护利用规划，再办理建设项目使用林地手续。因项目建设调整自然保护区、森林公园等范围、功能区的，根据其范围、功能区调整结果，先调整林地保护利用规划，再办理建设项目使用林地手续。

②建设项目使用林地，用地单位或者个人应当一次性申请办理使用林地审核手续，不得化整为零，随意分期、分段或拆分项目进行申请，有关人民政府林业和草原主管部门也不得随意分期、分段或分次进行审核。国家和省级重点的公路、铁路和大型水利工程，可以根据建设项目可行性研究报告、初步设计批复确定的分期、分段实施安排，分期、分段

申请办理使用林地审核手续。

③各级人民政府林业和草原主管部门要严格执行建设项目占用林地定额管理规定，不得超过下达各省的年度占用林地定额审核同意建设项目使用林地。

④建设项目使用林地需要采伐林木的，应当按照《森林法》《森林法实施条例》《野生植物保护条例》等有关规定办理。

（2）审批流程。

勘查、开采矿藏和修建道路、水利、电力、通信等工程，需要占用或者征收、征用林地的，必须遵守下列规定：

①用地单位应当向县级以上人民政府林业主管部门提出用地申请，经审核同意后，按照国家规定的标准预交森林植被恢复费，领取使用林地审核同意书。用地单位凭使用林地审核同意书依法办理建设用地审批手续。占用或者征收、征用林地未经林业主管部门审核同意的，土地行政主管部门不得受理建设用地申请。

②占用或者征收、征用防护林林地或者特种用途林林地面积10公顷❶以上的，用材林、经济林、薪炭林林地及其采伐迹地面积35公顷以上的，其他林地面积70公顷以上的，由国务院林业主管部门审核；占用或者征收、征用林地面积低于上述规定数量的，由省、自治区、直辖市人民政府林业主管部门审核。占用或者征收、征用重点林区的林地的，由国务院林业主管部门审核。

③用地单位需要采伐已经批准占用或者征收、征用的林地上的林木时，应当向林地所在地的县级以上地方人民政府林业主管部门或者国务院林业主管部门申请林木采伐许可证。

（3）办理材料。

①《使用林地申请表》。

②建设项目有关批准文件。

a. 审批制、核准制的建设项目，提供项目可行性研究报告批复或者核准批复文件；备案制的建设项目，提供备案确认文件。其他批准文件包括：需审批初步设计的建设项目，提供初步设计批复文件；符合城镇规划的建设项目，提供建设项目用地预审与选址意见书。

b. 乡村建设项目，按照地方有关规定提供项目批准文件。

c. 批次用地项目，指在土地利用总体规划（国土空间规划）确定的城市和村庄、集镇建设用地规模范围内，按土地利用年度计划分批次办理农用地转用的项目。提供有关县级以上人民政府同意（或出具）的批次用地说明书，内容包括年份、批次、用地范围、用地面积、开发用途（具体建设内容）、符合土地利用总体规划（国土空间规划）或城市、集镇、村庄规划情况，并附相关规划图。

③使用林地可行性报告或者使用林地现状调查表。

提供符合《使用林地可行性报告编制规范》（LY/T 2492—2015）的建设项目使用林地可行性报告或者使用林地现状调查表。有建设项目用地红线矢量数据的，并附2000坐标系、shp或gdb格式的矢量数据。

④其他材料。

a. 修筑直接为林业生产经营服务的工程设施项目，占用国有林地的，提供被占用林地

---

❶ 公顷 =10000m^2。

森林经营单位同意的意见；占用集体林地的，提供被占用林地农村集体经济组织或者经营者、承包者同意的意见。

b. 临时使用林地的建设项目，用地单位或者个人应当提供恢复林业生产条件和恢复植被的方案，包括恢复面积、恢复措施、时间安排、资金投入等内容。

⑤建设项目使用林地审核审批特别规定。

a. 需要国务院或者国务院有关部门批准的公路、铁路、油气管线、水利水电等建设项目中的控制性单体工程和配套工程办理先行使用林地审核手续，提供项目有关建设依据（项目建议书批复文件、项目列入相关规划文件或相关产业政策文件），并按照《建设项目使用林地审核审批管理办法》（国家林业局令第35号）第七条规定提供其他材料。

b. 经审核同意或批准使用林地的建设项目，因设计变更等原因需要增加、减少使用林地面积或者改变使用林地位置的，用地单位或者个人应当提出增加或者变更使用林地申请，并按照有关行业规定提供设计变更的批复文件。其中，新增使用林地面积部分还应当按照《建设项目使用林地审核审批管理办法》（国家林业局令第35号）第七条规定提供材料，减少使用林地面积部分应当对不占范围予以说明并附图标注。

c. 公路、铁路、水利水电、航道等建设项目临时使用的林地在批准期限届满后需要继续使用的，用地单位或者个人应当在批准期限届满之日前3个月内，提出延续临时使用林地申请，说明延续的理由。对符合《建设项目使用林地审核审批管理办法》（国家林业局令第35号）规定条件的，经原审批机关批准可以延续使用，每次延续使用时间不超过2年，累计延续使用时间不得超过项目建设工期。

3. 行政许可审批

（1）勘查、开采矿藏和修建道路、水利、电力、通信等工程，需要占用或者征收、征用林地的，必须遵守下列规定：

①用地单位应当向县级以上人民政府林业主管部门提出用地申请，跨县级行政区域的，分别向林地所在地的县级人民政府林业主管部门提出申请。县级人民政府林业主管部门对材料齐全、符合条件的使用林地申请，应当在收到申请之日起10个工作日内，指派2名以上工作人员进行用地现场查验；对建设项目拟使用的林地，应当在林地所在地的村（组）或者林场范围内将拟使用林地用途、范围、面积等内容进行公示，公示期不少于5个工作日（依照相关法律法规的规定不需要公示的除外）。按照规定需要报上级人民政府林业主管部门审核和审批的建设项目，下级人民政府林业主管部门应当将初步审查意见和全部材料报上级人民政府林业主管部门。

②占用或者征收、征用防护林林地或者特种用途林林地面积10公顷以上的，用材林、经济林、薪炭林林地及其采伐迹地面积35公顷以上的，其他林地面积70公顷以上的，由国务院林业主管部门审核；占用或者征收、征用林地面积低于上述规定数量的，由省、自治区、直辖市人民政府林业主管部门审核。占用或者征收、征用重点林区的林地的，由国务院林业主管部门审核。

③符合规定的条件，并且符合国家供地政策，对生态环境不会造成重大影响，有审核审批权的人民政府林业主管部门应当作出准予使用林地的行政许可决定，按照国家规定的标准预收森林植被恢复费后，向用地单位或者个人核发准予行政许可决定书。

④用地单位需要采伐已经批准占用或者征收、征用的林地上的林木时，应当向林地所

在地的县级以上地方人民政府林业主管部门或者国务院林业主管部门申请林木采伐许可证。

⑤占用或者征收、征用林地未被批准的，有关林业主管部门应当自接到不予批准通知之日起7日内将收取的森林植被恢复费如数退还。

（2）建设项目使用林地审核审批特别规定。

①建设项目在使用林地准予行政许可决定书有效期内未取得建设用地批准文件的，用地单位或者个人应当在有效期届满之日前3个月内，提出延续有效期申请，说明延续的理由。经原审核同意机关批准，有效期可以延续2年；延续的有效期内仍未取得建设用地批准文件的，经原审核同意机关批准，有效期可以再延续1年，期满后不再延续。自然资源主管部门不办理建设用地手续的项目，已动工建设的不需办理延续手续。

②公路、铁路、输电线路、油气管线和水利水电、航道建设项目临时占用林地的，可以根据施工进展情况，一次或者分批次由具有整体项目审批权限的人民政府林业主管部门审批临时占用林地。

③抢险救灾等急需使用林地的建设项目，依据土地管理法律法规的有关规定，可以先行使用林地。用地单位或者个人应当在灾情结束后6个月内补办使用林地审核手续。属于临时用地的，灾后应当恢复林业生产条件，依法补偿后交还原林地使用者，不再办理用地审批手续。

④建设项目临时占用林地期满后，用地单位应当在1年内恢复被使用林地的林业生产条件。

⑤对非法占用林地、擅自改变林地用途的建设项目，要依法进行查处；涉嫌构成犯罪的，依法移送公安机关。确需使用林地的，有关林业和草原主管部门要在初步审查意见中对建设项目违法使用林地情况及查处情况进行说明。

（3）办理结果：《使用林地审核同意书》。

4. 相关法律法规及规章制度

（1）《中华人民共和国森林法》（1984年9月20日通过，2019年12月28日修订）之第二十一条、第三十六条、第三十七条；

（2）《中华人民共和国森林法实施条例》（2000年1月29日国务院令第278号发布，2018年3月19日第三次修订）之第十六条、第十七条；

（3）《建设项目使用林地审核审批管理办法》（2015年3月30日国家林业局令第35号公布；2016年9月22日国家林业局令第42号修改）；

（4）《建设项目使用林地审核审批管理规范》（2021年09月13日林资规〔2021〕5号公布）。

（二）在森林和野生动物类型国家级自然保护区建设审批

1. 自然保护区建设项目范围

《中华人民共和国自然保护区条例》第三十二条规定如下：

（1）在自然保护区的核心区和缓冲区内，不得建设任何生产设施。

（2）在自然保护区的实验区内，不得建设污染环境、破坏资源或者景观的生产设施；建设其他项目，其污染物排放不得超过国家和地方规定的污染物排放标准。在自然保护区的实验区内已经建成的设施，其污染物排放超过国家和地方规定的排放标准的，应当限期治理；造成损害的，必须采取补救措施。

（3）在自然保护区的外围保护地带建设的项目，不得损害自然保护区内的环境质量；

已造成损害的,应当限期治理。

2. 办理材料及前置条件

(1)前置条件。

①允许修筑以下设施:

a. 保护、监测、科研、教育、生态修复等项目,必要的生态旅游设施等。

b. 在不对自然保护区生态系统和保护对象产生影响的前提下,确实无法避让的重大基础设施、民生、国防建设、公共事业项目。

②原则上不允许新建以下设施:

a. 开垦、开矿、采石、挖沙等活动相关设施。

b. 开发区建设、房地产开发、度假村、宾馆饭店、会所、高尔夫球场、风电和光伏电站建设、火力发电、索道建设等不符合自然保护区主体功能定位的建设项目。

c. 倾倒有毒有害物质、废弃物、垃圾的项目等。

d. 污染环境、破坏自然资源或自然景观、对自然保护区主要保护对象产生重大影响的设施。

e. 法律法规和规章禁止修筑的其他设施。

(2)办理材料。

①在森林和野生动物类型国家级自然保护区修筑设施事项申请表。

②县级以上人民政府及有关部门批准修筑设施的文件。

③拟修筑设施必须建设且无法避让国家级自然保护区的说明材料(拟修筑设施项目的规划或者工程设计文件等;机场、铁路、公路、水利水电、输气(油)管线等建设项目,还应当提供修筑设施在选址选线上无法避让国家级自然保护区的比选方案)。

④拟修筑设施对国家级自然保护区自然资源、自然生态系统和主要保护对象影响的评价报告或者生物多样性影响评价登记表,以及减轻影响和恢复生态的补救性措施。

评价报告按照《自然保护区建设项目生物多样性影响评价技术规范》(LY/T 2242—2014)编制;在国家级自然保护区实验区内对已有合法的供排水、防洪、交通、输变电、通信等民生设施的运行维护与必要的技术改造,且不涉及新增占地,仅需提交生物多样性影响评价登记表。

3. 行政许可审批

(1)申请人向所在地省级林草主管部门提出申请。

(2)省级林草主管部门收到材料后收文登记,并进行形式审查,对材料齐全、符合法定形式的予以受理;对材料不齐全或者不符合法定形式的,应当一次性告知申请人限期补正。对依法不予受理的,应当告知申请人并说明理由。

(3)省级林草主管部门重点审查以下内容:

①申请人是否隐瞒有关情况或者提供虚假材料。

②拟修筑设施是否破坏自然资源、自然景观或者造成环境污染,减缓措施是否完善、可行。

③评价报告是否符合相关标准和技术规范,内容上是否存在重大缺陷、遗漏或者虚假,基础资料数据是否可信,分析评估过程是否科学,评价结论是否正确、合理等。

④拟修筑设施是否已开工建设,坚决遏制、从严查处"未批先建"。对于生态环境影

响较小、确需补办手续的，查处到位后，按照行政许可要求办理有关手续。本通知下发后未批先建的项目，原则上不予补办准入手续，要严肃查处整改，并追究相关负责人员责任。

⑤拟修筑设施涉及国家重点保护野生动物栖息地的，审批前需征求国务院野生动物保护主管部门意见。

（4）省级林草主管部门应当组织专家对国家级自然保护区自然资源、自然生态系统和主要保护对象影响的评价报告进行论证。提交生物多样性影响评价登记表的建设项目，原则上不组织专家论证，确有必要的除外。

①评审专家组。评审专家组应当具有自然保护区及其主要保护对象等相关研究背景的副高级及以上职称的专业技术人员组成。每次评审专家组原则上不少于5人，且总人数须为单数，其中来自同一单位的评审专家原则上不超过2人。专家名单严格保密，不得泄露给相关利益方。

②实地考察。根据拟修筑设施的特点、规模、影响程度及自然保护区的重要性，省级林草主管部门可委托1至2名专家进行实地考察并出具独立考察报告。

③投票。评审结果应当以记名投票的方式表决，投票结果应当现场公布。被评审的每个申请事项应当获得参加投票的评审专家的四分之三（含）以上赞成票，方可通过。

（5）办理结果：审查合格的，省级林草主管部门应当作出准予修筑设施的行政许可决定；审查不合格的，省级林草主管部门应当作出不予修筑设施的行政许可决定，并告知不予许可理由。

4. 相关法律法规及规章制度

（1）《中华人民共和国自然保护区条例》（1994年10月9日中华人民共和国国务院令第167号发布，2017年10月7日第二次修订）之第三十二条；

（2）《森林和野生动物类型自然保护区管理办法》（1985年6月21日国务院批准，1985年7月6日林护〔1985〕273号公布，自公布之日起施行）之第十一条；

（3）《关于委托实施建设项目使用林地、草原及在森林和野生动物类型国家级自然保护区建设行政许可》（国家林业和草原局公告2021年第2号）；

（4）《在森林和野生动物类型国家级自然保护区修筑设施审批委托》（国家林业和草原局公告2023年第3号）；

（5）《在国家级自然保护区修筑设施审批管理暂行办法》（2018年3月5日国家林业局令第50号发布，2018年4月15日起施行）之第四条、第五条；

（6）《国家林业和草原局关于规范在森林和野生动物类型国家级自然保护区修筑设施审批管理的通知》（2023年2月20日林保规〔2023〕1号发布）。

六、建设项目使用草原审批

（一）使用草原范围

矿藏开采、工程建设和修建工程设施应当不占或者少占草原。严格执行生态保护红线管理有关规定，原则上不得占用生态保护红线内的草原。

除国务院批准同意的建设项目，国务院有关部门、省级人民政府及其有关部门批准同意的基础设施、公共事业、民生建设项目和国防、外交建设项目外，不得占用基本草原。

（二）办理流程及前置条件

（1）前置条件。

①符合国家的产业政策，国家明令禁止的项目不得征占用草原；

②符合所在地县级草原保护建设利用规划，有明确的使用面积或者临时占用期限；

③对所在地生态环境、畜牧业生产和农牧民生活不会产生重大不利影响；

④征占用草原应当征得草原所有者或者使用者的同意；征占用已承包经营草原的，还应当与草原承包经营者达成补偿协议；

⑤临时占用草原的，应当具有恢复草原植被的方案；

⑥申请材料齐全、真实；

⑦法律、法规规定的其他条件。

（2）办理材料。

①使用草原的，应当提供以下材料：

a.《征占用草原申请表》；

b.项目批准、核准或备案确认文件；

c.申请单位与草原使用者或承包经营者签订的草原补偿协议及对应的权属文件；

d.有资质单位编制的项目使用草原可行性报告。

②临时占用草原的，应当提供以下材料：

a.《征占用草原申请表》；

b.项目批准、核准或备案确认文件；

c.申请单位与草原使用者或承包经营者签订的草原补偿协议及对应的权属文件；

d.拟占用草原的区域坐标图和勘测定界报告；

e.草原植被恢复方案。

（3）矿藏开采和工程建设等确需征收、征用或者使用草原的单位或者个人应当一次申请。建设项目批准文件未明确分期或者分段建设的，严禁化整为零。

建设项目批准文件中明确分期或者分段建设的项目，可以根据分期或者分段实施安排，按照规定权限分次申请办理征收、征用或者使用草原审核手续。

（4）采矿项目总体占地范围确定，采取滚动方式开发的，可以根据开发计划分阶段按照规定权限申请办理征收、征用或者使用草原审核手续。

（5）国务院或者国务院有关部门批准的公路、铁路、油气管线、水利水电等建设项目中的桥梁、隧道、围堰、导流（渠）洞、进场道路和输电设施等控制性单体工程和配套工程，根据有关开展前期工作的批文，可以向省级林业和草原主管部门申请控制性单体工程和配套工程先行使用草原。整体项目申请时，应当附具单体工程和配套工程先行征收、征用或者使用草原的批文及其申请材料，按照规定权限一次申请办理征收、征用或者使用草原审核手续。

（三）行政许可审批

（1）矿藏开采和工程建设确需征收、征用或者使用草原的，依照下列规定的权限办理：

①征收、征用或者使用草原超过70公顷的，由国家林业和草原局审核；

②征收、征用或者使用草原70公顷及其以下的，由省级林业和草原主管部门审核。

（2）工程建设、勘查、旅游等确需临时占用草原的，由县级以上地方林业和草原主管部门依据所在省、自治区、直辖市确定的权限分级审批。

临时占用草原的期限不得超过二年，并不得在临时占用的草原上修建永久性建筑物、构筑物；占用期满，使用草原的单位或者个人应当恢复草原植被并及时退还。

（3）林业和草原主管部门应当自受理申请之日起20个工作日内完成审核或者审批工作。20个工作日内不能完成的，经本部门负责人批准，可延长10个工作日，并告知申请人延长的理由。

（4）省级以上林业和草原主管部门可以根据需要组织开展现场查验工作。当地县级以上林业和草原主管部门应当将现场查验报告及时报送负责审核的林业和草原主管部门。

组织开展矿藏开采和工程建设等征收、征用或者使用草原现场查验，人员应当不少于三人，其中应当包括两名以上具有中级以上职称的相关专业技术人员。被申请征收、征用或者使用草原的摄像或者照片资料和地上建筑、基础设施建设的视频资料，可以作为《征占用草原现场查验表》的附件。

（5）矿藏开采和工程建设等确需征收、征用或者使用草原的申请，经审核同意的，林业和草原主管部门应当按照《中华人民共和国草原法》的规定，向申请人收取草原植被恢复费，经审核不同意的，向申请人发放不予行政许可决定书，告知不予许可的理由。

申请人在获得准予行政许可决定书后，依法向自然资源主管部门申请办理建设用地审批手续。建设用地申请未获批准的，林业和草原主管部门退还申请人缴纳的草原植被恢复费。

（6）因建设项目设计变更确需扩大征占用草原面积的，应当依照规定权限办理征占用审核审批手续。减少征占用草原面积或者变更征占用位置的，向原审核审批机关申请办理变更手续。

（7）办理结果：《草原征占用审核同意书》。

（四）相关法律法规及规章制度

（1）《中华人民共和国草原法》（1985年6月18日通过，2002年12月28日修订，2021年4月29日第三次修正）之第三十八条、第三十九条、第四十条；

（2）《草原征占用审核审批管理规范》（2020年06月28日林草规〔2020〕2号公布）。

七、建设项目占用湿地审批

湿地是指常年或者季节性积水地带、水域和低潮时水深不超过6m的海域，包括沼泽湿地、湖泊湿地、河流湿地、滨海湿地等自然湿地，以及重点保护野生动物栖息地或者重点保护野生植物原生地等人工湿地。

占用湿地审批不在《法律、行政法规、国务院决定设定的行政许可事项清单（2023年版）》（国办发〔2023〕5号）范围之内，但《中华人民共和国湿地保护法》发布实施后，部分省市已将占用湿地审批列入本地行政许可事项。

（一）使用湿地项目范围

（1）《中华人民共和国湿地保护法》第十九条规定，禁止占用国家重要湿地，国家重大项目、防灾减灾项目、重要水利及保护设施项目、湿地保护项目等除外。建设项目选址、选线应当避让湿地，无法避让地应当尽量减少占用，并采取必要措施减轻对湿地生态功能的不利影响。

（2）国家对湿地实行分级管理，按照生态区位、面积以及维护生态功能、生物多样性的重要程度，将湿地分为重要湿地和一般湿地。重要湿地包括国家重要湿地和省级重要湿地，重要湿地以外的湿地为一般湿地。重要湿地依法划入生态保护红线。

（3）国务院林业草原主管部门会同国务院自然资源、水行政、住房城乡建设、生态环境、农业农村等有关部门发布国家重要湿地名录及范围，并设立保护标志。国际重要湿地应当列入国家重要湿地名录。

省、自治区、直辖市人民政府或者其授权的部门负责发布省级重要湿地名录及范围，并向国务院林业草原主管部门备案。

一般湿地的名录及范围由县级以上地方人民政府或者其授权的部门发布。

（二）办理材料及前置条件

1. 前置条件

（1）项目建设地点准确，范围清晰；
（2）建设项目符合湿地保护规划；
（3）具备项目立项文件；
（4）有相应的土地权属证明材料；
（5）申请人与项目所涉土地（集体所有的土地）相关权利人签订的补偿协议；
（6）制定占用湿地占补平衡方案，并通过现场评估。

2. 办理材料

（1）湿地占用申请表；
（2）建设项目批准文件。包含：可行性报告批复、核准批复、备案确认文件、项目初步设计批复、施工图批复等文件。
（3）采用2000国家大地坐标系的湿地空间矢量数据。
（4）用地单位出具的湿地占用可行性报告，报告中应包含湿地生态影响评价和湿地保有量管控措施等内容。
（5）占用湿地占补平衡方案，包括补充的湿地名称、行政区域、现状地类、湿地类型、湿地图斑、四至范围、矢量数据、恢复修复措施等。
（6）专家出具的现场评估报告及论证意见。
（7）林业草原主管部门所要求的其他材料。

（三）建设项目占用湿地审批

（1）按照工程所在地相关规定，根据占用湿地等级，向相应林业草原主管部门报批。各地的审批流程不尽相同，以重庆市为例：

①建设项目占用湿地公园范围内湿地的，由市林业局出具审查意见；
②市级及以上部门批准建设的项目占用湿地的，由市林业局出具审查意见；
③建设项目占用湿地自然保护区内湿地的，由市林业局按照《中华人民共和国自然保护区条例》一并进行审查；
④区县有关部门批准建设的项目占用湿地公园和湿地自然保护区以外的湿地的，由区县林业主管部门出具审查意见。

（2）建设项目规划选址、选线审批或者核准时，涉及国家重要湿地的，应当征求国务院林业草原主管部门的意见；涉及省级重要湿地或者一般湿地的，应当按照管理权限，征求县级以上地方人民政府授权的部门的意见。

（3）建设项目确需临时占用湿地的，应当依照《中华人民共和国土地管理法》《中华人民共和国水法》《中华人民共和国森林法》《中华人民共和国草原法》《中华人民共和国海域使用管理法》等有关法律法规的规定办理。临时占用湿地的期限一般不得超过二年，并不得在临时占用的湿地上修建永久性建筑物。

临时占用湿地期满后一年内，用地单位或者个人应当恢复湿地面积和生态条件。

（4）除因防洪、航道、港口或者其他水工程占用河道管理范围及蓄滞洪区内的湿地外，经依法批准占用重要湿地的单位应当根据当地自然条件恢复或者重建与所占用湿地面积和质量相当的湿地；没有条件恢复、重建的，应当缴纳湿地恢复费。缴纳湿地恢复费的，不再缴纳其他相同性质的恢复费用。

（5）办理结果：行政许可决定书。

（四）相关法律法规及规章制度

（1）《中华人民共和国湿地保护法》（2021年12月24日通过，2022年6月1日起施行）之第十四条、第十九条至第二十一条；

（2）《湿地保护管理规定》（2013年3月28日国家林业局令第32号公布，2017年12月5日国家林业局令第48号修改）之第三十条。

八、农用地转用审批手续

《中华人民共和国土地管理法》第四条将土地分为农用地、建设用地和未利用地。农用地是指直接用于农业生产的土地，包括耕地、林地、草地、农田水利用地、养殖水面等；建设用地是指建造建筑物、构筑物的土地，包括城乡住宅和公共设施用地、工矿用地、交通水利设施用地、旅游用地、军事设施用地等；未利用地是指农用地和建设用地以外的土地。

根据《国务院关于取消非行政许可审批事项的决定》（国发〔2015〕27号），将农用地转用审查调整为政府内部审批事项。

（一）农用地转用审批手续适用范围

建设占用土地，涉及农用地转为建设用地的，应当办理农用地转用审批手续。

（二）办理流程及前置条件

（1）前置条件。

①符合土地利用总体规划。

②确属必须占用农用地且符合土地利用年度计划确定的控制指标。

国家根据土地利用总体规划、经济社会发展需要、宏观调控政策和各地土地利用情况等，每年编制下达土地利用计划，以实现对各地年度新增建设用地总量的控制。计划指标主要有年度新增建设用地（其中包括农用地和耕地转为建设用地控制指标）和土地整理复垦、开发补充耕地指标。申报用地必须有土地利用年度计划指标才能批准。

国家根据土地利用总体规划、经济社会发展需要、宏观调控政策和各地土地利用情况等，每年编制下达土地利用计划，以实现对各地年度新增建设用地总量的控制。计划指标主要有年度新增建设用地（其中包括农用地和耕地转为建设用地控制指标）和土地整理复垦、开发补充耕地指标。申报用地必须有土地利用年度计划指标才能批准。

③占用耕地的，补充耕地方案符合土地整理开发专项规划且面积、质量符合规定要求。

国家实行占用耕地补偿制度，无论是单独选址建设项目用地还是城市、乡镇建设用地，在申报用地前都必须先行完成补充耕地。按照"占多少，垦多少"的原则，由建设单位负责开垦与所占用耕地的数量和质量相当的耕地，要求"占优补优，占水田补水田"。没有耕地占补平衡指标，不能启动用地报批工作。

④单独办理农用地转用的，必须符合单独选址条件。

（2）《中国石油天然气股份有限公司新增建设用地管理细则》（股份财务〔2024〕20号）第二十五条规定，建设项目在办理农用地转用和土地征收手续前，应根据项目选址及拟用地地类等实际情况，按照政策要求开展相应的前期评价论证并取得结论。主要包括：

①踏勘论证；

②符合公共利益情形论证；

③社会稳定风险性评估；

④使用林地或草原审核同意书；

⑤占用生态保护红线不可避让论证意见；

⑥压覆重要矿产资源评估，未压覆矿产资源证明或矿业权人同意放弃被压覆矿区范围及相关补偿内容的协议；

⑦地质灾害危险性评估及备案确认意见；

⑧土地复垦方案及审查意见；

⑨表土剥离方案及评审意见；

⑩地震安全性评价；

⑪文物调查勘探评估；

⑫其他需要准备的资料。

（3）办理材料。

《中华人民共和国土地管理法实施条例》第二十四条明确，建设单位持建设项目的批准、核准或者备案文件，向市、县人民政府提出建设用地申请。市、县人民政府组织自然资源等部门拟订农用地转用方案，报有批准权的人民政府批准；依法应当由国务院批准的，由省、自治区、直辖市人民政府审核后上报。

《建设用地审查报批管理办法》（国土资源部令第3号）规定，在土地利用总体规划确定的城市建设用地范围内，为实施城市规划占用土地的，由市、县国土资源主管部门拟订农用地转用方案、补充耕地方案和征收土地方案，编制建设项目用地呈报说明书，经同级人民政府审核同意后，报上一级国土资源主管部门审查；在土地利用总体规划确定的村庄和集镇建设用地范围内，为实施村庄和集镇规划占用土地的，由市、县国土资源主管部门拟订农用地转用方案、补充耕地方案，编制建设项目用地呈报说明书，经同级人民政府审核同意后，报上一级国土资源主管部门审查；建设只占用国有农用地的，市、县国土资源主管部门只需拟订农用地转用方案、补充耕地方案和供地方案。

①建设项目用地呈报说明书应当包括用地安排情况、拟使用土地情况等，并应附具下列材料：

a.经批准的市、县土地利用总体规划图和分幅土地利用现状图，占用基本农田的，同时提供乡级土地利用总体规划图；

b.有资格的单位出具的勘测定界图及勘测定界技术报告书；

c.地籍资料或者其他土地权属证明材料；

d.为实施城市规划和村庄、集镇规划占用土地的,提供城市规划图和村庄、集镇规划图。

②农用地转用方案,应当包括占用农用地的种类、面积、质量等,以及符合规划计划、基本农田占用补划等情况,重点对是否符合国土空间规划和土地利用年度计划及补充耕地情况作出说明,涉及占用永久基本农田的,还应当对占用永久基本农田的必要性、合理性和补划可行性作出说明。

③补充耕地方案,应当包括补充耕地的位置、面积、质量,补充的期限,资金落实情况等,以及补充耕地项目备案信息。

④征收土地方案,应当包括征收土地的范围、种类、面积、权属,土地补偿费和安置补助费标准,需要安置人员的安置途径等。

⑤供地方案,应当包括供地方式、面积、用途等。

(三)农用地转用审批

(1)《中华人民共和国城乡规划法》第三十五条规定,永久基本农田经依法划定后,任何单位和个人不得擅自占用或者改变其用途。国家能源、交通、水利、军事设施等重点建设项目选址确实难以避让永久基本农田,涉及农用地转用或者土地征收的,必须经国务院批准。

(2)根据《国务院关于授权和委托用地审批权的决定》(国发〔2020〕4号),对国务院批准土地利用总体规划的城市在建设用地规模范围内,按土地利用年度计划分批次将永久基本农田以外的农用地转为建设用地的,国务院授权各省、自治区、直辖市人民政府批准。在已批准的农用地转用范围内,具体建设项目用地可以由市、县人民政府批准。

(3)根据《国务院关于授权和委托用地审批权的决定》(国发〔2020〕4号),对在土地利用总体规划确定的城市和村庄、集镇建设用地规模范围外,将永久基本农田以外的农用地转为建设用地的,国务院授权各省、自治区、直辖市人民政府批准。

(4)征收农用地的,应当先行办理农用地转用审批。其中,经国务院批准农用地转用的,同时办理征地审批手续,不再另行办理征地审批;经省、自治区、直辖市人民政府在征地批准权限内批准农用地转用的,同时办理征地审批手续,不再另行办理征地审批,超过征地批准权限的,另行办理征地审批。

(四)相关法律法规及规章制度

(1)《中华人民共和国土地管理法》(1986年6月25日通过,2019年8月26日第三次修正)之第四条、第三十五条、第四十一条、第四十四条、第四十六条;

(2)《中华人民共和国土地管理法实施条例》(2021年7月30日国务院令第743号公布,2021年9月1日起施行)之第二十四条;

(3)《国务院关于授权和委托用地审批权的决定》(2020年3月12日国发〔2020〕4号公布)。

(4)《建设用地审查报批管理办法》(1999年3月2日国土资源部令第3号公布,2016年11月25日国土资源部令第69号第二次修改)之第七条、第八条、第九条、第十条;

(5)《中国石油天然气股份有限公司新增建设用地管理细则》(2024年1月18日股份财务〔2024〕20号发布)之第二十五条。

九、土地征收审批手续

根据《国务院关于取消非行政许可审批事项的决定》(国发〔2015〕27号),将土地征收审查调整为政府内部审批事项。

（一）土地征收审批手续适用范围

土地征收是国家为了公共利益的需要，依照法律规定的权限和程序将农民集体所有的土地转变为国有土地，并依法足额给予被征收土地的农民集体和个人合理补偿和妥善安置的行为。

（二）办理流程及前置条件

（1）《中国石油天然气股份有限公司新增建设用地管理细则》（股份财务〔2024〕20号）第二十五条规定，建设项目在办理农用地转用和土地征收手续前，应根据项目选址及拟用地地类等实际情况，按照政策要求开展相应的前期评价论证并取得结论。主要包括：

①踏勘论证；
②符合公共利益情形论证；
③社会稳定风险性评估；
④使用林地或草原审核同意书；
⑤占用生态保护红线不可避让论证意见；
⑥压覆重要矿产资源评估，未压覆矿产资源证明或矿业权人同意放弃被压覆矿区范围及相关补偿内容的协议；
⑦地质灾害危险性评估及备案确认意见；
⑧土地复垦方案及审查意见；
⑨表土剥离方案及评审意见；
⑩地震安全性评价；
⑪文物调查勘探评估；
⑫其他需要准备的资料。

（2）《土地管理法实施条例》第三十条规定，县级以上地方人民政府完成本条例规定的征地前期工作后，方可提出征收土地申请，依照《土地管理法》第四十六条的规定报有批准权的人民政府批准。所谓征地前期程序，就是《土地管理法》和《土地管理法实施条例》规定的征地报批前要办理的所有程序。这些前期程序主要包括：

①公共利益审核程序。在启动土地征收程序前，首先要对土地征收是否符合《土地管理法》第四十五条规定的公共利益进行审查。符合公共利益，确需征收的，可以启动土地征收程序。不符合公共利益，或者符合公共利益，但不是必须征收的，不启动土地征收。属于成片开发征收土地的，还必须先拟定土地征收成片开发方案，依照《土地征收成片开发标准（试行）》的有关规定，经省级人民政府批准后方可启动土地征收程序。

②发布土地征收预公告。土地征收预公告要在拟征收土地所在的乡（镇）和村、村民小组范围内广而告之，预公告时间应不少于十个工作日，预公告要告知征收范围、征收目的、开展土地现状调查的安排等。预公告还是确定土地征收补偿安置的重要时间节点，自预公告发布之日起，任何单位和个人不得在拟征收范围内抢栽抢建。违反规定抢栽抢建的，对抢栽抢建部分不予补偿。

③开展土地利用现状调查。土地利用现状调查的主要目的是查明拟征收土地的位置、权属、地类、面积，以及农村村民住宅、其他地上附着物和青苗等的权属、种类、数量等情况，为后期征地补偿安置方案的制定奠定基础。

④开展土地征收社会稳定风险评估。社会稳定风险评估由拟征收土地的市、县人民政府组织。开展风险评估，要通过舆情跟踪、重点走访会商分析等方式，运用定性分析与定量分析等方法，对拟实施的土地征收决策的风险进行科学预测、综合研判。要听取有关部门的意见，形成风险评估报告，明确风险点，提出风险防范措施和处置预案。土地征收的社会稳定风险评估应当有被征地的农村集体经济组织及其成员、村民委员会和其他利害关系人参加。风险评估结果应当作为土地征收决策的重要依据市、县人民政府认为风险可控的，可以决定征收；认为风险不可控的，在采取调整决策草案等措施确保风险可控后，可以进行征收。

⑤拟定征地补偿安置方案。市、县人民政府依据社会稳定风险评估结果，结合土地利用现状调查情况，组织自然资源、财政、农业农村、人力资源和社会保障等有关部门，拟定征地补偿安置方案。征地补偿安置方案要对征收范围、土地现状、征收目的、补偿方式和标准、安置对象、安置方式、社会保障等内容作出明确的规定。征地补偿安置方案拟定后，要在拟征收土地所在的乡（镇）和村、村民小组范围内进行公告，公告时间不少于三十日。征地补偿安置方案同时要告知被征地的农村集体经济组织和农民办理补偿登记的方式和期限、异议反馈的渠道等。

⑥组织听证。征地补偿安置方案公布后，如果绝大多数被征地的农村集体经济组织成员认为拟定的征地补偿安置方案不符合法律、法规规定的，市、县人民政府应当组织听证。听证制度是现代行政程序法的核心制度，2004年国土资源部颁布实施《国土资源听证规定》（国土资源部令第22号），首次将区域性征地补偿标准的制定和征地补偿安置方案纳入听证范围，切实保护被征地农民的知情权和财产权。2004年《国务院关于深化改革严格土地管理的决定》明确提出，在征地依法报批前，要将拟征地的用途、位置、补偿标准、安置途径告知被征地农民；对拟征土地现状的调查结果须经被征地农村集体经济组织和农户确认；确有必要的，国土资源部门应当依照有关规定组织听证。新修正的《土地管理法》首次将听证作为法定程序写进法律。2020年，自然资源部修正出台《自然资源听证规定》，对征地补偿安置方案的听证程序作出明确具体的规定，包括听证如何申请、听证通知书的主要内容、听证会如何举行等。市、县人民政府要依照《自然资源听证规定》及其他法律、法规的规定组织听证。听证结果要作为修改或者完善征地补偿安置方案的重要依据和参考。

⑦签订征地补偿安置协议。市、县人民政府及自然资源主管部门在根据听证会的情况对征地补偿安置方案作出修改完善后，依据法律法规的规定，确定征地补偿安置方案。并以征地补偿安置方案为主要依据，与拟征收土地的所有权人、使用权人签订征地补偿安置协议。在签订征地补偿安置协议的过程中，与拟征收土地的所有权人、使用权人进行平等协商，充分尊重拟征收土地的所有权人、使用权人的意见，确保所签订的协议反映了拟征收土地的所有权人、使用权人真实的意思表示。省自治区、直辖市或者本地人民政府有征地补偿安置协议标准文本的，尽量采用标准文本，同时要把具体的补偿安置内容尽量明确，减少实施中的不确定性和纠纷。如果在签约的过程中有个别人不签的，市、县人民政府及自然资源主管部门要把个别人不签征地补偿安置协议的情况形成书面的文字材料，如实向负责土地征收审批的国务院或者省级人民政府说明。

（3）办理材料。

①《建设用地审查报批管理办法》（国土资源部令第3号）规定，在土地利用总体规划确定的城市建设用地范围内，为实施城市规划占用土地的，由市、县国土资源主管部门拟

订农用地转用方案、补充耕地方案和征收土地方案，编制建设项目用地呈报说明书，经同级人民政府审核同意后，报上一级国土资源主管部门审查。

在土地利用总体规划确定的村庄和集镇建设用地范围内，为实施村庄和集镇规划占用土地的，由市、县国土资源主管部门拟订农用地转用方案、补充耕地方案，编制建设项目用地呈报说明书，经同级人民政府审核同意后，报上一级国土资源主管部门审查。

建设只占用农民集体所有建设用地的，市、县国土资源主管部门只需拟订征收土地方案和供地方案。

建设只占用国有未利用地，按照《土地管理法实施条例》第二十四条规定应由国务院批准的，市、县国土资源主管部门只需拟订供地方案；其他建设项目使用国有未利用地的，按照省、自治区、直辖市的规定办理。

②《中国石油天然气股份有限公司新增建设用地管理细则》（股份财务〔2024〕20号）第二十六条规定：建设项目应在批准立项、初步设计审查通过后，或项目临时用地期满前、确定需要长期使用土地后，向地方人民政府主管部门提出建设用地申请，按要求报送相关资料。主要包括：

a. 建设用地预审意见；

b. 建设用地申请表；

c. 建设项目核准或备案文件、初步设计批复文件；

d. 采矿许可证；

e. 第二十五条中相关前期评价论证报告及结论；

f. 项目属于国家级或省级重大项目证明材料；

g. 项目所属国民经济和社会发展规划、专项规划的规划文本；

h. 土地勘测定界成果；

i. 其他要件资料。

（三）事项审批

（1）征收下列土地的，由国务院批准：

①永久基本农田；

②永久基本农田以外的耕地超过35公顷的；

③其他土地超过70公顷的。

（2）征收前款规定以外的土地的，由省、自治区、直辖市人民政府批准。

（3）征收土地方案符合下列条件的，国土资源主管部门方可报人民政府批准：

①被征收土地界址、地类、面积清楚，权属无争议的；

②被征收土地的补偿标准符合法律、法规规定的；

③被征收土地上需要安置人员的安置途径切实可行。

建设项目施工和地质勘查需要临时使用农民集体所有的土地的，依法签订临时使用土地合同并支付临时使用土地补偿费，不得办理土地征收。

（4）供地方案符合下列条件的，国土资源主管部门方可报人民政府批准：

①符合国家的土地供应政策；

②申请用地面积符合建设用地标准和集约用地的要求；

③只占用国有未利用地的，符合规划、界址清楚、面积准确。

（5）未按规定缴纳新增建设用地土地有偿使用费的，不予批复建设用地。其中，报国务院批准的城市建设用地，省、自治区、直辖市人民政府在设区的市人民政府按照有关规定缴纳新增建设用地土地有偿使用费后办理回复文件。

（四）用地批准

（1）以有偿使用方式提供国有土地使用权的，由市、县国土资源主管部门与土地使用者签订土地有偿使用合同，并向建设单位颁发《建设用地批准书》。土地使用者缴纳土地有偿使用费后，依照规定办理土地登记。

（2）以划拨方式提供国有土地使用权的，由市、县国土资源主管部门向建设单位颁发《国有土地划拨决定书》和《建设用地批准书》，依照规定办理土地登记。《国有土地划拨决定书》应当包括划拨土地面积、土地用途、土地使用条件等内容。

（3）建设项目施工期间，建设单位应当将《建设用地批准书》公示于施工现场。市、县国土资源主管部门应当将提供国有土地的情况定期予以公布。

（五）相关法律法规及规章制度

（1）《中华人民共和国土地管理法》（1986年6月25日通过，2019年8月26日第三次修正）之第四十六条；

（2）《中华人民共和国土地管理法实施条例》（2021年7月30日国务院令第743号公布，2021年9月1日起施行）之第二十六条、第二十七条、第二十八条、第三十条；

（3）《建设用地审查报批管理办法》（1999年3月2日国土资源部令第3号公布，2016年11月25日国土资源部令第69号第二次修改）之第十二条、第十四条、第十五条；

（4）《中国石油天然气股份有限公司新增建设用地管理细则》（2024年1月18日股份财务〔2024〕20号发布）之第二十五条、第二十六条。

十、建设工程、临时建设工程规划许可

（一）工程规划行政许可适用范围

在城市、镇规划区内进行建筑物、构筑物、道路、管线和其他工程建设的，建设单位或者个人应当向城市、县人民政府城乡规划主管部门或者省、自治区、直辖市人民政府确定的镇人民政府申请办理建设工程规划许可证。

在城市、镇规划区内进行临时建设的，应当经城市、县人民政府城乡规划主管部门批准。

（二）办理材料及前置条件

1. 前置条件

（1）符合城乡规划及相关专项规划；

（2）取得土地使用权，且土地权属无争议；

（3）设计单位资质符合有关行业管理规定，且设计文件及图纸资料符合相关法律法规和专业技术规范要求；

（4）涉及历史文化名城保护对象的，按照有关法律、法规、程序的规定执行。

2. 办理材料

（1）建设工程、临时建设工程规划许可申请表；

（2）土地证明文件，包括土地出让合同、《建设用地规划许可证》或不动产权证或土地使用权人同意临时用地的书面意见和相关土地权属证明文件；

（3）审查通过的建设工程、临时建设工程规划设计方案。
（三）行政许可事项审批
（1）建设工程规划许可证向城市、县人民政府城乡规划主管部门或者省、自治区、直辖市人民政府确定的镇人民政府申请办理。
城市、县人民政府城乡规划主管部门或者省、自治区、直辖市人民政府确定的镇人民政府应当依法将经审定的修建性详细规划、建设工程设计方案的总平面图予以公布。
（2）临时建设工程规划许可证向城市、县人民政府城乡规划主管部门申请办理。
（3）办理结果：《建设工程规划许可证》《临时建设工程规划许可证》。
（四）相关法律法规及规章制度
《中华人民共和国城乡规划法》（2007年10月28日通过，2019年4月23日第二次修正）之第四十条、第四十四条。

第四节 环境影响评价审批

国务院办公厅《精简审批事项规范中介服务实行企业投资项目网上并联核准制度的工作方案》（国办发〔2014〕59号）提出，精简前置审批，只保留规划选址、用地预审（用海预审）两项前置审批，其他审批事项实行并联办理；对重特大项目，也应将环评（海洋环评）审批作为前置条件，由发展改革委商环境保护部、海洋局于2014年底前研究提出重特大项目的具体范围。国家发展改革委于2015年8月24日在《对政协十二届全国委员会第三次会议第0827号（城乡建设类030号）提案的答复》中提到"我委会同环保部、海洋局研究提出将环评（海洋环评）作为项目核准前置条件的重特大项目具体范围，待相关法律法规修改完成后即公布实施"，但截至目前，重特大项目具体范围尚未公布，现行的行政许可事项清单中将一般建设项目环境影响评价审批列为行政许可项目。

一、一般建设项目环境影响评价审批

（一）环境影响评价项目范围
（1）《中华人民共和国环境影响评价法》第十六条规定，建设单位应当按照下列规定组织编制环境影响报告书、环境影响报告表或者填报环境影响登记表（以下统称环境影响评价文件）：
①可能造成重大环境影响的，应当编制环境影响报告书，对产生的环境影响进行全面评价；
②可能造成轻度环境影响的，应当编制环境影响报告表，对产生的环境影响进行分析或者专项评价；
③对环境影响很小、不需要进行环境影响评价的，应当填报环境影响登记表。
建设项目的环境影响评价分类管理名录，由国务院生态环境主管部门制定并公布。
《中华人民共和国环境影响评价法》第二十二条规定，建设项目的环境影响报告书、报告表，由建设单位按照国务院的规定报有审批权的生态环境主管部门审批。
（2）环境敏感区。
《建设项目环境影响评价分类管理名录（2021年版）》第三条规定，本名录所称环境敏

感区是指依法设立的各级各类保护区域和对建设项目产生的环境影响特别敏感的区域，主要包括下列区域：

①国家公园、自然保护区、风景名胜区、世界文化和自然遗产地、海洋特别保护区、饮用水水源保护区；

②除①外的生态保护红线管控范围，永久基本农田、基本草原、自然公园（森林公园、地质公园、海洋公园等）、重要湿地、天然林，重点保护野生动物栖息地，重点保护野生植物生长繁殖地，重要水生生物的自然产卵场、索饵场、越冬场和洄游通道，天然渔场，水土流失重点预防区和重点治理区、沙化土地封禁保护区、封闭及半封闭海域；

③以居住、医疗卫生、文化教育、科研、行政办公为主要功能的区域，以及文物保护单位。

环境影响报告书、环境影响报告表应当就建设项目对环境敏感区的影响做重点分析。

（3）《建设项目环境影响评价分类管理名录（2021年版）》（生态环境部令第16号）第四条规定，建设单位应当严格按照本名录确定建设项目环境影响评价类别，不得擅自改变环境影响评价类别。建设内容涉及本名录中两个及以上项目类别的建设项目，其环境影响评价类别按照其中单项等级最高的确定。

建设内容不涉及主体工程的改建、扩建项目，其环境影响评价类别按照改建、扩建的工程内容确定。

天然气储运建设工程相关环境影响评价分类管理名录见表3-1。

表3-1 天然气储运工程相关环境影响评价分类管理名录（节选）

项目类别	环评类别	报告书	报告表	登记表	本栏目环境敏感区含义
燃气生产和供应业					
1	燃气生产和供应业451（不含供应工程）	煤气生产	—	—	
2	生物质燃气生产和供应业452（不含供应工程）	—	全部		
房地产业					
3	房地产开发、商业综合体、宾馆、酒店、办公用房、标准厂房等		涉及环境敏感区的	—	前款第2条①中的全部区域；第2条②中的除①外的生态保护红线管控范围，永久基本农田、基本草原、森林公园、地质公园、重要湿地、天然林，重点保护野生动物栖息地，重点保护野生植物生长繁殖地；第2条③中的文物保护单位，针对标准厂房增加第2条③中的以居住、医疗卫生、文化教育、科研、行政办公等为主要功能的区域
生态保护和环境治理业					
4	泥石流等地质灾害治理工程（应急治理、应急排危除险工程除外）	—	涉及环境敏感区的特大型泥石流治理工程	其他（不涉及环境敏感区的小型地质灾害治理工程除外）	

续表

项目类别 / 环评类别	报告书	报告表	登记表	本栏目环境敏感区含义
社会事业与服务业				
5 加油、加气站	—	城市建成区新建、扩建加油站；涉及环境敏感区的	—	前款第2条①中的全部区域
交通运输业、管道运输业				
6 油气、液体化工码头	新建；岸线、水工构筑物、吞吐量、储运量增加的扩建；装卸货种变化的扩建	其他	—	
7 城市（镇）管网及管廊建设（不含给水管道；不含光纤；不含1.6兆帕及以下的天然气管道）		新建涉及环境敏感区的	其他	前款第2条①中的全部区域；第2条②中的除①外的生态保护红线管控范围，永久基本农田、地质公园、重要湿地、天然林
8 原油、成品油、天然气管线（不含城市天然气管线；不含城镇燃气管线；不含企业厂区内管道）	涉及环境敏感区的	其他	—	前款第2条①中的全部区域；第2条②中的除①外的生态保护红线管控范围，永久基本农田、森林公园、地质公园、重要湿地、天然林；第2条③中的全部区域
9 危险化学品输送管线（不含企业厂区内管线）	涉及环境敏感区的	其他	—	前款第2条①中的全部区域；第2条②中的除①外的生态保护红线管控范围，永久基本农田、森林公园、地质公园、重要湿地、天然林；第2条③中的全部区域
海洋工程				
10 海底隧道、管道、电（光）缆工程	海底隧道工程；挖沟埋设单条管道长度20km以上的海上和海底电（光）缆工程、海上和海底输水管道工程、天然气及无毒无害物质输送管道工程；长度1km以上的海上和海底有毒有害及危险品物质输送管道等工程；涉及环境敏感区的海底管道、电（光）缆工程	其他（海底输送无毒无害物质的管道及电（光）缆原地弃置工程除外）	海底输送无毒无害物质的管道及电（光）缆原地弃置工程	前款第2条①中的自然保护区、海洋特别保护区；第2条②中的除①外的生态保护红线管控范围，海洋公园，重点保护野生动物栖息地，重点保护野生植物生长繁殖地，封闭及半封闭海域
11 海上和海底物资储藏设施工程	海上和海底物资储藏设施等工程及其废弃和拆除等；原油、成品油、天然气（含LNG、LPG）、化学品及其他危险品、其他物质的仓储、储运等工程及其废弃和拆除等；吞吐（储）50×10⁴t（×10⁴m³）及以上的粉煤灰和废弃物储藏工程、海洋空间资源利用等工程	其他		

注：（1）名录中项目类别后的数字为《国民经济行业分类》（GB/T 4754—2017）及第1号修改单行业代码。
（2）名录中涉及规模的，均指新增规模。
（3）单纯混合指不发生化学反应的物理混合过程；分装指由大包装变为小包装。
（4）前款第2条指"（一）环境影响评价项目范围"中的"（2）环境敏感区"。

（4）《建设项目环境影响评价分类管理名录（2021年版）》（生态环境部令第16号）第五条规定，本名录未作规定的建设项目，不纳入建设项目环境影响评价管理。

（5）建设单位编制环境影响报告书，应当依照有关法律规定，征求建设项目所在地有关单位和居民的意见。

（6）根据《关于进一步加强石油天然气行业环境影响评价管理的通知》（环办环评函〔2019〕910号），陆地油气长输管道项目，原则上应当单独编制环评文件。

（二）办理流程及前置条件

（1）建设单位可以委托技术单位对其建设项目开展环境影响评价，编制建设项目环境影响报告书、环境影响报告表；建设单位具备环境影响评价技术能力的，可以自行对其建设项目开展环境影响评价，编制建设项目环境影响报告书、环境影响报告表。

接受委托为建设单位编制建设项目环境影响报告书、环境影响报告表的技术单位，不得与负责审批建设项目环境影响报告书、环境影响报告表的生态环境主管部门或者其他有关审批部门存在任何利益关系。

（2）建设项目的环境影响评价，应当避免与规划的环境影响评价相重复。作为一项整体建设项目的规划，按照建设项目进行环境影响评价，不进行规划的环境影响评价；已经进行了环境影响评价的规划包含具体建设项目的，规划的环境影响评价结论应当作为建设项目环境影响评价的重要依据，建设项目环境影响评价的内容应当根据规划的环境影响评价审查意见予以简化。

（3）除国家规定需要保密的情形外，对环境可能造成重大影响、应当编制环境影响报告书的建设项目，建设单位应当在报批建设项目环境影响报告书前，举行论证会、听证会，或者采取其他形式，征求有关单位、专家和公众的意见。建设单位报批的环境影响报告书应当附具对有关单位、专家和公众的意见采纳或者不采纳的说明。

（4）前置条件。

①符合城市建设、经济发展和环境保护等相关规划及规划环评意见；

②属于《建设项目环境影响评价分类管理名录》中应编制报告书（表）的非辐射类建设项目。

（5）建设项目的环境影响报告书应当包括下列内容：

①建设项目概况；

②建设项目周围环境现状；

③建设项目对环境可能造成影响的分析、预测和评估；

④建设项目环境保护措施及其技术、经济论证；

⑤建设项目对环境影响的经济损益分析；

⑥对建设项目实施环境监测的建议；

⑦环境影响评价的结论。

（6）办理材料。

①建设项目环境影响报告书（表）、报批申请书；

②建设项目环境影响报告书（表），环境影响报告书（表）涉及国家秘密、商业秘密和个人隐私的，建设单位应当自行作出删除、遮盖等区分处理；

③编制环境影响报告书的建设项目的公众参与说明。

（三）行政许可审批

（1）依法应当编制环境影响报告书、环境影响报告表的建设项目，建设单位应当在开工建设前将环境影响报告书、环境影响报告表报有审批权的生态环境主管部门审批。依法应当填报环境影响登记表的建设项目，建设单位应当按照国务院环境保护行政主管部门的规定将环境影响登记表报建设项目所在地县级环境保护行政主管部门备案。

虽然在国家层面上，《国务院办公厅关于全面开展工程建设项目审批制度改革的实施意见》（国办发〔2019〕11号）提出环境影响评价等事项在开工前完成即可，《中华人民共和国环境影响评价法》第二十五条也规定建设项目的环境影响评价文件未依法经审批部门审查或者审查后未予批准的，建设单位不得开工建设，但《中国石油天然气集团有限公司投资管理规定》（中国石油发〔2024〕4号）第四十五条规定，初步设计批复前，应取得节能、环评、土地预审等批复文件。

（2）国务院生态环境主管部门负责审批下列建设项目的环境影响评价文件：
①核设施、绝密工程等特殊性质的建设项目；
②跨省、自治区、直辖市行政区域的建设项目；
③由国务院审批的或者由国务院授权有关部门审批的建设项目。

前款规定以外的建设项目的环境影响评价文件的审批权限，由省、自治区、直辖市人民政府规定。

建设项目可能造成跨行政区域的不良环境影响，有关生态环境主管部门对该项目的环境影响评价结论有争议的，其环境影响评价文件由共同的上一级生态环境主管部门审批。

（3）根据《关于进一步加强石油天然气行业环境影响评价管理的通知》（环办环评函〔2019〕910号），天然气储运工程环境影响评价审批应符合以下要求：
①油气长输管道及油气田内部集输管道应当优先避让环境敏感区，并从穿越位置、穿越方式、施工场地设置、管线工艺设计、环境风险防范等方面进行深入论证。高度关注项目安全事故带来的环境风险，尽量远离沿线居民。
②油气储存项目，选址尽量远离环境敏感区。加强甲烷及挥发性有机物的泄漏检测，落实地下水污染防治和跟踪监测要求，采取有效措施做好环境风险防范与环境应急管理；盐穴储气库项目还应当严格落实采卤造腔期和管道施工期的生态环境保护措施，妥善处理采出水。

（4）生态环境主管部门审批环境影响报告书、环境影响报告表，应当重点审查建设项目的环境可行性、环境影响分析预测评估的可靠性、环境保护措施的有效性、环境影响评价结论的科学性等，并分别自收到环境影响报告书之日起60日内、收到环境影响报告表之日起30日内，作出审批决定并书面通知建设单位。

生态环境主管部门可以组织技术机构对建设项目环境影响报告书、环境影响报告表进行技术评估，并承担相应费用；技术机构应当对其提出的技术评估意见负责，不得向建设单位、从事环境影响评价工作的单位收取任何费用。

（5）建设项目环境影响报告书、环境影响报告表经批准后，建设项目的性质、规模、地点、采用的生产工艺或者防治污染、防止生态破坏的措施发生重大变动的，建设单位应当重新报批建设项目环境影响报告书、环境影响报告表。

建设项目环境影响报告书、环境影响报告表自批准之日起满5年，建设项目方开工建设的，其环境影响报告书、环境影响报告表应当报原审批部门重新审核。原审批部门应当自收到建设项目环境影响报告书、环境影响报告表之日起 10 日内，将审核意见书面通知建设单位；逾期未通知的，视为审核同意。

审核、审批建设项目环境影响报告书、环境影响报告表及备案环境影响登记表，不得收取任何费用。

（6）办理成果：《关于××××环境影响报告书（表）的批复》。

（四）相关法律法规及规章制度

（1）《中华人民共和国环境保护法》（1989 年 12 月 26 日通过，2014 年 4 月 24 日修订，2015 年 1 月 1 日起施行）之第十九条、第五十六条；

（2）《中华人民共和国环境影响评价法》（2002 年 10 月 28 日通过，2018 年 12 月 29 日第二次修正）；

（3）《建设项目环境保护管理条例》（1998 年 11 月 29 日国务院令第 253 号公布，2017 年 7 月 16 日修订）之第六条、第七条、第九条、第十二条、第十四条；

（4）《建设项目环境影响评价分类管理名录（2021 年版）》（2020 年 11 月 23 日生态环境部令第 14 号公布，2021 年 1 月 1 日起施行）；

（5）《关于进一步加强石油天然气行业环境影响评价管理的通知》（2019 年 12 月 13 日环办环评函〔2019〕910 号公布）。

二、海洋工程建设项目环境影响报告书核准

2018 年 3 月，根据第十三届全国人民代表大会第一次会议批准的国务院机构改革方案，将国家海洋局的职责整合；组建中华人民共和国自然资源部，自然资源部对外保留国家海洋局牌子；将国家海洋局的海洋环境保护职责整合，组建中华人民共和国生态环境部；将国家海洋局的自然保护区、风景名胜区、自然遗产、地质公园等管理职责整合，组建中华人民共和国国家林业和草原局，由中华人民共和国自然资源部管理；不再保留国家海洋局。

（一）海洋工程环境影响评价核准范围

（1）《中华人民共和国海洋环境保护法》第六十二条规定，工程建设项目应当按照国家有关建设项目环境影响评价的规定进行环境影响评价。未依法进行并通过环境影响评价的建设项目，不得开工建设。第六十三条规定，禁止在沿海陆域新建不符合国家产业政策的化学制浆造纸、化工、印染、制革、电镀、酿造、炼油、岸边冲滩拆船及其他严重污染海洋环境的生产项目。

根据《中华人民共和国海洋环境保护法》第四条，以上工程建设项目是指海岸工程和海洋工程建设项目。

（2）根据《防治海洋工程建设项目污染损害海洋环境管理条例》（国务院令第 475 号）第十条，新建、改建、扩建海洋工程的建设单位，应当编制环境影响报告书，报有核准权的生态环境部门核准。

海洋工程是指以开发、利用、保护、恢复海洋资源为目的，并且工程主体位于海岸线向海一侧的新建、改建、扩建工程。具体包括：

①围填海、海上堤坝工程；

②人工岛、海上和海底物资储藏设施、跨海桥梁、海底隧道工程；

③海底管道、海底电（光）缆工程；
④海洋矿产资源勘探开发及其附属工程；
⑤海上潮汐电站、波浪电站、温差电站等海洋能源开发利用工程；
⑥大型海水养殖场、人工鱼礁工程；
⑦盐田、海水淡化等海水综合利用工程；
⑧海上娱乐及运动、景观开发工程；
⑨国家海洋主管部门会同国务院环境保护主管部门规定的其他海洋工程。

（3）《建设项目环境影响评价分类管理名录（2021年版）》（生态环境部令第16号）第五条规定，本名录未作规定的建设项目，不纳入建设项目环境影响评价管理。海洋工程项目环境影响评价分类管理名录见表3-2序号10、序号11。

（二）办理流程及前置条件

（1）海洋工程环境影响报告书应当包括下列内容：
①工程概况；
②工程所在海域环境现状和相邻海域开发利用情况；
③工程对海洋环境和海洋资源可能造成影响的分析、预测和评估；
④工程对相邻海域功能和其他开发利用活动影响的分析及预测；
⑤工程对海洋环境影响的经济损益分析和环境风险分析；
⑥拟采取的环境保护措施及其经济、技术论证；
⑦公众参与情况；
⑧环境影响评价结论。

海洋工程可能对海岸生态环境产生破坏的，其环境影响报告书中应当增加工程对近岸自然保护区等陆地生态系统影响的分析和评价。

（2）前置条件。
①符合海洋主体功能区规划、海洋功能区划、海洋环境保护规划、海洋生态红线制度及国家产业政策；
②符合生态环境部《建设项目环境影响评价分类管理名录》规定的环境影响报告书（表）环评等级的要求。

（3）办理材料。
建设单位向生态环境部门提出海洋工程环境影响评价核准申请时，应当提交如下材料：
①书面申请文件；
②海洋工程环境影响报告书（表）全本，以及用于公示的不包含国家秘密和商业秘密的海洋工程环境影响报告书；
③关于环境影响评价文件中删除不宜公开信息说明；
④公众参与说明。

（三）行政许可审批

（1）下列海洋工程的环境影响报告书，由国家生态环境主管部门核准：
①涉及国家海洋权益、国防安全等特殊性质的工程；
②海洋矿产资源勘探开发及其附属工程；
③50公顷以上的填海工程，100公顷以上的围海工程；

④潮汐电站、波浪电站、温差电站等海洋能源开发利用工程；
⑤由国务院或者国务院有关部门审批的海洋工程。

前款规定以外的海洋工程的环境影响报告书，由沿海县级以上地方人民政府海洋主管部门根据沿海省、自治区、直辖市人民政府规定的权限核准。

海洋工程可能造成跨区域环境影响并且有关海洋主管部门对环境影响评价结论有争议的，该工程的环境影响报告书由其共同的上一级海洋主管部门核准。

（2）生态环境主管部门应当自收到海洋工程环境影响报告书之日起60个工作日内，作出是否核准的决定，书面通知建设单位。

（3）海洋工程环境影响报告书核准后，工程的性质、规模、地点、生产工艺或者拟采取的环境保护措施等发生重大改变的，建设单位应当重新编制环境影响报告书，报原核准该工程环境影响报告书的生态环境主管部门核准；海洋工程自环境影响报告书核准之日起超过5年方开工建设的，应当在工程开工建设前，将该工程的环境影响报告书报原核准该工程环境影响报告书的生态环境主管部门重新核准。

（4）《中华人民共和国海洋环境保护法》第一百零一条规定，建设单位未依法报批或者报请重新审核环境影响报告书（表），擅自开工建设的，由生态环境主管部门或者海警机构责令其停止建设，根据违法情节和危害后果，处建设项目总投资额百分之一以上、百分之五以下的罚款，并可以责令恢复原状；对建设单位直接负责的主管人员和其他直接责任人员，依法给予处分。建设单位未依法备案环境影响登记表的，由生态环境主管部门责令备案，处五万元以下的罚款。

（5）海洋工程在建设、运行过程中产生不符合经核准的环境影响报告书的情形的，建设单位应当自该情形出现之日起20个工作日内组织环境影响的后评价，根据后评价结论采取改进措施，并将后评价结论和采取的改进措施报原核准该工程环境影响报告书的生态环境主管部门备案；原核准该工程环境影响报告书的生态环境主管部门也可以责成建设单位进行环境影响的后评价，采取改进措施。

（四）相关法律法规及规章制度

（1）《中华人民共和国海洋环境保护法》（1982年8月23日通过，2023年10月24日第二次修订）之第四条、第六十二条、第六十三条、第一百零一条；

（2）《中华人民共和国环境影响评价法》（2002年10月28日通过，2018年12月29日第二次修正）；

（3）《防治海洋工程建设项目污染损害海洋环境管理条例》（2006年9月19日国务院令第475号公布，2018年3月19日第二次修订）之第三条、第八条至第十三条；

（4）《建设项目环境影响评价分类管理名录（2021年版）》（2020年11月23日生态环境部令第14号公布，2021年1月1日起施行）。

第五节　固定资产投资项目节能审查

一、节能审查项目范围

固定资产投资项目节能审查属于行政许可事项。《中华人民共和国节约能源法》第十五条规定，国家实行固定资产投资项目节能评估和审查制度。

（1）《固定资产投资项目节能审查办法》（国家发展改革委令第2号）第九条明确，年综合能源消费量不满1000吨标准煤且年电力消费量不满$500×10^4 kW·h$的固定资产投资项目，涉及国家秘密的固定资产投资项目及用能工艺简单、节能潜力小的行业（具体行业目录由国家发展改革委制定公布并适时更新）的固定资产投资项目，可不单独编制节能报告。项目应按照相关节能标准、规范建设，项目可行性研究报告或项目申请报告应对项目能源利用、节能措施和能效水平等进行分析。节能审查机关对项目不再单独进行节能审查，不再出具节能审查意见。

（2）国家发展改革委《不单独进行节能审查的行业目录》（发改环资规〔2017〕1975号）中明确，不单独进行节能审查的行业包括：①风电站；②光伏电站（光热）；③生物质能；④地热能；⑤核电站；⑥水电站；⑦抽水蓄能电站；⑧电网工程；⑨输油管网、输气管网；⑩水利；⑪铁路（含独立铁路桥梁、隧道）；⑫公路；⑬城市道路；⑭内河航运；⑮信息（通信）网络（不含数据中心）、电子政务；⑯卫星地面系统。

二、办理流程及前置条件

（一）前置条件

属于单独进行节能审查的项目。

（二）办理时机

政府投资项目，建设单位在报送项目可行性研究报告前，需取得节能审查机关出具的节能审查意见。企业投资项目，《中国石油天然气集团有限公司固定资产投资项目节能审查管理办法》（中油质安〔2022〕274号）第四条要求应在项目初步设计批复前应取得地方人民政府节能审查机关出具的节能审查意见（国家发展改革委《固定资产投资项目节能审查办法》要求建设单位需在开工建设前取得节能审查机关出具的节能审查意见）。

（三）办理材料

（1）提请节能审查的申请书。

（2）项目节能报告，应包括下列内容：

①项目概况；

②分析评价依据；

③项目建设及运营方案节能分析和比选，包括总平面布置、生产工艺、用能工艺、用能设备和能源计量器具等方面；

④节能措施及其技术、经济论证；

⑤项目能效水平、能源消费情况，包括单位产品能耗、单位产品化石能源消耗、单位增加值（产值）能耗、单位增加值（产值）化石能源消耗、能源消费量、能源消费结构、化石能源消费量、可再生能源消费量和供给保障情况、原料用能消费量；有关数据与国家、地方、行业标准及国际、国内行业水平的全面比较；

⑥项目实施对所在地完成节能目标任务的影响分析。

具备碳排放统计核算条件的项目，应在节能报告中核算碳排放量、碳排放强度指标，提出降碳措施，分析项目碳排放情况对所在地完成降碳目标任务的影响。

建设单位应出具书面承诺，对节能报告的真实性、合法性和完整性负责，不得以拆分或合并项目等不正当手段逃避节能审查。

三、行政许可审批

（1）年综合能源消费量（建设地点、主要生产工艺和设备未改变的改建项目按照建成投产后年综合能源消费增量计算，其他项目按照建成投产后年综合能源消费量计算，电力折算系数按当量值）10000吨标准煤及以上的固定资产投资项目，其节能审查由省级节能审查机关负责。其他固定资产投资项目，其节能审查管理权限由省级节能审查机关依据实际情况自行决定。

单个项目涉及两个及以上省级地区的，其节能审查工作由项目主体工程（或控制性工程）所在省（区、市）省级节能审查机关牵头商其他地区省级节能审查机关研究确定后实施。打捆项目涉及两个及以上省级地区的，其节能审查工作分别由子项目所在省（区、市）相关节能审查机关实施。

（2）国家发展改革委核报国务院审批及国家发展改革委审批的政府投资项目，建设单位在报送项目可行性研究报告前，需取得省级节能审查机关出具的节能审查意见。国家发展改革委核报国务院核准及国家发展改革委核准的企业投资项目，建设单位需在开工建设前取得省级节能审查机关出具的节能审查意见。

（3）节能审查机关受理节能报告后，应委托具备技术能力的机构进行评审，形成评审意见，作为节能审查的重要依据。

（4）节能审查机关应当从以下方面对项目节能报告进行审查：
①项目是否符合节能有关法律法规、标准规范、政策要求；
②项目用能分析是否客观准确，方法是否科学，结论是否准确；
③项目节能措施是否合理可行；
④项目的能效水平、能源消费等相关数据核算是否准确，是否满足本地区节能工作管理要求。

（5）节能审查机关应在法律规定的时限内出具节能审查意见或明确节能审查不予通过。节能审查意见自印发之日起两年内有效，逾期未开工建设或建成时间超过节能报告中预计建成时间两年以上的项目应重新进行节能审查。

（6）通过节能审查的固定资产投资项目，建设地点、建设内容、建设规模、能效水平等发生重大变动的，或年实际综合能源消费量超过节能审查批复水平10%及以上的，建设单位应向原节能审查机关提交变更申请。原节能审查机关依据实际情况，提出同意变更的意见或重新进行节能审查；项目节能审查权限发生变化的，应及时移交有权审查机关办理。

四、相关法律法规及规章制度

（1）《中华人民共和国节约能源法》（1997年11月1日通过，2018年10月26日第二次修正）之第十五条；

（2）《固定资产投资项目节能审查办法》（2023年3月28日国家发展改革委令第2号公布，2023年6月1日施行）之第九条、第十一条至第十五条；

（3）《中国石油天然气集团有限公司固定资产投资项目节能审查管理办法》（2022年12月27日中油质安〔2022〕274号发布）之第五条、第十五条。

第六节 水土保持方案审批

一、编制水土保持方案项目范围

生产建设项目水土保持方案审批属于行政许可事项。

(1)根据《中华人民共和国水土保持法》第二十五条和《生产建设项目水土保持方案管理办法》(水利部令第53号),在山区、丘陵区、风沙区以及县级以上人民政府或者其授权的部门批准的水土保持规划确定的容易发生水土流失的其他区域开办可能造成水土流失的生产建设项目,生产建设单位应当编报水土保持方案。

可能造成水土流失的生产建设项目是指在生产建设过程中进行地表扰动、土石方挖填,并依法需要办理审批、核准、备案手续的项目。

(2)《生产建设项目水土保持方案管理办法》(水利部令第53号)规定,水土保持方案分为报告书和报告表。

①征占地面积5公顷以上或者挖填土石方总量 $5×10^4 m^3$ 以上的生产建设项目,应当编制水土保持方案报告书;

②征占地面积0.5公顷以上、不足5公顷或者挖填土石方总量 $1000 m^3$ 以上、不足 $5×10^4 m^3$ 的生产建设项目,应当编制水土保持方案报告表;

③征占地面积不足0.5公顷并且挖填土石方总量不足 $1000 m^3$ 的生产建设项目,不需要编制水土保持方案,但应当按照水土保持有关技术标准做好水土流失防治工作。

二、办理流程及前置条件

(一)水土保持方案编制

(1)水土保持方案由生产建设单位自行或者委托具备相应技术条件和能力的单位编制;

(2)水土保持方案应当包括水土流失预防和治理的范围、目标、措施和投资等内容;

(3)生产建设单位应当在生产建设项目开工建设前完成水土保持方案编报并取得批准手续。生产建设单位未编制水土保持方案或者水土保持方案未经批准的,生产建设项目不得开工建设。

(二)前置条件

(1)申请人为生产建设单位。

(2)由国务院或者国务院投资主管部门、行业管理部门审批、核准、备案的生产建设项目。

(三)办理材料

(1)生产建设项目水土保持方案审批申请;

(2)生产建设项目水土保持方案报告书(表)。

三、行政许可事项审批

(1)水土保持方案实行分级审批。

①国务院或者国务院有关部门审批、核准、备案的生产建设项目,其水土保持方案由

水利部审批。

②县级以上地方人民政府及其有关部门审批、核准、备案的生产建设项目，其水土保持方案由同级人民政府水行政主管部门审批。

③跨行政区域的生产建设项目，其水土保持方案由共同的上一级人民政府水行政主管部门审批。

（2）对水土保持方案报告表，实行承诺制管理。申请人依法履行承诺手续，水行政主管部门在受理后即时办结。

（3）技术评审。

①水土保持方案报告书应当进行技术评审，技术评审意见是行政许可的技术支撑和基本依据。

②水行政主管部门或者其他审批部门组织开展技术评审，评审费用应当纳入各级财政预算，禁止向生产建设单位收取或者变相收取评审费用。

③实行承诺制管理的项目水土保持方案，由生产建设单位从省级水行政主管部门水土保持方案专家库中自行选取至少一名专家签署是否同意意见，审批部门不再组织技术评审。技术评审单位对技术评审意见、专家对签署的意见负责。

（4）水行政主管部门审批水土保持方案报告书，应当自受理申请之日起10个工作日内作出行政许可决定。10个工作日内不能作出决定的，经审批部门负责人批准，可以延长10个工作日，并将延长期限的理由告知申请人。技术评审所需时间不计算在上述期限内，但不得超过30个工作日。

（5）存在下列情形之一的，水行政主管部门应当作出不予行政许可的决定：

①水土流失防治目标、防治责任范围不合理的；

②弃土弃渣未开展综合利用调查或者综合利用方案不可行，取土场、弃渣场位置不明确、选址不合理的；

③表土资源保护利用措施不明确，水土保持措施配置不合理、体系不完整、等级标准不明确的；

④生产建设项目选址选线涉及水土流失重点预防区、重点治理区，但未按照水土保持标准、规范等要求优化建设方案、提高水土保持措施等级的；

⑤水土保持方案基础资料数据明显不实，内容存在重大缺陷、遗漏的；

⑥存在法律法规和技术标准规定不得通过水土保持方案审批的其他情形的。

（6）水土保持方案经批准后，生产建设项目的地点、规模发生重大变化的，应当补充或者修改水土保持方案并报原审批机关批准。水土保持方案实施过程中，水土保持措施需要作出重大变更的，应当经原审批机关批准。

水土保持方案经批准后存在下列情形之一的，生产建设单位应当补充或者修改水土保持方案，报原审批部门审批：

①工程扰动新涉及水土流失重点预防区或者重点治理区的；

②水土流失防治责任范围或者开挖填筑土石方总量增加30%以上的；

③线型工程山区、丘陵区部分线路横向位移超过300m的长度累计达到该部分线路长度30%以上的；

④表土剥离量或者植物措施总面积减少30%以上的；

⑤水土保持重要单位工程措施发生变化，可能导致水土保持功能显著降低或者丧失的。

因工程扰动范围减少，相应表土剥离和植物措施数量减少的，不需要补充或者修改水土保持方案。

（7）在水土保持方案确定的弃渣场以外新设弃渣场的，或者因弃渣量增加导致弃渣场等级提高的，生产建设单位应当开展弃渣减量化、资源化论证，并在弃渣前编制水土保持方案补充报告，报原审批部门审批。

（8）水土保持方案自批准之日起满 3 年，生产建设项目方开工建设的，其水土保持方案应当报原审批部门重新审核。原审批部门应当自收到生产建设项目水土保持方案之日起10 个工作日内，将审核意见书面通知生产建设单位。

四、相关法律法规及规章制度

（1）《中华人民共和国水土保持法》（1991 年 6 月 29 日通过，2010 年 12 月 25 日修订）之第二十五条、第二十六条；

（2）《生产建设项目水土保持方案管理办法》（2023 年 1 月 17 日水利部令第 53 号公布，2023 年 3 月 1 日施行）之第五条至第十八条；

（3）《水利部关于进一步深化"放管服"改革全面加强水土保持监管的意见》（2019 年06 月 05 日水保〔2019〕160 号公布）。

第七节　洪水影响评价类审批

根据《国务院关于印发清理规范投资项目报建审批事项实施方案的通知》（国发〔2016〕29 号）和水利部流域管理机构行政许可事项清单（2022 年版），洪水影响评价类审批包括非防洪建设项目洪水影响评价报告审批、水工程建设规划同意书审核、河道管理范围内建设项目工程建设方案审批、国家基本水文测站上下游建设影响水文监测的工程审批等 4 项内容。本节对其中与天然气储运工程相关的非防洪建设项目洪水影响评价报告审批、河道管理范围内建设项目工程建设方案审批两项内容进行探讨。

一、非防洪建设项目洪水影响评价报告审批

（一）洪水影响评价报告审批项目范围

《中华人民共和国防洪法》第三十三条规定，在洪泛区、蓄滞洪区内建设非防洪建设项目，应当就洪水对建设项目可能产生的影响和建设项目对防洪可能产生的影响作出评价，编制洪水影响评价报告，提出防御措施。洪水影响评价报告未经有关水行政主管部门审查批准的，建设单位不得开工建设。

在蓄滞洪区内建设的油田、铁路、公路、矿山、电厂、电信设施和管道，其洪水影响评价报告应当包括建设单位自行安排的防洪避洪方案。

根据《中华人民共和国防洪法》第二十九条，洪泛区是指尚无工程设施保护的洪水泛滥所及的地区；蓄滞洪区是指包括分洪口在内的河堤背水面以外临时贮存洪水的低洼地区及湖泊等。

（二）办理流程及前置条件

（1）洪水影响评价报告编制。

①洪水影响评价报告可由建设项目法人自行编制或委托其他法人单位编制，审批机关不得干预。

②根据《洪水影响评价报告编制导则》（SL 520—2014），洪水影响评价报告应包含以下内容：

a. 概述。包括建设项目背景、评价依据、评价范围、技术路线与评价内容、结论及建议。

b. 建设项目基本情况。包括建设项目概况、工程地质、建设项目施工方案等内容。

c. 区域防洪基本情况。包括自然地理与水文气象、水利工程与其他相关设施、相关规划与实施安排、洪水调度与蓄滞洪区运用等内容。

d. 洪水影响分析计算。包括建设项目对防洪的影响分析计算、洪水对建设项目的影响分析计算内容。

e. 建设项目对防洪的影响评价。包括法规规划适应性评价、河道行洪影响评价、河势稳定影响评价、蓄滞洪区运用影响评价、防洪工程影响评价、其他设施影响评价、防汛抢险与水上救生影响评价、综合评价结论等内容。

f. 洪水对建设项目的影响评价。包括建设项目防御洪涝标准与措施评价、淹没影响评价、冲刷与淤积影响评价、综合评价结论等内容。

g. 消除或减轻洪水影响的措施。包括总体要求、消除或减轻建设项目对洪水影响的工程措施、消除或减轻洪水对建设项目影响的工程措施、非工程措施等内容。

h. 结论与建议。

i. 附表与附图。

（2）前置条件。

在洪泛区、蓄滞洪区内建设的非防洪建设项目。

（3）办理材料。

①洪水影响评价报告审批申请表；

②洪水影响评价报告；

③建设单位自行安排的防洪避洪方案和应急措施；

④建设项目可行性研究报告（项目申请报告、备案材料），如有工程建设方案另报；

⑤与第三者达成的协议或有关文件。

（三）行政许可审批

（1）根据《水利部关于加强非防洪建设项目洪水影响评价工作的通知》（水汛〔2017〕359号），由国务院或国家防汛抗旱总指挥部决策运用、流域防汛抗旱总指挥部商地方人民政府决策运用和对流域防洪有重要作用的蓄滞洪区、洪泛区内的大中型建设项目，跨流域以及本流域内跨省级行政区域的建设项目洪水影响评价报告由流域机构负责审批，并报水利部备案。

其他建设项目的洪水影响评价报告由地方水行政主管部门负责审批，并报有关流域机构备案。地方分级审批权限及国家蓄滞洪区名录外的蓄滞洪区、洪泛区由各省（自治区、直辖市）水行政主管部门确定，报有关流域机构备案。

（2）洪水影响评价报告满足下列条件的应当给予审批：

①符合相关江河流域综合规划和防洪规划、区域防洪规划、蓄滞洪区建设与管理规划、山洪灾害防治规划、河流治理规划等规划要求。

②符合洪水调度安排，满足防御洪水方案、洪水调度方案和相关防汛应急预案等要求。

③符合建设项目防洪安全等级等与防洪有关的技术标准等要求。

④对河流岸线、河势稳定、水流形态、冲刷淤积、行洪排涝等无不利影响，或虽有影响但采取措施后可以达到防洪要求。

⑤对防洪排涝工程体系的整体布局、防洪工程的安全、蓄滞洪区的运用及防汛抢险等无不利影响，或虽有影响但采取措施后可以达到防洪要求。

⑥建设项目应对洪水的淹没、冲刷等影响及长期维修养护的措施能够满足自身防洪安全要求。

⑦洪水影响评价技术路线、评价方法正确，消除或减轻洪水影响的措施合理可行。

⑧满足当地具体条件的防洪减灾其他规定和要求。

（3）办理时限。

自受理之日起20个工作日内作出审批决定，如建设项目取、用、排水等环节特殊、复杂，可以延长10个工作日。其中，办理过程中所需的听证、实地勘察、技术审查、申请人修改报告等，不计入时限。

（4）办理结果：非防洪建设项目洪水影响评价报告审批行政许可批文。

（四）相关法律法规及规章制度

（1）《中华人民共和国防洪法》（1997年8月29日通过，2016年7月2日第三次修正）之第二十九条、第三十三条；

（2）《水利部关于加强非防洪建设项目洪水影响评价工作的通知》（2017年11月9日水汛〔2017〕359号公布）；

（3）《洪水影响评价报告编制导则》（SL 520—2014）。

二、河道管理范围内建设项目工程建设方案审批

（一）工程建设方案审批项目范围

（1）《中华人民共和国防洪法》第二十七条规定，建设跨河、穿河、穿堤、临河的桥梁、码头、道路、渡口、管道、缆线、取水、排水等工程设施，应当符合防洪标准、岸线规划、航运要求和其他技术要求，不得危害堤防安全、影响河势稳定、妨碍行洪畅通；其工程建设方案未经有关水行政主管部门根据前述防洪要求审查同意的，建设单位不得开工建设。

前款工程设施需要占用河道、湖泊管理范围内土地，跨越河道、湖泊空间或者穿越河床的，建设单位应当经有关水行政主管部门对该工程设施建设的位置和界限审查批准后，方可依法办理开工手续；安排施工时，应当按照水行政主管部门审查批准的位置和界限进行。

（2）根据《河道管理范围内建设项目管理的有关规定》（水政〔1992〕7号）、《水利部办公厅关于进一步加强河湖管理范围内建设项目管理的通知》（办河湖〔2020〕177号），对于重要涉河建设项目，建设单位要组织编制专门的防洪评价报告，充分论证涉河建设项

目对防洪的影响，以及涉河建设项目自身防洪安全。

（二）办理流程及前置条件

1. 防洪评价报告编制

（1）建设单位可按要求自行编制防洪评价报告，也可委托有关机构编制，审批部门不得以任何形式要求建设单位必须委托特定中介机构提供服务。

（2）防洪评价报告经评审可作为河道管理范围内建设项目工程建设方案审查的重要技术依据。

（3）防洪评价报告编制应根据建设项目所在河道特点和具体情况，采用合适的评价方法。

（4）根据《河道管理范围内建设项目防洪评价报告编制导则》（SL/T 808—2021），防洪评价报告应包含以下内容：

①概述。包括建设项目背景、评价依据、影响分析范围等内容。

②基本情况。包括建设项目基本情况、河道基本情况、水利工程及其他设施基本情况、水利规划及实施安排等内容。

③河道演变。分析建设项目所在河段的历史演变、近期演变情况及河道演变趋势。位于重要河段或河势变化剧烈河段的建设项目，应采用数值模拟计算或河工模型试验方法预测河道演变趋势；其他河道上的建设项目可定性分析所在河段的河道演变趋势。

④防洪评价分析与计算。包括：水文分析计算；对可能影响洪水下泄的建设项目进行壅水、河道行洪能力及排滞影响分析计算；对河道冲淤变化可能产生影响的建设项目进行冲淤分析计算，对河势可能产生影响时进行河势影响分析；对河道岸坡、堤坡可能产生影响的建设项目进行稳定分析计算；施工期壅水及河道行洪能力分析计算。

⑤防洪综合评价。包括：建设项目与有关规划符合性评价，建设项目防洪标准和有关技术要求符合性评价，建设项目对河道行洪的影响评价，建设项目对河势稳定影响评价，建设项目对堤防安全、岸坡稳定及其他水利工程影响评价，建设项目对水利工程运行管理和防汛抢险的影响评价，建设项目施工期影响评价，建设项目对第三人合法水事权益的影响评价。

⑥消除和减轻影响措施。建设项目对影响分析范围内水利工程安全有不利影响的，依据"等效替代"原则，采取工程或非工程措施予以消除或减轻。

⑦结论与建议。

⑧附图及要求。

2. 前置条件

（1）项目符合江河流域综合规划、防洪规划和其他技术要求；

（2）对河道行洪、河势稳定、水流形态、水质、冲淤变化、防汛抢险、堤（岸）防和其他水工程安全无不利影响或影响较小，尚可采取补救措施的；

（3）不影响第三人的合法水事权益或已采取相应的补救措施；

（4）项目防御洪涝的设防标准与措施符合相应的技术规定；

（5）项目占用水域已落实替代水域工程、功能补救措施。

3. 办理材料

（1）河道范围内建设项目工程建设方案审批申请文件；

（2）项目建设所依据的文件；
（3）项目建设涉及河道与防洪部分的方案；
（4）防洪评价报告；
（5）水防治与补救措施实施方案；
（6）与利益第三方达成的协议文件。

（三）行政许可审批

（1）各流域管理机构、地方各级水行政主管部门按照规定的权限进行涉河建设项目许可，对许可行为的依法合规性负直接责任。各流域管理机构涉河建设项目许可权限由水利部确定，其他涉河建设项目许可权限由省级水行政主管部门确定，严禁越权许可。

（2）《水利部关于印发河湖管理范围内建设项目各流域管理机构审查权限的通知》（水河湖〔2021〕237号），各流域管理机构的审查权限见表3-2。

表3-2 河湖管理范围内建设项目各流域管理机构的审查权限

流域	大型项目	大、中型项目	所有项目	其他
长江水利委员会	（1）长江干流：源头至向家坝枢纽；（2）汉江干流：汉中孤山汉江大桥至孤山枢纽；（3）乌江干流：东风枢纽至乌江渡枢纽；（4）嘉陵江干流：西汉水入江口至亭子口枢纽；（5）岷江干流：松潘小姓沟入江口至紫坪铺枢纽；（6）澜沧江干流：金河入江口至小湾枢纽；（7）怒江干流：达曲入江口至勐古怒江特大桥；（8）雅鲁藏布江干流：多雄藏布入江口至拉萨河入江口	（1）长江干流：向家坝枢纽至入海口（原50号灯标）；（2）汉江干流：丹江口枢纽至入江口（武汉）；（3）乌江干流：乌江渡枢纽至入江口（涪陵）；（4）嘉陵江干流：亭子口枢纽至入江口（重庆）；（5）岷江干流：紫坪铺枢纽至入江口（宜宾）；（6）澜沧江干流：小湾枢纽以下；（7）怒江干流：勐古怒江特大桥以下；（8）雅鲁藏布江干流：拉萨河入江口以下；（9）洞庭湖、四水入湖尾闾（湘江湘潭水文站以下、资水桃江水文站以下、沅水桃源水文站以下、澧水石门水文站以下）；（10）鄱阳湖、五河入湖尾闾（赣江外洲水文站以下、抚河李家渡水文站以下、信江梅港水文站以下、饶河虎山和渡峰坑水文站以下、修水虬津水文站以下）；（11）澜沧江以西（含澜沧江）区域国际或国境边界湖泊；（12）长江流域和澜沧江以西（含澜沧江）区域省界湖泊	（1）三峡水库库区；（2）丹江口水库库区；（3）陆水水库库区；（4）水阳江干流：杨村枢纽至入江口（含石臼湖、固城湖、南漪湖）；（5）滁河干流：金银浆至入江口（含驷马山水道、马汊河）；（6）荆南四河（即松滋河、虎渡河、藕池河、调弦河）；（7）长江流域和澜沧江以西（含澜沧江）区域其他省界河流边界河段，省界上、下游各10km河段；（8）澜沧江以西（含澜沧江）区域国际或国境边界河流河段，国境内10km河段	

续表

流域	大型项目	大、中型项目	所有项目	其他
黄河水利委员会		（1）黄河干流：河源至托克托河段； （2）支流：湟水（含大通河）、皇甫川、窟野河、渭河（含泾河）、沁河（紫柏滩以上）	（1）黄河干流：托克托至入海口； （2）小浪底（含西霞院）水库库区； （3）三门峡水库库区（含渭库区河道）； （4）故县水库库区； （5）沁河：紫柏滩至入黄口； （6）大汶河：戴村坝至马口30km河道； （7）黄河流域其他省界河流边界河段，省界上、下游各10km河段	
淮河水利委员会		（1）淮河干流：河南省息县至江苏省三江营（包括洪泽湖、高邮湖、邵伯湖，沿线的行洪区及蒙洼、城西湖、城东湖和瓦埠湖）； （2）洪汝河：河南省新蔡县班台至洪河口（包括洪河分洪道）； （3）沙颍河：河南省周口市区至安徽省阜阳市区； （4）新汴河：安徽、江苏省界河段，安徽省泗县104国道公路桥至江苏省溧河洼；河南、安徽省界河段，河南省永城市至安徽省濉溪县岱桥闸； （5）涡河：河南省鹿邑县城至安徽省亳州市区	（1）临淮岗洪水控制工程库区范围：淮河干流临淮岗洪水控制工程主坝至洪河口段；史灌河桥沟镇以下至入淮口；洪河分洪道地理城以下至入淮口（包括濛洼分洪道）；谷河王化镇以下至濛洼分洪道； （2）沂河：跋山水库以下至骆马湖；支流祊河入沂河河口上游39km处； （3）沭河：青峰岭水库以下至新沂河；支流汤河入沭河河口上游6km处； （4）新沂河：嶂山闸至入海口； （5）新沭河：大官庄闸至石梁河水库（包括石梁河水库）； （6）邳苍分洪道：江风口闸至滩上； （7）中运河、韩庄运河：韩庄闸至骆马湖； （8）分沂入沭：彭家道口闸至大官庄闸； （9）南四湖及骆马湖； （10）淮河流域其他省界河流边界河段，省界上、下游各10km河段	
海河水利委员会		永定新河河口管理范围	（1）永定河：卢沟桥至屈家店枢纽； （2）白洋淀； （3）北运河：北关拦河闸至筐儿港枢纽； （4）潮白河：苏庄橡胶坝至潮白新河津蓟铁路桥； （5）泃河：海子水库至九王庄闸； （6）蓟运河：九王庄闸至江洼口； （7）大清河：赵王新河自枣林庄枢纽至西码头闸、大清河自西码头闸至独流减河进洪闸；新盖房分洪道自新盖房枢纽至刘家铺； （8）清漳河：匡门口至合漳； （9）浊漳河：侯壁至合漳； （10）漳河干流； （11）卫河：淇门至徐万仓； （12）共产主义渠：刘庄闸至老观咀； （13）卫运河； （14）南运河：四女寺枢纽至第三店； （15）漳卫新河； （16）滦河：潘家口水库至大黑汀水库； （17）海河河口、独流减河河口； （18）岳城水库库区、潘家口水库库区、大黑汀水库库区； （19）海河流域其他省界河流边界河段，省界上、下游各10km河段	

续表

流域	大型项目	大、中型项目	所有项目	其他
珠江水利委员会		（1）红河（元江）云南省境内干流河段； （2）红河水系李仙江、藤条江、南溪河、盘龙江、普梅河（南利河）等河流国境内10km河段； （3）西江干流：清水江口至入海口（经梧州、马口、天河、灯笼山）； （4）北江干流：飞来峡至入海口（经清远、三水、紫洞、三善滘、三沙口）； （5）东江干流：新丰江河口至入海口（经石龙、大盛）； （6）柳江：柳城至入江口（三江口）； （7）百色水利枢纽库区	（1）大藤峡水利枢纽库区； （2）澜沧江以东（不含澜沧江）国际边界河流河段，国境内10km河段； （3）珠江流域、韩江流域、粤桂沿海诸河及深圳河等省界河流边界河段，省界上、下游各10km河段	珠江河口管理范围内建设项目审查管理权限，按照《珠江河口管理办法》（水利部令第10号）的有关规定执行
松辽水利委员会		（1）松花江干流：拉林河口至大顶子山航电枢纽； （2）第二松花江：丰满水库坝下至三岔河口； （3）嫩江：诺敏河口至雅鲁河口，泰来县格达耐至白沙滩； （4）西辽河：苏家堡闸至福德店； （5）东辽河：二龙山水库坝下至梨树县刘家馆子镇； （6）辽河河口：盘山闸至入海口； （7）松辽流域国际边界河流河段，国境内10km河段； （8）松辽流域国际边界湖泊	（1）松花江干流：三岔河口至拉林河口； （2）嫩江：那都里河口至诺敏河口、雅鲁河口至泰来县格达耐、白沙滩至三岔河口； （3）诺敏河：莫力达瓦达斡尔族自治旗后乌尔科至河口； （4）绰尔河：音德尔镇至河口； （5）拉林河：五常市蛤拉河子林场至向阳镇、五常市兴盛镇至拉林河口； （6）老哈河：叶赤铁路桥至赤通铁路桥； （7）新开河：双辽市同乐村至河口； （8）东辽河：东辽县泉太镇至二龙山水库库尾、梨树县刘家馆子镇至福德店； （9）浑江：宽甸县下露河至河口； （10）尼尔基水库库区及坝下管理范围； （11）察尔森水库库区及坝下管理范围； （12）松辽流域其他界河流边界河段，省界上、下游各10km河段	
太湖流域管理局		（1）太浦河； （2）望虞河； （3）太湖	（1）太浦河：太浦闸管理范围内的河道； （2）望虞河：望亭立交枢纽管理范围内的河道； （3）望虞河：常熟枢纽管理范围内的河道； （4）吴淞江：包括吴淞江、蕴藻浜； （5）红旗塘：包括红旗塘、大蒸港、圆泄泾、横潦泾； （6）京杭运河：平望至嘉兴段（苏州市吴江区苏嘉运河桥至嘉兴市秀洲区王江泾大桥段）； （7）澜溪塘：江苏省、浙江省省界上、下游各10km河段（苏州市吴江区鸭子坝至嘉兴市桐乡市幸福桥段）； （8）頔塘：江苏省、浙江省省界上、下游各10km河段（苏州市吴江区苏震桃公路长湖申线大桥至湖州市南浔区南林路桥段）	太湖流域和东南诸河其他跨省界河流边界上、下游各10km河段兴建的建设项目，须由建设项目的省（直辖市）征求相邻省（直辖市）的意见。如经协商一致并取得同意书，由所在省（直辖市）审查同意，报太湖流域管理局备案，否则需报太湖流域管理局审查同意

（3）河道主管机关接到申请后，应及时进行审查，审查主要内容为：
①是否符合江河流域综合规划和有关的国土及区域发展规划，对规划实施有何影响；
②是否符合防洪标准和有关技术要求；
③对河势稳定、水流形态、水质、冲淤变化有无不利影响；
④是否妨碍行洪、降低河道泄洪能力；
⑤对堤防、护岸和其他水工程安全的影响；
⑥是否妨碍防汛抢险；
⑦建设项目防御洪涝的设防标准与措施是否适当；
⑧是否影响第三人合法的水事权益；
⑨是否符合其他有关规定和协议。
（4）办理结果：《准予行政许可决定书》或《不准予行政许可决定书》。

（四）相关法律法规及规章制度

（1）《中华人民共和国防洪法》（1997年8月29日通过，2016年7月2日第三次修正）之第二十七条；

（2）《中华人民共和国水法》（1988年1月21日通过，2002年8月29日修订，2016年7月2日第二次修正）之第三十八条；

（3）《中华人民共和国河道管理条例》（1988年6月10日国务院令第3号公布，2018年3月19日第四次修订）之第十一条；

（4）《水利部关于印发河湖管理范围内建设项目各流域管理机构审查权限的通知》（2021年8月2日水河湖〔2021〕237号公布）；

（5）《河道管理范围内建设项目管理的有关规定》（1992年4月3日水利部、国家计委水政〔1992〕7号发布，2017年12月22日修正）；

（6）《水利部简化整合投资项目涉水行政审批实施办法（试行）》（2016年1月29日水规计〔2016〕22号发布）；

（7）《水利部办公厅关于进一步加强河湖管理范围内建设项目管理的通知》（2020年8月13日办河湖〔2020〕177号公布）。

第八节 避免危害气象探测环境行政许可

《中华人民共和国气象法》第二十一条规定，新建、扩建、改建建设工程，应当避免危害气象探测环境；确实无法避免的，建设单位应当事先征得省、自治区、直辖市气象主管机构的同意，并采取相应的措施后，方可建设。

一、办理避免危害气象探测环境行政许可项目范围

根据《新建扩建改建建设工程避免危害气象探测环境行政许可管理办法》（中国气象局令第29号）第二条，在大气本底站、国家基准气候站、国家基本气象站、国家一般气象站、高空气象观测站、天气雷达站、气象卫星地面站气象探测环境保护范围内实施新建、扩建、改建建设工程需办理避免危害气象探测环境的行政许可。各类气象站环境保护范围见表3-3。

表 3-3 各类气象站环境保护范围

类型		环境保护范围
大气本底站 （参见 GB 31224—2014）		一、大气本底站探测环境保护区基本要求 （1）在观测场周边 30000m 探测环境保护范围内禁止新建、改建和扩建冶金、化工、石化、煤炭、火电、建材、造纸、酿造、制药、发酵、纺织、制革和采矿业等工矿区。 （2）禁止新建和扩建城镇或居住区。 （3）禁止在保护区范围上空设置固定航线。 二、外围保护区（距观测场周边 10000~30000m 的环形区域和大气本底扇区方向，距观测场周边 30000~50000m 的扇环形区域） 土地利用方式应保持相对稳定，土地利用方式改变的区域面积每年应小于 1%。 三、基本保护区（距观测场周边 1000~10000m 的环形区域） （1）土地利用方式应保持稳定，土地利用方式改变的区域面积每年应小于 0.5%。 （2）禁止设置养殖场、垃圾场、排污口等干扰源。 四、核心保护区（距观测场周边 1000m 的环形区域） （1）土地利用方式应保持不变。 （2）禁止修建与大气本底观测活动无关的建筑物、构筑物。 （3）禁止修建铁路、省级及以上公路和设置养殖场、垃圾场、排污口等干扰源
地面气象观测站 （参见 GB 31221—2014）	国家基准气候站	一、周边环境 （1）观测场最多风向的上风方 90° 范围内 5000m、其他方向 2000m 范围内不宜规划工矿区，不宜建设易产生烟幕等污染大气的设施；国家基准气候站观测场上风方向 5000m 范围内不宜规划人口总数超过 5000 人的居民区。 （2）在观测场 1000m 范围内不应实施爆破、钻探、采石、挖砂、取土等危及地面气象观测场安全的活动。 二、对障碍物的限制 （1）障碍物控制区范围：观测场围栏以外四周向外延伸 2000m。 （2）控制区内障碍物的限制要求： ①控制区内的障碍物任一点的高度距离比小于 1/10。 ②控制区内的障碍物与观测场围栏最近距离不小于 50m。 （3）在日出方向和日落方向内（此范围不受控制区限制），障碍物遮挡仰角不大于 5°。 三、对影响源的限制 公路路基与地面气象观测场围栏之间的距离应大于 50m
	国家基本气象站	一、周边环境 （1）观测场最多风向的上风方 90° 范围内 5000m、其他方向 2000m 范围内不宜规划工矿区，不宜建设易产生烟幕等污染大气的设施。 （2）在观测场 1000m 范围内不应实施爆破、钻探、采石、挖砂、取土等危及地面气象观测场安全的活动。 二、对障碍物的限制 （1）障碍物控制区范围：观测场围栏以外四周向外延伸 1000m。 （2）控制区内障碍物的限制要求： ①控制区内的障碍物任一点的高度距离比小于 1/10。 ②控制区内的障碍物与观测场围栏最近距离不小于 50m。 （3）在日出方向和日落方向内（此范围不受控制区限制），障碍物遮挡仰角不大于 5°。 三、对影响源的限制 公路路基与地面气象观测场围栏之间的距离应大于 50m
地面气象观测站 （参见 GB 31221—2014）	国家一般气象站	一、周边环境 （1）观测场最多风向的上风方 90° 范围内 5000m、其他方向 2000m 范围内不宜规划工矿区，不宜建设易产生烟幕等污染大气的设施。 （2）在观测场 1000m 范围内不应实施爆破、钻探、采石、挖砂、取土等危及地面气象观测场安全的活动。 二、对障碍物的限制 （1）障碍物控制区范围：观测场围栏以外四周向外延伸 800m。 （2）控制区内障碍物的限制要求： ①控制区内的障碍物任一点的高度距离比小于 1/8。 ②控制区内的障碍物与观测场围栏最近距离不小于 30m。 （3）在日出方向和日落方向内（此范围不受控制区限制），障碍物遮挡仰角不大于 7°。 三、对影响源的限制 公路路基与地面气象观测场围栏之间的距离应大于 30m

续表

类型	环境保护范围
高空气象观测站（参见 GB 31222—2014）	一、距离 （1）在距放球点 50m 范围内，不应有影响气球施放的障碍物。 （2）民用建筑物、构筑物和铁路、道路与制氢室、储（用）氢室的防火间距应不小于 25m，重要建筑物、构筑物和火源与制氢室、储（用）氢室的防火间距应不小于 50m。 （3）架空电力线与制氢室、储（用）氢室的防火间距应不小于 1.5 倍电杆高度。 （4）使用卫星导航系统的高空气象观测站，其地面接收设备四周 100m 距离内，不应有对电磁波反射强烈的物体和水库、湖泊、河海等水体。 二、遮挡仰角 （1）采用定向天线探测系统（雷达、无线电经纬仪）的高空气象观测站高空盛行风下风方向±60°方位范围内的障碍物对探测系统的天线形成的遮挡仰角应不大于 2°，四周的障碍物对探测系统天线形成的遮挡仰角应不大于 5°。 （2）使用卫星导航系统的高空气象观测站，其四周的障碍物对卫星导航系统接收天线形成的遮挡仰角应不大于 10°。 三、电磁干扰防护 高空气象观测站四周干扰源的防护应符合 GB 13618—1992 中第 3 章和第 4 章的规定
天气雷达站（参见 GB 31223—2014）	一、保护要求 （1）障碍物对天气雷达造成的回波强度损失不应大于 1dB。 （2）不可避免的有源干扰造成的雷达接收机灵敏度损失不应大于 1dB。 二、一级保护区（天气雷达的辐射近场区范围内高于和低于雷达天线口上下沿 10 个雷达波长的平行线与过渡区"边缘"构成的区域） （1）不应有对天气雷达探测造成遮挡的障碍物。 （2）对应的限制海拔高度 h2 按 GB 31223—2014 式（1）计算。 三、二级保护区（以天气雷达为中心，从一级保护区的外沿至距离雷达 20km 的环形区域） （1）孤立障碍物遮挡仰角限制。 雷达工作在最低仰角时，孤立障碍物遮挡仰角容限值见 GB 31223—2014 表 C.1。 （2）障碍物遮挡方位角限制。 雷达工作在最低仰角时，孤立障碍物遮挡方位角容限值见 GB 31223—2014 表 C.1，周边所有障碍物的总遮挡方位角不大于 5°。 （3）高度限制。 障碍物限制海拔高度按 GB 31223—2014 式（2）计算。 （4）方位宽度限制。 孤立障碍物限制方位宽度按 GB 31223—2014 式（3）计算。 （5）电磁干扰限制。 天气雷达站周边，其他电子设备在雷达工作频点及所占频谱范围内的干扰电压的容限值应满足下表的规定。 	频率范围（GHz）	2.7~3.0	5.3~5.7	9.3~9.7
---	---	---	---
干扰电压容限值（μV）	0.40	0.43	0.44 | （6）最小防护间距。 天气雷达站与典型的干扰源的最小防护间距应满足下表的规定。 | 干扰源		最小防护间距（km）		
---	---	---	---	---
		2.7~3.0GHz	5.3~5.7GHz	9.3~9.7GHz
高压架空输电线路	500kV	1.00	0.30	0.10
	220~330kV	0.80	0.24	0.08
	110kV	0.70	0.21	0.07
高压变电站	500kV	1.20	0.36	0.12
	220~330kV	0.80	0.24	0.08
	110kV	0.70	0.21	0.07
电气化铁路	电力机车	0.70	0.34	0.18
非电气化铁路		0.50	0.24	0.13
汽车公路	高速、一级	0.70	0.42	0.26
	二级	0.70	0.42	0.26
高频热合机		1.20	0.56	0.27	

续表

类型	环境保护范围
气象卫星地面站（参见 GB 13615—2009）	一、来自工业、科学和医疗设备的辐射干扰允许值 （1）来自频段为 300MHz 以下工业、科学和医疗设备的辐射干扰，在地球站的电场强度应执行国家标准 GB 4824—2004 规定。 （2）来自频段为 1~18GHz 的工业、科学和医疗设备的辐射干扰，落入地球站接收机输入端的干扰信号电平应比正常接收信号电平低 30dB。 二、天线前方净空区要求 （1）地球站天线正前方，地势应开阔。要求天线前方净空区内不应有树木、烟囱、水塔、建筑物、金属反射物、架空电力线、电线杆等障碍物。 （2）当地球站工作在 频段时，天线在静止卫星轨道可用弧段内的工作仰角与天际线仰角的夹角（θ）不宜小于 5°；当地球站工作在 Ku 频段时，天线在静止卫星轨道可用弧段内的工作仰角与天际线仰角的夹角（θ）不宜小于 10°

二、办理流程及前置条件

（一）前置条件

在气象台站探测环境保护范围内的建设且可能影响气象探测环境的新建、扩建、改建建设工程。

（二）办理材料

（1）新建、扩建、改建建设工程避免危害气象探测环境行政许可申请表；

（2）事业单位法人证书，企业法人营业执照的正、副本或申请人身份证明；

（3）新建、扩建、改建建设工程与气象探测设施或观测场的相对位置示意图；

（4）委托代理的，应出具委托协议。

（5）申请人为法人或其他组织的，还应当提交新建、扩建、改建建设工程概况和规划总平面图。

三、行政许可审批

（1）新建、扩建、改建建设工程避免危害气象探测环境行政许可的申请由设区的市气象主管机构或省直管县（市）气象主管机构受理。

设区的市气象主管机构或省直管县（市）气象主管机构应当在收到全部申请材料之日起 5 个工作日内，作出受理或者不予受理的决定，并出具书面凭证。

（2）受理机构负责对申请材料进行初审，并组织现场踏勘。现场踏勘应当通知申请人或者其代理人到场，申请人或者其代理人应当在现场踏勘记录表上签署明确意见。

受理机构应当自受理之日起 20 个工作日内将全部申请材料和初审意见报省、自治区、直辖市气象主管机构审批。

（3）省、自治区、直辖市气象主管机构应当对申请材料进行全面审查，必要时可组织现场复查和专家论证。经审查符合有关法律法规和标准要求的，应当在收到全部申请材料和初审意见之日起 20 个工作日内作出准予许可的书面决定；不符合要求的，作出不予许可的书面决定，并说明理由。

20 个工作日内不能作出决定的，经本级气象主管机构负责人批准，可以延长 10 个工作日，并应当将延长期限的理由书面告知申请人。

行政许可决定作出后，应当在 10 个工作日内送达申请人。

（4）省、自治区、直辖市气象主管机构、设区的市气象主管机构或省直管县（市）气象主管机构在审批过程中需要按照《中华人民共和国行政许可法》第四十五条规定进行技术审查（含现场踏勘）的，所需时间不计入审批时间内。

技术审查（含现场踏勘）时间一般不超过1个月。省、自治区、直辖市气象主管机构、设区的市气象主管机构或省直管县（市）气象主管机构应当将所需时间书面告知申请人。

（5）省、自治区、直辖市气象主管机构在作出许可决定前，应当告知申请人、利害关系人享有要求听证的权利。申请人要求听证的，应当自接到告知听证通知之日起5个工作日内以书面形式提出。听证程序按照《中华人民共和国行政许可法》第四十八条要求进行。

省、自治区、直辖市对听证另有规定的，从其规定。

（6）取得行政许可后，如果建设规划或工程设计发生变化的，申请人应当重新申请。

（7）办理结果：省、自治区、直辖市气象主管机构批复文件或行政许可决定书。

四、相关法律法规及规章制度

（1）《中华人民共和国气象法》（1999年10月31日通过，2016年11月7日第三次修正）之第二十一条；

（2）《气象设施和气象探测环境保护条例》（2012年8月29日国务院令第623号公布，2012年12月1日起施行）之第十一条至第十七条；

（3）《新建扩建改建建设工程避免危害气象探测环境行政许可管理办法》（2016年4月7日中国气象局令第29号公布，2016年9月1日起施行）；

（4）《气象探测环境保护规范 地面气象观测站》（GB 31221—2014）；

（5）《气象探测环境保护规范 高空气象观测站》（GB 31222—2014）；

（6）《气象探测环境保护规范 天气雷达站》（GB 31223—2014）；

（7）《气象探测环境保护规范 大气本底站》（GB 31224—2014）；

（8）《地球站电磁环境保护要求》（GB 13615—2009）。

第九节 初步设计

一、安全设施设计

（一）编制安全设施设计项目范围

建设项目在初步设计时，应当委托有相应资质的设计单位对建设项目安全设施进行设计，编制安全专篇。

（二）安全设施设计编制要求

（1）根据《建设项目安全设施"三同时"监督管理办法》（国家安全监管总局令第36号），安全设施设计必须符合有关法律、法规、规章和国家标准或者行业标准、技术规范的规定，并尽可能采用先进适用的工艺、技术和可靠的设备、设施。对于需在可研阶段进行安全预评价的建设项目安全设施设计还应当充分考虑建设项目安全预评价报告提出的安全对策措施。

建设项目安全设施设计应当包括下列内容：
①设计依据；
②建设项目概述；
③建设项目潜在的危险、有害因素和危险、有害程度及周边环境安全分析；
④建筑及场地布置；
⑤重大危险源分析及检测监控；
⑥安全设施设计采取的防范措施；
⑦安全生产管理机构设置或者安全生产管理人员配备要求；
⑧从业人员安全生产教育和培训要求；
⑨工艺、技术和设备、设施的先进性和可靠性分析；
⑩安全设施专项投资概算；
⑪安全预评价报告中的安全对策及建议采纳情况；
⑫预期效果及存在的问题与建议；
⑬可能出现的事故预防及应急救援措施；
⑭法律、法规、规章、标准规定需要说明的其他事项。

（2）根据《危险化学品建设项目安全监督管理办法》（国家安全监管总局令第45号），危险化学品建设项目设计单位应当根据有关安全生产的法律、法规、规章和国家标准、行业标准以及建设项目安全条件审查意见书，按照《化工建设项目安全设计管理导则》（AQ/T 3033—2022），对建设项目安全设施进行设计，并编制建设项目安全设施设计专篇。建设项目安全设施设计专篇应当符合《危险化学品建设项目安全设施设计专篇编制导则》的要求。

（三）安全设施设计审查

1. 实施安全设施设计审查的项目范围

（1）以下类型建设项目安全设施设计完成后，生产经营单位应当向应急管理部门提出审查申请：
①非煤矿矿山建设项目；
②生产、储存危险化学品（包括使用长输管道输送危险化学品）的建设项目；
③生产、储存烟花爆竹的建设项目；
④金属冶炼建设项目。

（2）海洋石油生产设施安全专篇，应当向海洋石油生产设施发证检验机构提出审查申请。

（3）上述两款以外的建设项目安全设施设计，由生产经营单位组织审查，形成书面报告备查。

2. 审查机构

（1）县级以上地方各级应急管理部门对本行政区域内的建设项目安全设施设计实施综合监督管理，并在本级人民政府规定的职责范围内承担本级人民政府及其有关主管部门审批、核准或者备案的建设项目安全设施设计的监督管理。

（2）跨两个及两个以上行政区域的建设项目安全设施设计由其共同的上一级人民政府安全生产监督管理部门实施监督管理。

（3）上一级人民政府应急管理部门根据工作需要，可以将其负责监督管理的建设项目安全设施设计审查工作委托下一级人民政府安全生产监督管理部门实施监督管理。委托实施安全设施设计审查的，审查结果由委托的应急管理部门负责。跨省、自治区、直辖市的建设项目和生产剧毒化学品的建设项目，不得委托实施安全设施设计审查。

（4）应急管理部负责实施下列危险化学品建设项目的安全设施设计审查：

①国务院审批（核准、备案）的；

②跨省、自治区、直辖市的。

（5）危险化学品建设项目有下列情形之一的，应当由省级应急管理部门负责安全设施设计审查：

①国务院投资主管部门审批（核准、备案）的；

②生产剧毒化学品的；

③省级应急管理部门确定的上条规定以外的其他建设项目。

（6）危险化学品建设项目有下列情形之一的，不得委托县级人民政府应急管理部门实施安全设施设计审查：

①涉及应急管理部公布的重点监管危险化工工艺的；

②涉及应急管理部公布的重点监管危险化学品中的有毒气体、液化气体、易燃液体、爆炸品，且构成重大危险源的。

（7）接受委托的应急管理部门不得将其受托的危险化学品建设项目安全审查工作再委托其他单位实施。

（8）海洋石油生产设施安全专篇，应当经海洋石油生产设施发证检验机构审查同意。

3. 报审材料

（1）建设项目审批、核准或者备案的文件；

（2）建设项目安全设施设计审查申请；

（3）设计单位的设计资质证明文件；

（4）建设项目安全设施设计／建设项目安全设施设计专篇；

（5）建设项目安全预评价报告及相关文件资料；

（6）法律、行政法规、规章规定的其他文件资料。

对已经受理的建设项目安全设施设计审查申请，应急管理部门应当自受理之日起20个工作日内作出是否批准的决定，并书面告知申请人。20个工作日内不能作出决定的，经本部门负责人批准，可以延长10个工作日，并应当将延长期限的理由书面告知申请人。

已经批准的建设项目及其安全设施设计有下列情形之一的，生产经营单位应当报原批准部门审查同意。未经审查同意的，不得开工建设，具体情况为：

（1）建设项目的规模、生产工艺、原料、设备发生重大变更的；

（2）改变安全设施设计且可能降低安全性能的；

（3）在施工期间重新设计的。

（四）相关法律法规及规章制度

（1）《中华人民共和国安全生产法》（2002年6月29日通过，2021年6月10日第三次修正，2021年9月1日起施行）之第三十三条；

（2）《建设项目安全设施"三同时"监督管理办法》（2010年12月14日国家安全监管总局令第36号公布，2015年4月2日国家安全监管总局令第77号修正）之第十条至第十六条；

（3）《危险化学品建设项目安全监督管理办法》（2012年1月30日国家安监总局令第45号公布，2015年5月27日国家安监总局令第79号修正）之第十五条至第二十条；

（4）《海洋石油安全生产规定》（2006年2月7日国家安全生产监督管理总局令第4号公布，2015年5月26日国家安全生产监督管理总局令第78号第二次修正）之第十一条。

二、职业病设施设计

（一）编制职业病设施设计项目范围

《建设项目职业病防护设施"三同时"监督管理办法》（国家安全生产监督管理总局令第90号）第十五条规定，存在职业病危害的建设项目，建设单位应当在施工前按照职业病防治有关法律、法规、规章和标准的要求，进行职业病防护设施设计。

《建设项目职业病防护设施"三同时"监督管理办法》明确，可能产生职业病危害的建设项目是指存在或者产生职业病危害因素分类目录所列职业病危害因素的建设项目。2015年11月，国家卫生计生委、人力资源社会保障部、安全监管总局、全国总工会联合发布了《职业病危害因素分类目录》（国卫疾控发〔2015〕92号）。

（二）职业病设施设计编制要求

（1）建设项目职业病防护设施设计应当包括下列内容：

①设计依据；

②建设项目概况及工程分析；

③职业病危害因素分析及危害程度预测；

④拟采取的职业病防护设施和应急救援设施的名称、规格、型号、数量、分布，并对防控性能进行分析；

⑤辅助用室及卫生设施的设置情况；

⑥对预评价报告中拟采取的职业病防护设施、防护措施及对策措施采纳情况的说明；

⑦职业病防护设施和应急救援设施投资预算明细表；

⑧职业病防护设施和应急救援设施可以达到的预期效果及评价。

（2）《建设项目职业病防护设施"三同时"监督管理办法》（国家安全生产监督管理总局令第90号）第四条规定，建设项目职业病防护设施"三同时"工作可以与安全设施"三同时"工作一并进行。建设单位可以将建设项目职业病危害预评价和安全预评价、职业病防护设施设计和安全设施设计、职业病危害控制效果评价和安全验收评价合并出具报告或者设计，并对职业病防护设施与安全设施一并组织验收。

（三）职业病设施设计评审

（1）职业病防护设施设计完成后，属于职业病危害一般的建设项目，其建设单位主要负责人或其指定的负责人应当组织职业卫生专业技术人员对职业病防护设施设计进行评审，并形成是否符合职业病防治有关法律、法规、规章和标准要求的评审意见；属于职业病危害严重的建设项目，其建设单位主要负责人或其指定的负责人应当组织外单位职业卫生专业技术人员参加评审工作，并形成评审意见。

（2）建设单位应当按照评审意见对职业病防护设施设计进行修改完善，并对最终的职业病防护设施设计的真实性、客观性和合规性负责。职业病防护设施设计工作过程应当形成书面报告备查。

(3)建设项目职业病防护设施设计有下列情形之一的,建设单位不得通过评审和开工建设:

①未对建设项目主要职业病危害进行防护设施设计或者设计内容不全的;

②职业病防护设施设计未按照评审意见进行修改完善的;

③未采纳职业病危害预评价报告中的对策措施,且未作充分论证说明的;

④未对职业病防护设施和应急救援设施的预期效果进行评价的;

⑤不符合职业病防治有关法律、法规、规章和标准规定的其他情形的。

(4)建设项目职业病防护设施设计在完成评审后,建设项目的生产规模、工艺等发生变更导致职业病危害风险发生重大变化的,建设单位应当对变更的内容重新进行职业病防护设施设计和评审。

(四)相关法律法规及规章制度

(1)《中华人民共和国职业病防治法》(2001年10月27日通过,2018年12月29日第四次修正)之第十八条;

(2)《建设项目职业病防护设施"三同时"监督管理办法》(2017年3月9日国家安全生产监督管理总局令第90号公布,2017年5月1日起施行)之第十五条至第二十条;

(3)《职业病危害因素分类目录》(2015年11月17日国卫疾控发〔2015〕92号公布);

(4)《建设项目职业病危害风险分类管理目录》(2021年3月12日国卫办职健发〔2021〕5号公布)。

三、初步设计

(一)初步设计内容和深度要求

(1)初步设计文件应包括以下内容:

①资料图纸目录,各专业图纸目录组成;

②总说明书;

③各专业设计文件,包括说明书、图纸、表格、长周期设备材料技术规格书等;

④HAZOP、SIL等安全分析报告,专题报告和专项评价报告;

⑤专篇,包括环境保护、安全设施设计、消防、职业病防护设施设计、节能节水等专篇;

⑥概算文件,包括编制说明、总概算表、其他费用计算表、综合概算表、单位工程概算表;

⑦经济评价文件,包括项目概况、资金来源及融资方案、成本费用估算与分析、盈利能力分析、财务评价附表等;

⑧合同条款中要求的其他技术文件。

(2)初步设计文件的深度应满足以下要求:

①据已编制施工图设计文件;

②据已确定土地征收和建(构)筑物的拆迁范围;

③据已进行主要设备、材料的订货;

④据已进行施工准备工作;

⑤据已进行生产准备工作;

⑥据已编制工程总体部署、控制建设投资；
⑦据已编制工程总承包（EPC）招投标文件。

（二）初步设计审查上报材料

（1）所属企业需上报审查的初步设计和相关文件资料主要包括：
①申请审查基础设计的文件；
②所属企业预审意见及设计单位答复；
③基础设计文件（含概算）；
④设计单位资质证书（复印件）；
⑤可研（或油气田开发方案）批复文件（复印件）、可研（或油气田开发方案）评估报告、可行性研究报告（或油气田开发方案）；
⑥工程地质、水文地质勘察报告；
⑦已完成的项目环境影响评价报告、安全预评价报告、职业病危害预评价报告、节能评估报告等资料；
⑧用水、用电、用地等外部协议（复印件）；
⑨根据项目特点需在基础设计阶段提供的其他专项报告或文件。

（2）符合下列审查条件的，按初步设计审批程序开展下一步工作；不符合审查条件的，所属企业应组织设计单位补充、修改后重新报审。
①上报基础设计和相关资料齐全，满足前款要求；
②设计单位具备相应资质；
③项目初步设计与批复的可行性研究报告（或油气田开发方案）相比无重大变化；
④上报概算总投资原则上不超过批准估算总投资。因特殊原因超出的，超出部分不得高于批准估算总投资的10%，并需说明投资增加的详细原因。

（三）初步设计审查流程

（1）重点工程。
①所属企业对基础设计组织预审并按项目所属业务报专业公司初审，由专业公司报工程和物装管理部并附初审意见，工程和物装管理部组织审查。根据工作需要，基础设计初审、审查会议可一并组织进行；由工程和物装管理部、专业公司联合组织审查基础设计的项目，不再履行专业公司初审程序；
②符合审查条件的，根据项目特点邀请有关专家成立专家组，审查会前可组织专家赴现场踏勘；
③组织召开基础设计审查会，总部相关部门、相关专业公司、专家组、所属企业、项目管理机构、设计单位等参加，形成专家组审查意见；
④所属企业组织设计单位按照审查意见修改基础设计，经专家和所属企业确认后上报审查意见答复及修改版基础设计；
⑤工程和物装管理部综合专家组审查意见、专业公司初审意见、发展计划部概算复核意见等办理基础设计批复文件，批复文件经专业公司、发展计划部会签，报集团公司分管领导审批。

（2）专业公司审批基础设计的项目。
①所属企业对基础设计组织预审，按项目所属业务报专业公司组织审查；

②符合审查条件的，专业公司组织审查并形成审查意见；

③所属企业组织设计单位按照审查意见修改基础设计，经专家和所属企业确认后上报审查意见答复及修改版基础设计；

④专业公司办理基础设计批复文件，其中非重点工程的一类项目和二类项目会签发展计划部；由专业公司办理的项目基础设计批复文件抄送发展计划部、工程和物装管理部。

（3）由所属企业审批基础设计的项目，审查程序参考前款，并按专业公司要求履行备案手续。

（4）专家组审查意见对基础设计文件有重大修改或较多补充的，修改、补充部分应进行复审；未能通过审查的基础设计，应重新编制，重新报审。

（四）相关法律法规及规章制度

（1）《中国石油天然气集团有限公司工程建设项目基础设计审批管理办法》（中油物装〔2021〕98号）；

（2）《油气田地面工程初步设计文件编制规定》（油气新能源〔2023〕244号）。

四、水运建设项目初步设计审批

根据《水运建设市场监督管理办法》（交通运输部令2016年第74号），水运建设是指水路运输基础设施包括港口、码头、航道及相关设施等工程建设。沿海石化工程、液化天然气工程会涉及港口、码头设施建设，水运建设项目初步设计审批属于"水运建设项目设计文件审批"行政许可事项。

（一）行政许可项目范围

根据《港口工程建设管理规定》（交通运输部令2018年第2号），港口工程初步设计文件项目单位应当向有审批权限的交通运输主管部门或者所在地港口行政管理部门申请初步设计审批；对于建设内容简单、投资规模较小的按照备案管理的港口工程建设项目，初步设计和施工图设计可以合并设计，深度应当达到施工图设计要求。

（二）行政许可申报流程及办理前置条件

1. 前置条件

（1）建设方案符合经审批机关批准的港口总体规划；

（2）项目建设主要内容、规模及标准等符合经审批机关批准的可行性研究报告或者经核准、备案的项目申请报告或者备案文件；

（3）符合国家和行业现行的有关技术标准；

（4）符合港口工程初步设计文件编制规定的要求。

2. 办理材料

（1）申请文件；

（2）初步设计文件；

（3）经批准的可行性研究报告，或者经核准的项目申请书或者备案证明。

（三）行政许可审批

（1）审批部门。

①交通运输部负责国家重点水运工程建设项目初步设计审批。

②省级交通运输主管部门负责省级人民政府及其投资主管部门审批、核准或者备案的

港口工程建设项目初步设计审批。

③所在地港口行政管理部门负责其余港口工程建设项目初步设计审批。

(2)国家重点水运工程建设项目,是指国务院投资主管部门审批、核准或者交通运输部审批的港口工程建设项目。

(3)对于技术复杂、难度较大、风险较大的港口工程建设项目,交通运输主管部门或者所在地港口行政管理部门在审批初步设计前应当委托另一设计单位进行技术审查咨询。受委托的设计单位资质等级应当不低于原初步设计文件编制单位资质等级。

(4)许可机关自收到符合条件的申请材料之日起20个工作日内作出行政许可决定(专家评审等时间不计算在内)。

(5)办理结果:《关于××××××工程初步设计的批复》。

(四)相关法律法规及规章制度

(1)《港口工程建设管理规定》(2018年1月15日交通运输部令2018年第2号发布,2019年11月28日第二次修正)之第十三条至第十五条、第十九条、第二十三条;

(2)《水运建设市场监督管理办法》(2016年12月6日交通运输部令2016年第74号发布)之第二条。

五、超限高层建筑工程抗震设防审批行政许可

(一)行政许可项目范围

根据《超限高层建筑工程抗震设防管理规定》(建设部令第111号),超限高层建筑工程是指超出国家现行规范、规程所规定的适用高度和适用结构类型的高层建筑工程,体型特别不规则的高层建筑工程,以及有关规范、规程规定应当进行抗震专项审查的高层建筑工程。

《超限高层建筑工程抗震设防专项审查技术要点》(建质〔2015〕67号)对超限高层建筑工程进行了定义,具体范围详见表3-4至表3-8。

表3-4 房屋高度超过下列规定的高层建筑工程(单位:m)

结构类型		地震烈度 6度	7度(0.1g)	7度(0.15g)	8度(0.20g)	8度(0.30g)	9度
混凝土结构	框架	60	50	50	40	35	24
	框架—抗震墙	130	120	120	100	80	50
	抗震墙	140	120	120	100	80	60
	部分框支抗震墙	120	100	100	80	50	不应采用
	框架—核心筒	150	130	130	100	90	70
	筒中筒	180	150	150	120	100	80
	板柱—抗震墙	80	70	70	55	40	不应采用
	较多短肢墙	140	100	100	80	60	不应采用
	错层的抗震墙	140	80	80	60	60	不应采用
	错层的框架—抗震墙	130	80	80	60	60	不应采用

续表

结构类型		地震烈度	6度	7度(0.1g)	7度(0.15g)	8度(0.20g)	8度(0.30g)	9度
混合结构	钢框架—钢筋混凝土筒		200	160	160	120	100	70
	型钢(钢管)混凝土框架—钢筋混凝土筒		220	190	190	150	130	70
	钢外筒—钢筋混凝土内筒		260	210	210	160	140	80
	型钢(钢管)混凝土外筒—钢筋混凝土内筒		280	230	230	170	150	90
钢结构	框架		110	110	110	90	70	50
	框架—中心支撑		220	220	200	180	150	120
	框架—偏心支撑(延性墙板)		240	240	220	200	180	160
	各类筒体和巨型结构		300	300	280	260	240	180

注：平面和竖向均不规则（部分框支结构指框支层以上的楼层不规则），其高度应比表内数值降低至少10%。

表3-5 同时具有下列三项及三项以上不规则的高层建筑工程（不论高度是否大于表3-4规定的高度）

序号		不规则类型	简要含义	备注
1	a	扭转不规则	考虑偶然偏心的扭转位移比大于1.2	
	b	偏心布置	偏心率大于0.15或相邻层质心相差大于相应边长15%	参见JGJ 99—2015的3.2.2
2	a	凹凸不规则	平面凹凸尺寸大于相应边长30%等	
	b	组合平面	细腰形或角部重叠形	参见JGJ 3—2010的3
3		楼板不连续	有效宽度小于50%，开洞面积大于30%，错层大于梁高	
4	a	刚度突变	相邻层刚度变化大于70%（按高规考虑层高修正时，数值相应调整）或连续三层变化大于80%	参见JGJ 3—2010的3.5.2
	b	尺寸突变	竖向构件收进位置高于结构高度20%且收进大于25%，或外挑大于10%和4m，多塔	参见JGJ 3—2010的3.5.5
5		构件间断	上下墙、柱、支撑不连续，含加强层、连体类	
6		承载力突变	相邻层受剪承载力变化大于80%	
7		局部不规则	如局部的穿层柱、斜柱、夹层、个别构件错层或转换，或个别楼层扭转位移比略大于1.2等	已计入1~6项者除外

注：深凹进平面在凹口设置连梁，当连梁刚度较小不足以协调两侧的变形时，仍视为凹凸不规则，不按楼板不连续的开洞对待；序号a、b不重复计算不规则项；局部的不规则，视其位置、数量等对整个结构影响的大小判断是否计入不规则的一项。

表3-6 具有下列2项或同时具有下表和表2中某项不规则的高层建筑工程
（不论高度是否大于表3-4规定的高度）

序号	不规则类型	简要含义	备注
1	扭转偏大	裙房以上的较多楼层考虑偶然偏心的扭转位移比大于1.4	表3-5之1项不重复计算
2	抗扭刚度弱	扭转周期比大于0.9，超过A级高度的结构扭转周期比大于0.85	
3	层刚度偏小	本层侧向刚度小于相邻上层的50%	表3-5之4a项不重复计算
4	塔楼偏置	单塔或多塔与大底盘的质心偏心距大于底盘相应边长20%	表3-5之4b项不重复计算

第三章　项目实施勘察设计阶段合规管理

表 3-7　具有下列某一项不规则的高层建筑工程（不论高度是否大于表 3-4 规定的高度）

序号	不规则类型	简要含义
1	高位转换	框支墙体的转换构件位置：7 度超过 5 层，8 度超过 3 层
2	厚板转换	7~9 度设防的厚板转换结构
3	复杂连接	各部分层数、刚度、布置不同的错层，连体两端塔楼高度、体型或沿大底盘某个主轴方向的振动周期显著不同的结构
4	多重复杂	结构同时具有转换层、加强层、错层、连体和多塔等复杂类型的 3 种

注：仅前后错层或左右错层属于表 3-5 中的一项不规则，多数楼层同时前后、左右错层属于本表的复杂连接。

表 3-8　其他高层建筑工程

序号	简称	简要含义
1	特殊类型高层建筑	抗震规范、高层混凝土结构规程和高层钢结构规程暂未列入的其他高层建筑结构，特殊形式的大型公共建筑及超长悬挑结构，特大跨度的连体结构等
2	大跨屋盖建筑	空间网格结构或索结构的跨度大于 120m 或悬挑长度大于 40m，钢筋混凝土薄壳跨度大于 60m，整体张拉式膜结构跨度大于 60m，屋盖结构单元的长度大于 300m，屋盖结构形式为常用空间结构形式的多重组合、杂交组合以及屋盖形体特别复杂的大型公共建筑

注：表中大型公共建筑的范围，可参见《建筑工程抗震设防分类标准》GB 50223—2008。

说明：

（1）具体工程的界定遇到问题时，可从严考虑或向全国超限高层建筑工程审查专家委员会、工程所在地省超限高层建筑工程审查专家委员会咨询。

（2）《国家发展改革委关于加强基础设施建设项目管理 确保工程安全质量的通知》（发改投资规〔2021〕910 号）要求，对 100m 以上建筑严格执行超限高层建筑工程抗震设防审批制度。

（二）行政许可申报流程及办理前置条件

1. 前置条件

（1）项目属于《超限高层建筑工程抗震设防专项审查技术要点》（建质〔2015〕67 号）确定的，超出国家现行规范、规程所规定的适用高度和适用结构类型的高层建筑工程，体型特别不规则的高层建筑工程，以及有关规范、规程规定应当进行抗震专项审查的高层建筑工程。

（2）超限高层建筑工程的勘察、设计、施工、监理，应当由具备甲级（一级及以上）资质的勘察、设计、施工和工程监理单位承担，其中建筑设计和结构设计应当分别由具有高层建筑设计经验的一级注册建筑师和一级注册结构工程师承担。

2. 办理材料

（1）超限高层建筑工程抗震设防专项审查申报表和超限情况表；
（2）建筑结构工程超限设计的可行性论证报告；
（3）建设项目的岩土工程勘察报告；
（4）结构工程初步设计计算书；
（5）初步设计文件；
（6）当参考使用国外有关抗震设计标准、工程实例和震害资料及计算机程序时，应提供理由和相应的说明；

（7）进行模型抗震性能试验研究的结构工程，应提交抗震试验方案；

（8）进行风洞试验研究的结构工程，应提交风洞试验报告。

（三）行政许可审批

（1）在抗震设防区内进行超限高层建筑工程的建设时，建设单位应当在初步设计阶段向工程所在地的省、自治区、直辖市人民政府建设行政主管部门提出专项报告。

（2）超限高层建筑工程所在地的省、自治区、直辖市人民政府建设行政主管部门，负责组织省、自治区、直辖市超限高层建筑工程抗震设防专家委员会对超限高层建筑工程进行抗震设防专项审查。

（3）建设行政主管部门应当自接到抗震设防专项审查全部申报材料之日起25日内，组织专家委员会提出书面审查意见，并将审查结果通知建设单位。

（4）抗震设防专项审查的内容主要包括：

①建筑抗震设防依据；

②场地勘察成果及地基和基础的设计方案；

③建筑结构的抗震概念设计和性能目标；

④总体计算和关键部位计算的工程判断；

⑤结构薄弱部位的抗震措施；

⑥可能存在的影响结构安全的其他问题。

（5）抗震设防专项审查意见主要包括下列三方面内容：

①总评。对抗震设防标准、建筑体型规则性、结构体系、场地评价、构造措施、计算结果等做简要评定。

②问题。对影响结构抗震安全的问题，应进行讨论、研究，主要安全问题应写入书面审查意见中，并提出便于施工图设计文件审查机构审查的主要控制指标（含性能目标）。

③结论。分为"通过""修改""复审"三种。

审查结论"通过"，指抗震设防标准正确，抗震措施和性能设计目标基本符合要求；对专项审查所列举的问题和修改意见，勘察设计单位明确其落实方法。依法办理行政许可手续后，在施工图审查时由施工图审查机构检查落实情况。

审查结论"修改"，指抗震设防标准正确，建筑和结构的布置、计算和构造不尽合理、存在明显缺陷；对专项审查所列举的问题和修改意见，勘察设计单位落实后所能达到的具体指标尚需经原专项审查专家组再次检查。因此，补充修改后提出的书面报告需经原专项审查专家组确认已达到"通过"的要求，依法办理行政许可手续后，方可进行施工图设计并由施工图审查机构检查落实。

审查结论"复审"，指存在明显的抗震安全问题、不符合抗震设防要求、建筑和结构的工程方案均需大调整。修改后提出修改内容的详细报告，由建设单位按申报程序重新申报审查。

审查结论"通过"的工程，当工程项目有重大修改时，应按申报程序重新申报审查。

（6）办理结果：《超限高层建筑工程抗震设防专项审查的意见》。

（四）相关法律法规及规章制度

（1）《建设工程抗震管理条例》（2021年7月19日国务院令第744号公布，自2021年

9月1日起施行)之第十三条;

(2)《超限高层建筑工程抗震设防管理规定》(2002年7月25日中华人民共和国建设部令第111号公布,自2002年9月1日起施行);

(3)《超限高层建筑工程抗震设防专项审查技术要点》(2015年5月21日建质〔2015〕67号公布)。

第十节 详细设计文件审查

一、建设工程消防设计审查

建设工程消防设计审查为行政许可事项,《中华人民共和国消防法》第十条规定,对按照国家工程建设消防技术标准需要进行消防设计的建设工程,实行建设工程消防设计审查验收制度。

(一)实施消防设计审查的项目范围

(1)根据《中华人民共和国消防法》,国务院住房和城乡建设主管部门规定的特殊建设工程,建设单位应当将消防设计文件报送住房和城乡建设主管部门审查,住房和城乡建设主管部门依法对审查的结果负责;其他建设工程,建设单位申请领取施工许可证或者申请批准开工报告时应当提供满足施工需要的消防设计图纸及技术资料。特殊建设工程未经消防设计审查或者审查不合格的,建设单位、施工单位不得施工;其他建设工程,建设单位未提供满足施工需要的消防设计图纸及技术资料的,有关部门不得发放施工许可证或者批准开工报告。

(2)《建设工程消防设计审查验收管理暂行规定》(住房和城乡建设部令第51号)第十四条规定,具有下列情形之一的建设工程属于特殊建设工程:

①总建筑面积大于20000m^2的体育场馆、会堂,公共展览馆、博物馆的展示厅;

②总建筑面积大于15000m^2的民用机场航站楼、客运车站候车室、客运码头候船厅;

③总建筑面积大于1000m^2的宾馆、饭店、商场、市场;

④总建筑面积大于2500m^2的影剧院,公共图书馆的阅览室,营业性室内健身、休闲场馆,医院的门诊楼,大学的教学楼、图书馆、食堂,劳动密集型企业的生产加工车间,寺庙、教堂;

⑤总建筑面积大于1000m^2的托儿所、幼儿园的儿童用房,儿童游乐厅等室内儿童活动场所,养老院、福利院,医院、疗养院的病房楼,中小学校的教学楼、图书馆、食堂,学校的集体宿舍,劳动密集型企业的员工集体宿舍;

⑥总建筑面积大于500m^3的歌舞厅、录像厅、放映厅、卡拉OK厅、夜总会、游艺厅、桑拿浴室、网吧、酒吧,具有娱乐功能的餐馆、茶馆、咖啡厅;

⑦国家工程建设消防技术标准规定的一类高层住宅建筑;

⑧城市轨道交通、隧道工程,大型发电、变配电工程;

⑨生产、储存、装卸易燃易爆危险物品的工厂、仓库和专用车站、码头,易燃易爆气体和液体的充装站、供应站、调压站;

⑩国家机关办公楼、电力调度楼、电信楼、邮政楼、防灾指挥调度楼、广播电视楼、

档案楼；

⑪设有本条第①项至第⑥项所列情形的建设工程；

⑫本条第⑩项、第⑪项规定以外的单体建筑面积大于 40000m² 或者建筑高度超过 50m 的公共建筑。

（二）办理流程及前置条件

1. 前置条件

《建设工程消防设计审查验收管理暂行规定》（住建部 51 号令）规定的特殊建设工程。

2. 办理材料

（1）建设单位申请消防设计审查，应当提交下列材料。

①消防设计审查申请表。

②消防设计文件。包括封面、扉页、设计文件目录、设计说明书、设计图纸。

③依法需要办理建设工程规划许可的，应当提交建设工程规划许可文件。

④依法需要批准的临时性建筑，应当提交批准文件。

（2）特殊建设工程具有下列情形之一的，建设单位除提交前款所列材料外，还应当同时提交特殊消防设计技术资料：

①国家工程建设消防技术标准没有规定的。

②消防设计文件拟采用的新技术、新工艺、新材料不符合国家工程建设消防技术标准规定的。

③因保护利用历史建筑、历史文化街区需要，确实无法满足国家工程建设消防技术标准要求的。

特殊消防设计技术资料包括：

①特殊消防设计文件，包括：

a. 特殊消防设计必要性论证报告。属于前款第①项情形的，应当说明国家工程建设消防技术标准没有规定的设计内容和理由；属于前款第②项情形的，应当说明需采用的新技术、新工艺、新材料不符合国家工程建设消防技术标准规定的内容和理由；属于前款第③项情形的，应当说明历史建筑的保护要求，历史文化街区保护规划中规定的核心保护范围、建设控制地带保护要求等，确实无法满足国家工程建设消防技术标准要求的内容和理由。

b. 特殊消防设计方案。应当提交两种以上方案的综合分析比选报告，特殊消防设计方案说明，以及涉及国家工程建设消防技术标准没有规定的，采用新技术、新工艺、新材料的，或者历史建筑、历史文化街区保护利用不满足国家工程建设消防技术标准要求等内容的消防设计图纸。

提交的两种以上方案综合分析比选报告，应当包含两种以上能够满足施工需要、设计深度一致的设计方案，并从安全性、经济性、可实施性等方面进行逐项比对，比对结果清晰明确，综合分析后形成特殊消防设计方案。

c. 火灾数值模拟分析验证报告。火灾数值模拟分析应当如实反映工程场地、环境条件、建筑空间特性和使用人员特性，科学设定火灾场景和模拟参数，真实模拟火灾发生发展、烟气运动、建筑结构受火、消防系统运行和人员疏散情况，评估不同使用场景下消防设计实效和人员疏散保障能力，论证特殊消防设计方案的合理可行性。

d. 实体试验验证报告。属于前款应提交特殊消防设计技术资料的特殊工程且是重大工程、火灾危险等级高的特殊建设工程，特殊消防设计文件应当包括实体试验验证内容。实体试验应当与实际场景相符，验证特殊消防设计方案的可行性和可靠性，评估火灾对建筑物、使用人员、外部环境的影响，试验结果应当客观真实。

②两个以上有关的应用实例。前款应提交特殊消防设计技术资料的特殊工程情形的，应提交涉及国家工程建设消防技术标准没有规定的内容，在国内或国外类似工程应用情况的报告。属于前款第②项情形的，应提交采用新技术、新工艺、新材料在国内或国外类似工程应用情况的报告或中试（生产）试验研究情况报告等；属于前款第③项情形的，应提交国内或者国外历史文化街区、历史建筑保护利用类似工程情况报告。

③属于前款第②项情形，采用新技术、新工艺的，应提交新技术、新工艺的说明；采用新材料的，应提交产品说明，包括新材料的产品标准文本（包括性能参数等）。

④特殊消防设计涉及采用国际标准或者境外工程建设消防技术标准的，应提交设计采用的国际标准、境外工程建设消防技术标准相应的中文文本。

⑤属于前款应提交特殊消防设计技术资料的特殊工程情形的，建筑高度大于250m的建筑，除上述四项以外，还应当说明在国家工程建设消防技术标准的基础上，所采取的切实增强建筑火灾时自防自救能力的加强性消防设计措施。包括：建筑构件耐火性能、外部平面布局、内部平面布置、安全疏散和避难、防火构造、建筑保温和外墙装饰防火性能、自动消防设施及灭火救援设施的配置及其可靠性、消防给水、消防电源及配电、建筑电气防火等内容。

（三）行政许可审批

（1）县级以上地方人民政府住房和城乡建设主管部门（即消防设计审查主管部门）依职责承担本行政区域内建设工程的消防设计审查工作。

（2）跨行政区域建设工程的消防设计审查工作，由该建设工程所在行政区域消防设计审查主管部门共同的上一级主管部门指定负责。

（3）对开展特殊消防设计的特殊建设工程进行消防设计技术审查前，应按照相关规定组织特殊消防设计技术资料的专家评审，专家评审意见应作为技术审查的依据。

专家评审应当针对特殊消防设计技术资料进行讨论，评审专家应当独立出具同意或者不同意的评审意见。讨论应当包括下列内容：

①设计超出或者不符合国家工程建设消防技术标准的理由是否充分；

②设计需采用新技术、新工艺、新材料的理由是否充分，运用是否准确，是否具备应用可行性等；

③因保护利用历史建筑、历史文化街区需要，确实无法满足国家工程建设消防技术标准要求的理由是否充分；

④特殊消防设计方案是否包含对两种以上方案的比选过程，是否是从安全性、经济性、可实施性等方面进行综合分析后形成，是否不低于现行国家工程建设消防技术标准要求的同等消防安全水平，方案是否可行；

⑤重大工程、火灾危险等级高的特殊消防设计技术文件中是否包含实体试验验证内容；

⑥火灾数值模拟的火灾场景和模拟参数设定是否科学。应当进行实体试验的，实体试

验内容是否与实际场景相符。火灾数值模拟分析结论和实体试验结论是否一致；

⑦属于《暂行规定》第十七条第一款情形的，建筑高度大于250m的建筑，讨论内容除上述六项以外，还应当讨论采取的加强性消防设计措施是否可行、可靠和合理。

（4）对具有以下情形之一的建设工程，消防设计审查验收主管部门应当自受理消防设计审查申请之日起5个工作日内，将申请材料报送省、自治区、直辖市人民政府住房和城乡建设主管部门组织专家评审。

①国家工程建设消防技术标准没有规定的；

②消防设计文件拟采用的新技术、新工艺、新材料不符合国家工程建设消防技术标准规定的；

③因保护利用历史建筑、历史文化街区需要，确实无法满足国家工程建设消防技术标准要求的。

省、自治区、直辖市人民政府住房和城乡建设主管部门应当在收到申请材料之日起10个工作日内组织召开专家评审会，对建设单位提交的特殊消防设计技术资料进行评审。评审专家应当符合相关专业要求，总数不得少于7人，且独立出具同意或者不同意的评审意见。特殊消防设计技术资料经3/4以上评审专家同意即为评审通过，评审专家有不同意见的，应当注明。省、自治区、直辖市人民政府住房和城乡建设主管部门应当将专家评审意见，书面通知报请评审的消防设计审查主管部门。

（5）消防设计审查主管部门应当自受理消防设计审查申请之日起15个工作日内出具书面审查意见。需要组织专家评审的，专家评审时间不超过20个工作日。

（6）实行施工图设计文件联合审查的，应当将建设工程消防设计的技术审查并入联合审查，意见一并出具。消防设计审查主管部门根据施工图审查意见中的消防设计技术审查意见，出具消防设计审查意见。

（7）消防设计审查验收主管部门可以委托具备相应能力的技术服务机构开展特殊建设工程消防设计技术审查，并形成意见或者报告，作为出具特殊建设工程消防设计审查意见的依据。

（8）建设、设计、施工单位不得擅自修改经审查合格的消防设计文件。确需修改的，建设单位应当依照本规定重新申请消防设计审查。

（9）办理结果：《特殊建设工程消防设计审查意见书》。

（四）相关法律法规及规章制度

（1）《中华人民共和国消防法》(1998年4月29日通过，2019年4月23日修正)之第十条、第十一条、第十二条；

（2）《建设工程消防设计审查验收管理暂行规定》(2020年4月1日住房和城乡建设部令第51号公布，2023年8月21日修正)之第十四条至第二十六条；

（3）《建设工程消防设计审查验收工作细则》(2020年6月16日建科规〔2020〕5号公布，2024年4月8日修改)之第六条、第七条、第八条、第九条。

二、雷电防护装置设计审核审批

我国防雷装置的设计实行审核制度，雷电防护装置设计审核审批为行政许可事项。雷电防护装置是指接闪器、引下线、接地装置、电涌保护器及其连接导体等构成的，用以防御雷电灾害的设施或者系统。

（一）雷电防护装置设计审核范围

2016年6月28日，国务院发布了《关于优化建设工程防雷许可的决定》（国发〔2016〕39号），整合部分建设工程雷电防护装置设计审核行政许可，总体上分为三类：

（1）将房屋建筑工程和市政基础设施工程防雷装置设计审核，整合纳入建筑工程施工图审查，统一由住房城乡建设部门监管；

（2）油库、气库、弹药库、化学品仓库、烟花爆竹、石化等易燃易爆建设工程和场所，雷电易发区内的矿区、旅游景点或者投入使用的建（构）筑物、设施等需要单独安装雷电防护装置的场所，以及雷电风险高且没有防雷标准规范、需要进行特殊论证的大型项目，由气象部门负责防雷装置设计审核审批许可；

（3）公路、水路、铁路、民航、水利、电力、核电、通信等专业建设工程防雷管理，由各专业部门负责。

（二）办理流程及前置条件

1. 前置条件

雷电防护装置设计审核审批事项属于气象主管部门的行政许可事项，因此适用于下列建设工程、场所和大型项目的雷电防护装置设计审核：

（1）油库、气库、弹药库、化学品仓库和烟花爆竹、石化等易燃易爆建设工程和场所；

（2）雷电易发区内的矿区、旅游景点或者投入使用的建（构）筑物、设施等需要单独安装雷电防护装置的场所；

（3）雷电风险高且没有雷电防护标准规范、需要进行特殊论证的大型项目。

2. 办理材料

建设单位应当向当地县级以上地方气象主管机构提出雷电防护装置设计审核申请，申请雷电防护装置设计审核应当提交以下材料：

（1）《雷电防护装置设计审核申请表》；

（2）雷电防护装置设计说明书和设计图纸；

（3）设计中所采用的防雷产品相关说明。

（三）行政许可审批

（1）气象主管机构受理后，应当委托有关机构开展雷电防护装置设计技术评价。

（2）有关机构开展雷电防护装置设计技术评价应当遵守国家有关标准、规范和规程，出具雷电防护装置设计技术评价报告，并对评价报告负责。雷电防护装置设计技术评价报告结论应当包含雷电防护装置设计文件是否符合国家有关标准和国务院气象主管机构规定的使用要求。

（3）雷电防护装置设计审核内容：

①申请材料的合法性；

②雷电防护装置设计技术评价报告。

（4）气象主管机构应当在受理之日起10个工作日内完成审核工作。

（5）雷电防护装置未经设计审核或者设计审核不合格的，不得施工。雷电防护装置未经竣工验收或者竣工验收不合格的，不得交付使用。

（6）办理结果：《雷电防护装置设计核准意见书》或《不予许可决定书》。

（四）相关法律法规及规章制度

（1）《气象灾害防御条例》（2010年1月27日国务院令第570号公布，2017年10月7日修订）之第二十三条；

（2）《雷电防护装置设计审核和竣工验收规定》（2020年11月29日中国气象局第37号令公布）之第四条至第十一条。

三、安全防范设计方案审查

安全防范是社会公共安全的一部分，就防范手段而言，安全防范包括人力防范（人防）、实体防范（物防）和技术防范（技防）三个范畴。近年来国家对石油石化安全防范工作愈发重视，2019年公安部发布了《石油石化系统治安反恐防范要求》（GA 1551.1~5—2019）系列标准，分为油气田企业、炼油与化工企业、成品油和天然气销售企业、工程技术服务企业、运输企业共计五部分内容对重点目标、重点部位、目标等级和防范级别、防范要求等方面进行了约定，2021年公安部又发布了《石油石化系统治安反恐防范要求 第6部分：石油天然气管道企业》（GA 1551.6—2021），对石油天然气管道企业安全防范工作进行规范。

目前公安部将金融机构营业场所和金库安全防范设施建设方案审批列为行政许可项目，并未要求对石油石化场所安全防范建设方案进行审批。

（一）安全防范设计方案审查

《安全防范工程技术标准》（GB 50348—2018）第5.3.8条规定，施工图设计完成后，建设单位应根据政策法规要求将相关资料报建设行政主管部门审查。建设单位应向审查机构提供的资料包括作为勘察设计依据的政府有关部门的批准文件及附件、全套施工图、其他应当提交的材料等。

从各地对安全防范的要求来看，天津市、山西省、黑龙江省、辽宁省、广东省、内蒙古自治区等很多省、自治区、直辖市出台了地方性的安全技术防范管理法规或制度，天津市、广东省等地提出了技防系统建设前应经公安机关核准或公安机关参加（或组织）设计方案论证的要求。工程实践中安全防范系统建设还需与当地公安部门相结合，按当地的政策执行。

（二）安全防范要求

（1）石油石化企业安全防范重点目标的等级由低到高分为三级重点目标、二级重点目标、一级重点目标，由公安机关会同有关部门、相关企业依据国家有关规定共同确定。

（2）重点目标的防范级别分三级，按防范能力由低到高分别是三级防范、二级防范、一级防范，防范级别应与目标等级相适应。

（3）常态三级防范要求为重点目标应达到的最低标准，常态二级防范要求应在常态三级防范要求基础上执行，常态一级防范要求应在常态二级防范要求基础上执行，非常态防范要求应在常态防范要求基础上执行。

（4）各类型石油石化企业安全防范的重点目标和重点部位见表3-9。

表 3-9 石油石化企业安全防范重点目标和重点部位

企业类型	重点目标	重点部位
成品油和天然气销售企业	（1）加油（气）站； （2）储油（气）库	（1）加油（气）站包括但不限于以下部位： ①站区出入口； ②油（气）操作区； ③油（气）储罐区； ④监控设备存放区； ⑤收银处。 （2）储油（气）库包括但不限于以下部位： ①库区周界出入口； ②库区周界； ③油（气）储罐区； ④接卸油（气）作业区； ⑤油（气）发货作业区； ⑥监控中心（控制室）
石油天然气管道企业	（1）石油天然气管道； （2）储油（气）库； （3）液化天然气（LNG）接收站； （4）管道站场； （5）阀室； （6）油气调控中心（含备用调控中心）； （7）其他经评估应列为重点目标的场所和设施	包括但不限于以下部位： （1）周界； （2）周界出入口； （3）值班室； （4）安防监控中心（室）； （5）输油（气）管道系统跨越或隧道穿越大型河流管段； （6）输油（气）管道系统地处治安复杂、人口密集区部位； （7）输油管道系统地处水源地（饮用水水源保护区）部位

（三）相关法律法规及规章制度

（1）《中华人民共和国反恐怖主义法》（2015年12月27日通过，2018年4月27日修正）之第三十二条；

（2）《安全防范工程技术标准》（GB 50348—2018）；

（3）《石油石化系统治安反恐防范要求 第1部分：油气田企业》（GA 1551.1—2019）；

（4）《石油石化系统治安反恐防范要求 第2部分：炼油与化工企业》（GA 1551.2—2019）；

（5）《石油石化系统治安反恐防范要求 第3部分：成品油和天然气销售企业》（GA 1551.3—2019）；

（6）《石油石化系统治安反恐防范要求 第6部分：石油天然气管道企业》（GA 1551.6—2021）。

四、房屋建筑和市政基础设施工程施工图设计文件审查

施工图审查，是指施工图审查机构按照有关法律、法规，对施工图涉及公共利益、公众安全和工程建设强制性标准的内容进行的审查。施工图审查应当坚持先勘察、后设计的原则。

（一）施工图设计文件审查的项目范围

《建设工程勘察设计管理条例》第三十三条规定，施工图设计文件审查机构应当对房屋建筑工程、市政基础设施工程施工图设计文件中涉及公共利益、公众安全、工程建设强制性标准的内容进行审查。

房屋建筑和市政基础设施工程施工图设计文件审查由第三方审查机构进行，因此不属于行政许可项目。

（二）施工图设计文件审查流程及内容

（1）施工图审查机构。

审查机构是专门从事施工图审查业务，不以营利为目的的独立法人。省、自治区、直辖市人民政府住房城乡建设主管部门应当将审查机构名录报国务院住房城乡建设主管部门备案，并向社会公布。

审查机构按承接业务范围分两类，一类机构承接房屋建筑、市政基础设施工程施工图审查业务范围不受限制；二类机构可以承接中型及以下房屋建筑、市政基础设施工程的施工图审查。

（2）建设单位应当将施工图送审查机构审查，但审查机构不得与所审查项目的建设单位、勘察设计企业有隶属关系或者其他利害关系。

（3）建设单位应当向审查机构提供下列资料并对所提供资料的真实性负责：

①作为勘察、设计依据的政府有关部门的批准文件及附件；

②全套施工图；

③其他应当提交的材料。

（三）施工图设计文件审查

（1）审查机构应当对施工图审查下列内容：

①是否符合工程建设强制性标准；

②地基基础和主体结构的安全性；

③消防安全性；

④人防工程（不含人防指挥工程）防护安全性；

⑤是否符合民用建筑节能强制性标准，对执行绿色建筑标准的项目，还应当审查是否符合绿色建筑标准；

⑥勘察设计企业和注册执业人员及相关人员是否按规定在施工图上加盖相应的图章和签字；

⑦法律、法规、规章规定必须审查的其他内容。

（2）施工图审查原则上不超过下列时限：

①大型房屋建筑工程、市政基础设施工程为15个工作日，中型及以下房屋建筑工程、市政基础设施工程为10个工作日。

②工程勘察文件，甲级项目为7个工作日，乙级及以下项目为5个工作日。

以上时限不包括施工图修改时间和审查机构的复审时间。

（3）审查机构对施工图进行审查后，应当根据下列情况分别作出处理：

①审查合格的，审查机构应当向建设单位出具审查合格书，并在全套施工图上加盖审查专用章。审查合格书应当有各专业的审查人员签字，经法定代表人签发，并加盖审查机构公章。审查机构应当在出具审查合格书后5个工作日内，将审查情况报工程所在地县级以上地方人民政府住房城乡建设主管部门备案。

②审查不合格的，审查机构应当将施工图退建设单位并出具审查意见告知书，说明不合格原因。同时，应当将审查意见告知书及审查中发现的建设单位、勘察设计企业和注册

执业人员违反法律、法规和工程建设强制性标准的问题，报工程所在地县级以上地方人民政府住房城乡建设主管部门。

施工图退建设单位后，建设单位应当要求原勘察设计企业进行修改，并将修改后的施工图送原审查机构复审。

（4）任何单位或者个人不得擅自修改审查合格的施工图；确需修改的，凡涉及前款第（1）项规定审查内容的，建设单位应当将修改后的施工图送原审查机构审查。

（5）按规定应当进行审查的施工图，未经审查合格的，住房城乡建设主管部门不得颁发施工许可证。

（四）相关法律法规及规章制度

（1）《建设工程质量管理条例》（2000年1月30日国务院令第279号发布，2019年4月23日第二次修订）之第十一条；

（2）《建设工程勘察设计管理条例》（2000年9月25日国务院令第293号公布，2017年10月7日第二次修订）之第三十三条；

（3）《房屋建筑和市政基础设施工程施工图设计文件审查管理办法》（2013年4月27日住房和城乡建设部令第13号公布，2018年12月29日第二次修改）。

五、水运建设项目设计文件审批

港口、码头等"水运建设项目施工图设计审批"属于行政许可事项。

（一）行政许可项目范围

《建设工程勘察设计管理条例》第三十三条规定，县级以上人民政府建设行政主管部门或者交通、水利等有关部门应当对施工图设计文件中涉及公共利益、公众安全、工程建设强制性标准的内容进行审查。

（二）行政许可申报流程及办理前置条件

1. 前置条件

（1）建设规模、标准及主要建设内容符合经批准的初步设计文件；

（2）设计符合有关技术标准，编制格式和内容符合水运工程设计文件编制要求。

2. 办理材料

（1）申请文件；

（2）施工图设计文件；

（3）经批准的初步设计文件。

施工图设计文件应当集中报批。对于工期长、涉及专业多的项目，可以分批报批。项目单位在首次申请施工图设计文件审批时，应当将分批安排报所在地港口行政管理部门。

（三）行政许可审批

（1）所在地港口行政管理部门负责港口工程建设项目施工图设计审批，对施工图设计文件中涉及公共利益、公众安全、工程建设强制性标准的内容进行审查。

（2）所在地港口行政管理部门在审批施工图设计前可以委托另一设计单位进行技术审查咨询。受委托的设计单位资质等级应当不低于原施工图设计文件编制单位资质等级。

（3）交通运输主管部门、所在地港口行政管理部门应当在法定期限内对受理的设计审批申请作出书面决定，并告知项目单位；需要延长审批时限的，应当依法按照程序办理。

（4）对于建设内容简单、投资规模较小的按照备案管理的港口工程建设项目，初步设计和施工图设计可以合并设计，深度应当达到施工图设计要求。

（5）办理结果：《关于×××项目施工图设计的批复》。

（四）相关法律法规及规章制度

（1）《建设工程勘察设计管理条例》（2000年9月25日国务院令第293号公布，2017年10月7日第二次修订）之第三十三条；

（2）《港口工程建设管理规定》（2018年1月15日交通运输部令第2号发布，2019年11月28日第二次修正）之第十七条至第十九条、第二十一条、第二十三条。

第四章　项目实施施工阶段合规管理

第一节　工程质量监督申报

《建设工程质量管理条例》规定，国家实行建设工程质量监督管理制度。国务院建设行政主管部门对全国的建设工程质量实施统一监督管理。国务院铁路、交通、水利等有关部门按照国务院规定的职责分工，负责对全国的有关专业建设工程质量的监督管理。建设工程质量监督管理，可以由建设行政主管部门或者其他有关部门委托的建设工程质量监督机构具体实施。

集团公司石油天然气工程质量监督总站受国家发展改革委委托，对集团公司投资的石油石化专业建设工程质量进行监督；工程质量监督总站委派各石油天然气工程质量监督站具体开展工程质量监督工作。

一、集团公司工程建设项目报监要求

（1）项目申请开工前，应办理工程质量监督手续。

①石油石化项目（包括配套辅助附属工程）应向集团公司工程质量监督机构申请办理；

②房屋建筑、铁路、交通、码头、外电、市政、加油加气加氢站等其他专业项目，应向工程所在地的相关专业工程质量监督机构申请办理。

未办理工程质量监督手续的项目，不得组织施工。

（2）集团公司石油石化项目报监原则：

①列为集团公司重点工程的石油石化项目，由建设单位向石油天然气工程质量监督总站提交工程质量监督申请，由工程质量监督总站确定监督方式并委派监督；

②设置属地工程质量监督站的所属企业，对于非重点工程石油石化项目直接向属地监督站办理工程质量监督注册手续。

③根据《关于石油石化工程建设项目异地工程质量监督有关事宜的通知》（物装〔2022〕7号），未设立监督站的所属企业，按下列原则进行报监：

a. 对于批复概算20亿元以下的非重点工程项目，按表4-1直接向对应负责异地监督的工程质量监督站办理工程质量监督注册手续，并接受异地工程质量监督。

b. 批复概算20亿元及以上的项目，建设单位向石油天然气工程质量监督总站提交工程质量监督委派申请，由监督总站进行异地监督委派，建设单位到监督总站委派的工程质量监督站办理工程质量监督注册手续，并接受异地工程质量监督。

表 4-1 异地监督区域划分

序号	监督站	异地监督区域
1	石油天然气长庆工程质量监督站	（1）长庆石化公司；（2）庆阳石化公司
2	石油天然气川渝工程质量监督站	（1）浙江油田公司；（2）长城钻探公司；（3）川庆钻探公司；（4）天然气销售（昆仑能源）企业（限云南、贵州、四川、重庆、西藏区域）；（5）成品油销售企业（限云南销售、贵州销售、四川销售、重庆销售、西藏销售）
3	石油天然气克拉玛依工程质量监督站	（1）克拉玛依石化公司；（2）南方勘探开发公司
4	石油天然气兰州工程质量监督站	（1）广东石化公司；（2）广西石化公司；（3）四川石化公司；（4）成品油销售企业（限甘肃销售、西北销售）
5	石油天然气管道工程质量监督站	（1）天然气销售（昆仑能源）企业（不含云南、贵州、四川、重庆、西藏区域）；（2）成品油销售企业（不含甘肃销售、西北销售、云南销售、贵州销售、四川销售、重庆销售、西藏销售）；（3）煤层气公司

二、办理流程及手续

（一）集团公司内部工程质量监督机构

（1）建设单位在办理开工报告前，进行工程质量监督注册，并提交以下材料：

①工程质量监督注册申请书；

②可研及基础（初步）设计审批文件；

③建设单位与工程项目管理、监理、工程总承包、施工、检测等单位签订的合同；

④建设、项目管理、监理、勘察、设计、工程总承包、施工、检测、物资采购和监造等单位的项目负责人和机构组成情况；

⑤其他必要的文件资料。

（2）实施异地监督的石油石化项目，建设单位应按有关规定在投资概算中列出工程质量监管费，并及时向承担异地监督的质监机构缴纳工程质量监管费。

（二）集团公司外部工程质量监督机构

石油石化项目之外工程质量监督手续，按照工程所在地相关专业工程质量监督机构的要求办理。《建设工程质量管理条例》第十三条规定，建设单位在开工前，应当按照国家有关规定办理工程质量监督手续，工程质量监督手续可以与施工许可证或者开工报告合并办理。

三、报监文件审查

（1）石油石化项目集团公司内部工程质量监督机构应在收到建设单位《工程质量监督注册申请书》的10个工作日内，对需要补充资料或不予注册的应进行书面答复；准予注册的，应签发《工程质量监督注册证书》。

（2）非石油石化项目按照申报的相关专业工程质量监督机构的审查要求实施。

四、相关法律法规及规章制度

（1）《建设工程质量管理条例》（2000年1月30日国务院令第279号发布，2019年4月

23日第二次修订）之第十三条、第四十三条、第四十六条；

（2）《中国石油天然气集团有限公司工程建设项目质量监督管理办法》（2021年10月19日中油物装〔2021〕167号发布）之第十六条至第十九条；

（3）《关于石油石化工程建设项目异地工程质量监督有关事宜的通知》（2022年6月29日物装〔2022〕7号发布）；

（4）《石油天然气建设工程质量监督管理规范》（Q/SY 25002—2019）。

第二节　工程开工许可手续

《国务院关于投资体制改革的决定》（国发〔2004〕20号）规定，企业投资建设实行核准制的项目，仅需向政府提交项目申请报告，不再经过批准项目建议书、可行性研究报告和开工报告的程序。集团公司内部对石油石化项目实行开工报告制度，建筑工程按照《建筑工程施工许可管理办法》（住房和城乡建设部令第18号）实行施工许可证管理制度。

一、开工报告办理

（一）办理开工报告项目范围

（1）石油石化项目在开工前办理开工报告；房屋建筑工程、城镇市政基础设施工程等项目，应依据国家相关法律法规取得施工许可证。

（2）《中华人民共和国建筑法》第七条规定，按照国务院规定的权限和程序批准开工报告的建筑工程，不再领取施工许可证。

（二）开工报告办理流程及前置条件

（1）集团公司工程建设项目开工报告审批手续按项目办理。工程建设项目生产装置（或主体工程）具备开工条件后，应办理项目开工报告审批手续。

（2）集团公司重点工程开工报告由所属企业报专业公司初审，由专业公司将初审意见报工程和物装管理部，工程和物装管理部审查并会签专业公司后批复；其他项目开工报告报专业公司审批或由所属企业自行审批，具体权限划分由专业公司确定。

油气田地面建设工程一类、二类项目开工报告由股份公司油气和新能源分公司负责审批，三类、四类项目由油气田公司负责审批；其他特殊项目开工报告报油气和新能源分公司审批。

炼油化工建设工程一类项目开工报告由股份公司炼油化工和新材料分公司负责审批；二类、三类、四类项目开工报告由地区公司工程建设主管部门审批。

（3）项目应具备以下条件方可批准开工建设：

①项目可行性研究报告（或油气田开发方案）已批复，按要求需要核准或备案的项目已完成核准或备案，环境影响报告书、安全设施设计专篇、节能评估报告、基础设计或初步设计（以下统称基础设计）文件已批复；按集团公司规定需开展最终投资决策的项目，相关报告已得到批复；《建设工程消防设计审查验收管理暂行规定》规定的特殊建设工程还应通过建设工程消防设计审查；按照《中华人民共和国水土保持法》需要编制水土保持方案的项目，水土保持方案已得到批复；已取得规划许可，用地许可，建设工程施工许可（适用房屋建筑工程等）等手续。

②项目投资计划已下达。

③项目管理机构已批准设立，职责分工已明确、项目管理人员已落实、规章制度健全；重点工程项目管理手册已发布实施。

④项目工程监理、工程总承包、勘察设计、施工、检测等承建单位已确定并签订合同，主要管理人员和相关技术人员已到位；质量管理体系和HSE管理体系健全，保证措施已落实。

⑤项目总体部署或总体进度计划已批准。

⑥项目工程质量监督注册手续已办理。

⑦项目征地、拆迁、"四通一平"（即供电、供水、道路、通讯和场地平整）工作已完成；施工临时设施能够满足施工需求，生活保障设施安排就绪。

⑧项目设计进度、采购进度、施工人员及机具能够满足连续施工需要；开工部分详细设计或施工图设计（以下统称详细设计）已完成审查、交底；施工组织设计及专项施工方案已经审批通过。

（三）开工报告审批

（1）对于重点工程，由所属企业对项目开工建设条件进行审核，对符合条件的，向专业公司提交开工申请报告并附《中国石油天然气集团有限公司工程建设项目开工报告申报表》；专业公司初审后，对符合开工条件的报工程和物装管理部；工程和物装管理部对重点工程开工申请进行审查，对符合条件的办理批复文件并抄送专业公司。

（2）由专业公司审批开工报告的项目，由所属企业上报开工申请，专业公司进行审批，批复文件抄送工程和物装管理部。

（3）其他项目开工报告由所属企业审批。

（四）相关法律法规及规章制度

（1）《国务院关于投资体制改革的决定》（2004年7月16日国发〔2004〕20号发布）；

（2）《中国石油天然气集团有限公司工程建设项目管理规定》（2021年3月11日中油物装〔2021〕41号发布）之第五十一条；

（3）《中国石油天然气集团有限公司工程建设项目开工报告管理办法》（2021年6月25日中油物装〔2021〕98号发布）；

（4）《中国石油油气田地面建设工程项目开工报告管理规定》（2021年1月7日油勘〔2021〕10号发布）；

（5）《中国石油天然气股份有限公司炼油与化工分公司建设项目开工报告管理办法》（2019年10月10日油炼化〔2019〕157号发布）。

二、建筑工程施工许可证核发

建筑工程施工许可证核发属于行政许可事项。《中华人民共和国建筑法》第七条规定，建筑工程开工前，建设单位应当按照国家有关规定向工程所在地县级以上人民政府建设行政主管部门申请领取施工许可证；但是，国务院建设行政主管部门确定的限额以下的小型工程除外。按照国务院规定的权限和程序批准开工报告的建筑工程，不再领取施工许可证。

（一）建筑工程施工许可证核发项目范围

《建筑工程施工许可管理办法》（住房和城乡建设部令第18号）第二条对核发工程施工

许可证的项目范围约定如下:

(1) 房屋建筑及其附属设施的建造、装修装饰和与其配套的线路、管道、设备的安装,以及城镇市政基础设施工程的施工,建设单位在开工前应当向工程所在地的县级以上地方人民政府住房城乡建设主管部门申请领取施工许可证。

(2) 工程投资额在 30 万元以下或者建筑面积在 $300m^2$ 以下的建筑工程,可以不申请办理施工许可证。省、自治区、直辖市人民政府住房城乡建设主管部门可以根据当地的实际情况,对限额进行调整,并报国务院住房城乡建设主管部门备案。

(3) 按照国务院规定的权限和程序批准开工报告的建筑工程,不再领取施工许可证。

(二) 办理流程及前置条件

1. 前置条件

(1) 依法应当办理用地批准手续的,已经办理该建筑工程用地批准手续。

(2) 依法应当办理建设工程规划许可证的,已经取得建设工程规划许可证。

(3) 施工场地已经基本具备施工条件,需要征收房屋的,其进度符合施工要求。

(4) 已经确定施工企业。按照规定应当招标的工程没有招标,应当公开招标的工程没有公开招标,或者肢解发包工程,以及将工程发包给不具备相应资质条件的企业的,所确定的施工企业无效。

(5) 有满足施工需要的资金安排、施工图纸及技术资料,建设单位应当提供建设资金已经落实承诺书,施工图设计文件已按规定审查合格。

(6) 有保证工程质量和安全的具体措施。施工企业编制的施工组织设计中有根据建筑工程特点制定的相应质量、安全技术措施。建立工程质量安全责任制并落实到人。专业性较强的工程项目编制了专项质量、安全施工组织设计,并按照规定办理了工程质量、安全监督手续。

2. 办理材料

(1) 《建筑工程施工许可证申请表》;

(2) 前款前置条件的证明文件。

(三) 行政许可事项审批

(1) 发证机关在收到建设单位报送的《建筑工程施工许可证申请表》和所附证明文件后,对于符合条件的,应当自收到申请之日起 7 日内颁发施工许可证;对于证明文件不齐全或者失效的,应当当场或者 5 日内一次告知建设单位需要补正的全部内容,审批时间可以自证明文件补正齐全后作相应顺延;对于不符合条件的,应当自收到申请之日起 7 日内书面通知建设单位,并说明理由。

(2) 建筑工程在施工过程中,建设单位或者施工单位发生变更的,应当重新申请领取施工许可证。

(3) 建设单位应当自领取施工许可证之日起 3 个月内开工。因故不能按期开工的,应当在期满前向发证机关申请延期,并说明理由;延期以两次为限,每次不超过 3 个月。既不开工又不申请延期或者超过延期次数、时限的,施工许可证自行废止。

(4) 在建的建筑工程因故中止施工的,建设单位应当自中止施工之日起 1 个月内向发证机关报告,报告内容包括中止施工的时间、原因、在施部位、维修管理措施等,并按照规定做好建筑工程的维护管理工作。

（5）建筑工程恢复施工时，应当向发证机关报告；中止施工满一年的工程恢复施工前，建设单位应当报发证机关核验施工许可证。

（四）相关法律法规及规章制度

（1）《中华人民共和国建筑法》（1997年11月1日通过，2019年4月23日第二次修正）之第七条；

（2）《建筑工程施工许可管理办法》（2014年6月25日住房和城乡建设部令第18号发布，2021年3月30日第二次修改）。

第三节　典型施工许可手续

本节重点对天然气储运工程经常遇到的管道穿越河流、铁路、公路、光缆的"四穿"手续，压力管道安装报检手续、用地手续和新能源发电并网手续进行论述。

一、管道穿越河流手续

《中华人民共和国河道管理条例》第十一条规定，修建开发水利、防治水害、整治河道的各类工程和跨河、穿河、穿堤、临河的桥梁、码头、道路、渡口、管道、缆线等建筑物及设施，建设单位必须按照河道管理权限，将工程建设方案报送河道主管机关审查同意。未经河道主管机关审查同意的，建设单位不得开工建设。建设项目经批准后，建设单位应当将施工安排告知河道主管机关。

管道河流穿越审批手续见第三章第七节"洪水影响评价类审批"部分的"河道管理范围内建设项目工程建设方案审批"内容。有些地方将"河道管理范围内建设项目工程建设方案审批"行政许可更改为"建设跨河、穿河、穿堤、临河的桥梁、码头、道路、渡口、管道、缆线、取水、排水等工程设施（原河道管理范围内建设项目工程建设方案审查）"。

二、管道穿越铁路手续

原铁道部、石油工业部于1987年7月发布了《原油、天然气长输管道与铁路相互关系的若干规定》（〔87〕油建字505号/铁基〔1987〕（780）号），长期以来成为管道和铁路穿越的基本准则。2015年10月28日，国家能源局、国家铁路局发布了《油气输送管道与铁路交汇工程技术及管理规定》（国能油气〔2015〕392号），废止了《原油、天然气长输管道与铁路相互关系的若干规定》（〔87〕油建字505号/铁基〔1987〕（780）号）。

（一）管道与铁路交叉要求

（1）管道与铁路交叉位置选择应符合下列规定：

①管道不应在既有铁路的无砟轨道路基地段穿越，特殊条件下穿越时应进行专项设计，满足路基沉降的限制指标。

②管道和铁路不应在旅客车站、编组站两端咽喉区范围内交叉，不应在牵引变电所、动车段（所）、机务段（所）、车辆段（所）围墙内交叉。

③管道和铁路不宜在其他铁路站场、道口等建筑物和设备处交叉，不宜在设计时速200km及以上铁路及动车组走行线的有砟轨道路基地段、各类过渡段、铁路桥跨越河流主河道区段交叉。确需交叉时，管道和铁路设备应采取必要的防护措施。

④管道宜选择在铁路桥梁、预留管道涵洞等既有设施处穿越,尽量减少在路基地段直接穿越。

(2)交叉角度应符合下列要求:
①管道与铁路交叉宜采用垂直交叉或大角度斜交,交叉角度不宜小于30°。
②当铁路桥梁与管道交叉条件受限时,在采取安全措施的情况下交叉角度可小于30°。
③当管道采用顶进套管、顶进防护涵穿越既有铁路路基时,交叉角度不宜小于45°。

(3)当管道穿越铁路有砟轨道路基地段时,可采用顶进套管、顶进防护涵、定向钻、隧道等方式。

管道采用定向钻穿越铁路应考虑管径、地质条件、埋深等因素,经检算满足铁路线路设施稳定时方可采用;管道不应在设计时速200km及以上铁路有砟轨道路基地段采用定向钻方式穿越。

管道穿越铁路技术要求见表4-2。

表4-2 管道穿越铁路技术要求

穿越方式	采用顶进套管穿越既有铁路路基	采用顶进防护涵穿越铁路路基	采用定向钻穿越铁路
技术要求	(1)套管边缘距电气化铁路接触网立柱、信号机等支柱基础边缘的水平距离不得小于3m。 (2)套管顶部外缘距自然地面的垂直距离不应小于2m。套管不宜在铁路路基基床厚度内穿越;困难条件下套管穿越铁路路基基床时,套管顶部外缘距肩不应小于2m。 (3)套管伸出路堤坡脚护道不应小于2m、伸出路堑堑顶不应小于5m,并距离路堤排水沟、路堑堑顶天沟和线路防护栅栏外侧不应小于1m。 (4)套管宜采用GB/T 11836—2023《混凝土和钢筋混凝土排水管》规定的Ⅲ级管,并满足铁路桥涵相关设计规范的要求。 (5)顶进套管穿越铁路施工时,套管外空间不允许超挖,穿越完成后应对套管外部低压注水泥浆加固,保持铁路路基的稳定状态。 (6)顶进套管穿越铁路应采用填充套管方式,填充物可采用砂或泥浆等材料,不需要设置两侧封堵和检测管。 (7)顶管穿越工程不得影响铁路排水设施的正常使用。	(1)防护涵孔径应根据输送管道直径、数量及布置方式确定。涵洞内宜保留宽度不小于1m的验收通道,管道与管道间、管道与边墙间、管顶与涵洞顶板间的间距不宜小于0.5m,涵洞内净空高度不宜小于1.8m。特殊条件下,涵洞尺寸可由双方协商确定。 (2)主体结构应伸出铁路路基边坡与涵洞顶交线外不小于2m,并不得影响铁路排水设施的正常使用。 (3)结构应满足强度、稳定性、耐久性及埋置深度要求,应符合铁路相关设计规范的规定。 (4)防护涵宜采用填充方式,填充后不设检查井。涵洞内空间未填充时应在涵洞两端设检查井,检查井应有封闭设施	(1)当定向钻穿越路基时,入土点和出土点应位于铁路线路安全保护区以外不小于5m,路肩处管顶距原自然地面的距离不应小于10m,且应在路基加固处理层以下。 (2)当定向钻穿越铁路桥梁陆地段时,管道外缘距桥梁墩台基础外缘的水平净距不应小于5m,最小埋深不应小于5m,且不影响桥梁结构使用安全。 (3)对废弃后的定向钻穿越铁路管道,管道运营企业应及时采用混凝土、砂浆等材料填充密实

(4)管道穿越既有铁路桥梁或铁路桥梁跨越既有管道时,铁路桥梁(非跨主河道区段)下方管道可直接埋设通过。

(5)管道和铁路隧道不应在隧道洞门及洞口截水天沟范围内交叉。

(6)埋地管道和铁路在软土等特殊土质、斜坡等特殊地段交叉时,应采取保证既有设施安全和稳定性的特殊设计。

(7)管道穿越既有铁路时,铁路方应对穿越处铁路设施进行检测评价。铁路两侧线路安全保护区外3m范围内为穿越段,管道方在穿越段应按《油气输送管道穿越工程设计规范》GB 50423—2013要求进行壁厚设计,采用加强级防腐涂层,对管道环向焊口采取

100% 超声波和 100% 射线探伤检测。管道方在施工期间应遵守铁路营业线施工安全管理规定，保持铁路线下基础工程的稳定，并采取保护措施。当交叉处管道上存在铁路杂散电流干扰时应对管道采取排流措施。

（二）管道与铁路并行要求

（1）管道与铁路并行布置时，应同时满足下列要求：

①管道距铁路用地界的净距不应小于 3m。

②埋地管道距邻近铁路线路轨道中心线的净距不应小于 25m。

③地上管道与邻近铁路线路轨道中心线的水平净距不应小于 50m。

（2）管道穿（跨）越河流段与上下游铁路桥梁之间的距离应符合《油气输送管道穿越工程设计规范》（GB 50423—2013）和《油气输送管道跨越工程设计标准》（GB/T 50459—2017）的规定。

（3）管道专用隧道与铁路隧道并行时，两相邻隧道的净距应符合表 4-3 规定。

表 4-3　两隧道间的最小净距（单位：m）

围岩等级	I	Ⅱ—Ⅲ	Ⅳ	Ⅴ	Ⅵ
净距	（1.5~2.0）B	（2.0~2.5）B	（2.5~3.0）B	（3.0~5.0）B	> 5.0B

注：B 为管道隧道或铁路隧道开挖宽度中的较大值（m）。

（4）铁路与管道站场设施的最小距离，应按《石油天然气工程防火设计规范》GB 50183 执行。

油气管道阀室围墙距铁路用地界不应小于 3m。阀室设置放空立管时，放空管管口应高出周围 25m 范围内的铁路设施及建（构）筑物 2m 以上。

石油天然气站场设置放空立管时，其区域布置防火间距宜通过计算可燃气体扩散范围确定，扩散区边界空气中可燃气体浓度不应超过其爆炸下限的 50%，且放空管应高出 10m 范围内的铁路设施或建筑物顶 2m 以上。

（三）手续办理

1. 建立协商机制

管道企业与铁路运输企业应建立日常协商机制，协商解决工程建设与运营中有关事项。遇特殊情况，管道与铁路工程交汇无法满足相关技术要求时，经双方协商、专家论证和安全评估后，可采取工程类比或其他特殊处理措施。

2. 可行性研究阶段

（1）在工程可行性研究阶段，应充分调研沿线铁路、管道现状分布及规划情况，管道企业和铁路运输企业应积极配合对方，提供有关信息。

（2）根据调研结果，提出新建工程与既有设施交汇关系的处理方案，并征求对方意见；对方企业在接到征求意见函件后，应于 30 日（工作日）内书面回复。

3. 初步设计阶段

（1）当管道和铁路工程交汇时，应对既有设施的状态进行评价，并根据评价结果提出设计方案。建设方应在初步设计阶段向对方企业提交设计方案，并就建设项目概况、技术参数、交叉位置描述、拟定通过方案、并行间距等作出说明。

（2）在保证安全的前提下，管道与铁路相互交叉应优先选用对既有设施扰动小、施工便利、经济性好的技术方案。并应在接到交叉设计方案后30日（工作日）内回复书面意见。

（3）当管道与铁路交汇段同为新建、改（扩）建工程时，双方企业应按照确保安全、互相有利、节省投资和缩短工期的原则，合理选择设计施工方案。

（4）当受地形、地物和周边条件等限制，需要迁移交汇段既有设施时，建设单位应向产权单位提出书面请求，说明迁移需求和理由。

产权单位应积极配合建设单位组织编制迁移方案，在接到迁移方案后30日（工作日）内完成审查并出具处理意见。

4. 设计阶段

在符合相关法律法规、强制性标准条文和《油气输送管道与铁路交汇工程技术及管理规定》（国能油气〔2015〕392号）的条件下，为统一管道穿跨越既有铁路工程或铁路跨越既有管道工程的技术方案，双方共同组织编制交叉穿跨越的标准设计图，并编制概算定额，经两行业专家审查后，在建设项目中推广使用，作为交汇工程设计和概算取费的依据。

5. 施工阶段

（1）交汇工程施工由项目建设单位负责实施，对方企业配合。交汇工程竣工后，应由双方共同进行工程验收，竣工资料由双方存档。

（2）交汇工程因施工需要在铁路线路或管道保护区内进行勘探、取土、弃土、堆料、设置临时设施、临时占用对方用地等活动，应经对方企业同意，采取保护措施，并接受对方企业的全过程安全监管和监督，工程施工结束后恢复原貌。

（3）当施工过程中确需在相关法律法规明确的铁路或管道限制爆破区域内进行爆破作业时，除应遵循国家法律法规以及有关强制性标准要求外，建设单位应提前将爆破方案提交对方企业审查，对方同意后方可实施。

（四）责任和义务

（1）交汇工程施工中应采取必要的安全措施，对既有工程及附属设施实施良好的保护。

（2）交汇处应设置相应的警示标志，以及其他必要的安全措施，确保运营安全。

（3）对每一处交汇工程，双方企业运维单位应建立联系机制，对本方设施进行维护、检修时，应保护对方设施，并做好相关的应急预案；当巡检、维护中发现对方设施存在异常现象或安全隐患时，应及时通知对方。防洪期间，双方企业应加强交汇段各自设施的防护。

（4）当交汇段出现紧急事故危及对方运营安全时，应立即通知对方，双方采取有效措施，排除风险。

（5）既有设施企业应自行负担交汇工程段既有设施的评估、检测等相关费用。交汇工程引起的铁路和管道的运营损失费等不得计列。

（6）交汇工程设置的管道保护套管、混凝土盖板等管道防护设施属于管道企业资产；交汇工程设置的铁路桥梁和涵洞属于铁路企业资产，上述设施验收合格后应按照国家有关规定移交有关单位管理、维护。

（五）相关法律法规及规章制度

《油气输送管道与铁路交汇工程技术及管理规定》（2015年10月28日国能油气〔2015〕392号公布）。

三、管道穿越公路手续

《中华人民共和国公路法》第四十四条规定，因修建铁路、机场、电站、通信设施、水利工程和进行其他建设工程需要占用、挖掘公路或者使公路改线的，建设单位应当事先征得有关交通主管部门的同意；影响交通安全的，还须征得有关公安机关的同意。

涉路施工许可为行政许可项目。

（一）办理涉路施工许可项目范围

（1）《中华人民共和国公路法》第五十六条第一款规定，除公路防护、养护需要的以外，禁止在公路两侧的建筑控制区内修建建筑物和地面构筑物；需要在建筑控制区内埋设管线、电缆等设施的，应当事先经县级以上地方人民政府交通主管部门批准。

（2）《公路安全保护条例》第二十七条规定，进行下列涉路施工活动，建设单位应当向公路管理机构提出申请：

①因修建铁路、机场、供电、水利、通信等建设工程需要占用、挖掘公路、公路用地或者使公路改线；

②跨越、穿越公路修建桥梁、渡槽或者架设、埋设管道、电缆等设施；

③在公路用地范围内架设、埋设管道、电缆等设施；

④利用公路桥梁、公路隧道、涵洞铺设电缆等设施；

⑤利用跨越公路的设施悬挂非公路标志；

⑥在公路上增设或者改造平面交叉道口；

⑦在公路建筑控制区内埋设管道、电缆等设施。

（二）办理流程及前置条件

1. 前置条件

（1）因建设工程需占用、挖掘公路或者使公路改线的；

（2）公路技术状况满足工程技术条件的；

（3）有施工期间交通安全组织措施和日常安全维护措施的。

2. 办理材料

（1）行政许可申请书；

（2）符合有关技术标准、规范要求的设计和施工方案；

（3）保障公路、公路附属设施质量和安全的技术评价报告；

（4）处置施工险情和意外事故的应急方案。

辽宁省、江西省等一些省、直辖市、自治区出台了地方性涉路工程管理规章制度，实际工程中应按工程所在地的要求到相应交通主管部门办理涉路施工许可。

（三）行政许可审批

（1）公路管理机构应当自受理申请之日起20日内作出许可或者不予许可的决定；影响交通安全的，应当征得公安机关交通管理部门的同意；涉及经营性公路的，应当征求公路经营企业的意见；不予许可的，公路管理机构应当书面通知申请人并说明理由。

（2）办理结果：《交通行政许可决定书》或《不予交通行政许可决定书》。

（四）涉路工程设施验收

（1）建设单位应当按照许可的设计和施工方案进行施工作业，并落实保障公路、公路附属设施质量和安全的防护措施。

（2）涉路施工完毕，公路管理机构应当对公路、公路附属设施是否达到规定的技术标准以及施工是否符合保障公路、公路附属设施质量和安全的要求进行验收；影响交通安全的，还应当经公安机关交通管理部门验收。

（3）涉路工程设施的所有人、管理人应当加强维护和管理，确保工程设施不影响公路的完好、安全和畅通。

（五）相关法律法规及规章制度

（1）《中华人民共和国公路法》（1997年7月3日通过，2017年11月4日第五次修正）之第四十四条、第五十六条；

（2）《公路安全保护条例》（2011年3月7日国务院令第593号公布，自2011年7月1日起施行）之第二十七条、第二十八条、第二十九条。

四、管道穿越光缆手续

随着经济的发展，光缆建设速度、密度空前提高，与管道交叉并行现象日益频繁。《中华人民共和国电信条例》（国务院令第291号）第四十九条规定，从事施工、生产、种植树木等活动，不得危及电信线路或者其他电信设施的安全或者妨碍线路畅通；可能危及电信安全时，应当事先通知有关电信业务经营者，并由从事该活动的单位或者个人负责采取必要的安全防护措施。

目前很多省、直辖市、自治区出台了通信设施建设与保护的相关规章制度，明确架空或者地下油、气、水、电等管线与通信设施需要交叉穿越或者平行建设的，应当符合国家规定的间隔距离。不符合规定距离的，后建单位应当与先建单位协商，采取适当防护措施，确保先建设施的安全，并承担相关费用。

各类油气管道与通信光（电）缆的安全距离见表4-4。

表4-4　油气管道与通信光（电）缆之间间距规定（单位：m）

管道种类	间距要求						执行依据
燃气管道 （水平净距）	项目	地下燃气管道压力（MPa）					GB 50028—2006（2020年版）《城镇燃气设计规范》表6.3.3-1
		低压 <0.01	中压		高压		
			B ≤0.2	A ≤0.4	B 0.8	A 1.6	
	通信电缆	直埋	0.5	0.5	0.5	1.0	1.5	
		在导管内	1.0	1.0	1.0	1.0	1.5	
输气管道 （垂直净距）	输气管道与电力电缆、通信光（电）缆交叉时，垂直净距不应小于0.5m，交叉点两侧各延伸10m以上的管段，应确保管道防腐层无缺陷						GB 50251—2015《输气管道工程设计规范》4.3.1
输油管道 （垂直净距）	管道与电力、通信电缆交叉时，其垂直净距不应小于0.5m						GB 50253—2014《输油管道工程设计规范》4.2.11

（五）相关法律法规及规章制度

（1）《中华人民共和国电信条例》（2000年9月25日中华人民共和国国务院令第291号公布，2016年2月6日第二次修订）；

（2）《城镇燃气设计规范》[GB 50028—2006（2020年版）]；
（3）《输气管道工程设计规范》（GB 50251—2015）；
（4）《输油管道工程设计规范》（GB 50253—2014）。

五、压力管道监检

压力管道监检，是在受检单位自检合格的基础上，由承担监检工作的检验机构，对压力管道施工过程实施的监督和满足基本安全要求的符合性验证。应当进行监检而未经监检或者监检不合格的压力管道元件和压力管道，不得投入使用。

（一）压力管道安装告知

（1）根据《中华人民共和国特种设备安全法》第二十三条和《特种设备安全监察条例》第十七条，特种设备安装、改造、维修的施工单位应当在施工前将拟进行的特种设备安装、改造、维修情况书面告知直辖市或者设区的市的特种设备安全监督管理部门，告知后即可施工。

实施施工告知的目的是让特种设备安全监督管理部门及时获取现场施工的信息，方便开展现场安全监察，督促施工单位申报监督检验。施工告知不是行政许可。

（2）告知的内容及方式。

①根据《质检总局办公厅关于进一步规范特种设备安装改造维修告知工作的通知》（质检办特函〔2013〕684号），施工单位办理特种设备安装改造维修告知，只需填写《特种设备安装改造维修告知书》，提交给办理使用登记的特种设备安全监督管理部门，同时抄送给实施监督检验的特种设备检验机构。接收告知的特种设备安全监督管理部门不得要求施工单位补充告知书内容以外的其他信息，不得要求提供除特种设备许可证书复印件以外的其他材料。

②施工单位可以采用派人送达、挂号邮寄或特快专递、网上告知、传真、电子邮件等方式进行安装改造维修告知。施工单位采用传真、电子邮件方式告知的，应采用有效方式与接收告知的特种设备安全监督部门确认告知书是否收到。特种设备安全监督管理部门收到施工告知后，应予以签收。有条件当场签收的，应当场予以签收；无法当场签收的，应于2个工作日内予以签收；逾期不签收的，视为施工告知生效，施工单位可以施工。

③施工单位对告知书内容的真实性负责，告知书内容应完整、准确。告知书内容失实、错误或关键项目填写不完整的，特种设备安全监督管理部门应通知施工单位对告知书内容进行修改，施工单位修改告知书的行为视为重新办理施工告知。

（二）压力管道监检申请

建设单位（或者施工单位）应当在制造或者施工前向监检机构提出压力管道监检申请，并提供以下材料：

（1）压力管道安装、改造和重大修理监督检验申报书。
（2）特种设备安装改造维修告知书。
（3）设计合同、安装合同、无损检测合同。
（4）设计资料（包括：特种设备生产许可证、图纸目录和管道材料等级表、管道数据表和设备布置图、管道平面布置图、轴测图、强度计算书、管道应力分析书、施工安装说明书、设计变更及材料代用单等）。

（5）施工单位资料：
①特种设备生产许可证。
②质量体系文件。
③质量保证体系人员情况表。
④主要工装设备一览表。
⑤施工组织设计。
⑥焊接工艺评定报告及指导书（或工艺卡）。
⑦焊接操作人员证（原件及复印件）。
（6）无损检测机构资料：
①特种设备检验检测机构核准证。
②质量体系文件。
③质量保证体系人员情况表。
④工艺文件。
⑤检测方案。
⑥特种设备检验检测人员证。
（7）压力管道元件（含安全附件）：
①特种设备制造许可证（复印件）。
②质量证明书、合格证。
③特种设备监督检验证书（仅限于埋弧焊钢管与聚乙烯管）。
（8）焊材质量证明书。

（三）监督检查准备

监督检查机构按照《压力管道监督检验规则》（TSG D7006—2020）和质量计划（施工组织设计），结合制造（施工）的实际情况编制监检大纲（方案），组成监检项目组，指定监检项目组负责人，配备必要的监检人员，配置检测仪器等。

（四）监督检查实施

监督检查机构将监检项目、监检内容和要求等书面告知受检单位。对于长输管道，监检机构应当以会议形式向受检单位进行监检方案交底。监督检查时，监督检查人员应当根据监检大纲（方案）开展监检工作。监督检查人员可以通过资料审查、实物检查、现场监督，依据安全技术规范以及相关标准、设计文件等对监检项目进行监检，给出监督检查结论。

（五）出具监检证书

监督检查工作完成后，所有监督检查项目结论均符合《压力管道监督检验规则》（TSG D7006—2020）要求，监督检查机构应当在监督检查合同规定的期限内出具《特种设备监督检验证书》（以下简称"监检证书"）。对于压力管道施工监督检验，监督检查证书还应当附压力管道数据表和压力管道监督检验报告（以下简称"监检报告"）。

压力管道施工监督检查，监督检查人员可以在监督检查证书和监检报告出具前，先出具《特种设备监督检验意见通知书》，将监督检查初步结论书面通知建设单位和施工单位。

（六）相关法律法规及规章制度

（1）《中华人民共和国特种设备安全法》（2013年6月29日通过）之第二十三条、第二十四条、第二十五条；

（2）《特种设备安全监察条例》（2003年3月11日国务院令第373号公布，2009年1月24日修订）之第十七条；

（3）《关于简化〈特种设备安装改造维修告知书〉的通知》（质检办特函〔2009〕1186号）；

（4）《质检总局办公厅关于进一步规范特种设备安装改造维修告知工作的通知》（质检办特函〔2013〕684号）；

（5）《压力管道监督检验规则》（TSG D7006—2020）。

六、用电手续

《中华人民共和国电力法》第二十六条规定，申请新装用电、临时用电、增加用电容量、变更用电和终止用电，应当依照规定的程序办理手续。《电力供应及使用条例》第二十三条规定，申请新装用电、临时用电、增加用电容量、变更用电和终止用电，均应当到当地供电企业办理手续，并按照国家有关规定交付费用；供电企业没有不予供电的合理理由的，应当供电。

2024年2月，国家发展改革委发布了《供电营业规则》（国家发展和改革委员会令第14号），对用电手续进行了明确。

（一）新装或增容用电申请

（1）任何单位或个人需新装用电或增加用电容量（简称"增容"）、变更用电都应当通过供电企业供电营业场所或线上服务渠道提出申请，办理手续。

供电企业的供电营业机构统一归口办理用户的新装、增容用电，包括业务受理、供电方案答复、设计审查、中间检查、竣工检验、装表接电等环节。

（2）用户申请新装或增容时，应当向供电企业提供以下申请资料：

①低压用户需提供用电人有效身份证件、用电地址物权证件，居民自用充电桩需按照国家有关规定提供相关材料。

②高压用户需提供用电人有效身份证件、用电地址物权证件、用电工程项目批准文件、用电设备清单，国家政策另有规定的，按照相关规定执行。

供电企业采用转移负荷或分流改造等方式后仍然存在供电能力不足或政府规定限制的用电项目，供电企业可以通知用户暂缓办理。

（3）供电企业对已受理的用电申请，应当尽快确定供电方案，在下列期限内正式书面通知用户：低压用户不超过3个工作日，高压单电源用户不超过10个工作日，高压双电源用户不超过20个工作日。若不能如期确定供电方案时，供电企业应当向用户说明原因。用户对供电企业答复的供电方案有不同意见时，应当在1个月内提出意见，双方可以再行协商确定。用户应当根据确定的供电方案进行受电工程设计。

（4）高压供电方案的有效期为1年，低压供电方案的有效期为3个月。用户应当在有效期内依据供电方案开工建设受电工程，逾期不开工的，供电方案失效。

若用户有特殊情况，需延长供电方案有效期的，应当在有效期到期前10日向供电企业提出申请，供电企业应当视情况予以办理延长手续，但延长时间不得超过前款规定期限。

（5）供电企业供电的额定电压：

①低压供电：单相为220V，三相三线为380V，三相四线为380/220V；

②高压供电：为10（6、20）kV、35、110（66）kV、220（330）kV。

用户需要的电压等级不在上列范围时,应当自行采取变压措施解决。

用户需要的电压等级在110kV以上时,其受电装置应当作为终端变电站设计。

(6)供电企业对申请用电的用户提供的供电方式,应当从供用电的安全、经济、合理和便于运维管理出发,依据国家有关政策规定、电网规划、用电需求及当地供电条件等因素,进行技术经济比较,与用户协商确定。由地方政府投资建设供电设施的,供电企业应当就供电方式与地方政府协商确定。

(7)供电企业应当根据用户重要等级和负荷性质,按照国家及行业标准提供供电电源。用户应当按照国家及行业标准配置自备应急电源,采取非电性质应急安全保护措施。

(二)供受电设施建设

(1)用户受电设施的建设与改造应当符合城乡电网建设与改造规划。对规划中安排的线路走廊和变电站建设用地,应当优先满足公用供电设施建设的需要,确保土地和空间资源得到有效利用。

(2)用户新装、增装或改装受电工程的设计安装、试验与运行应当符合国家有关标准;国家尚未制定标准的,应当符合电力行业标准;国家和电力行业尚未制定标准的,应当符合省(自治区、直辖市)电力管理部门的规定和规程。

(3)新建居民住宅小区供电设施应当按照国家相关政策要求及技术标准进行建设。其中:

①高层小区一级负荷应当采用双重电源供电;特级负荷除双重电源供电外,还应增设应急电源供电,并严禁将其他负荷接入应急供电系统;二级负荷宜采用双回线路供电;

②新建居民住宅小区应当合理规划确定配用电设施位置,满足防洪防涝相关要求,设置应急移动电源接口。

(4)高压供电的用户应当提供设计单位资质证明材料、受电工程设计及说明书,一式两份送交供电企业。其中受电工程设计及说明书应当包括:

①用电负荷分布图;

②负荷组成、性质及保安负荷;

③主要电气设备一览表;

④影响电能质量的用电设备清单;

⑤节能篇及主要生产设备、生产工艺耗电以及允许中断供电时间;

⑥高压受电设施一、二次接线图与平面布置图;

⑦用电功率因数计算及无功补偿方式;

⑧继电保护、过电压保护及电能计量装置的方式;

⑨隐蔽工程设计资料;

⑩配电网络布置图;

⑪自备应急电源及接线方式。

低压供电的用户无须提供设计相关资料。

(5)供电企业对重要电力用户、居民住宅小区送审的受电工程设计文件和有关资料,应当根据本规则的有关规定进行审核,单次审核时间不超过3个工作日,审核意见应当以书面形式连同审核过的一份受电工程设计文件和有关资料一并退还用户,以便用户据以施工。用户若更改审核后的设计文件,应当将变更后的设计再送供电企业复核。

重要电力用户、居民住宅小区受电工程的设计文件，未经供电企业审核同意，用户不得据以施工，否则，供电企业可以不予检验和接电。

不实行设计审查的高压用户，在竣工检验时提交设计单位资质证明材料、受电工程设计及说明书。

（6）无功电力应当就地平衡。用户应当在提高用电自然功率因数的基础上，按照有关标准设计和安装无功补偿设备，并做到随其负荷和电压变动及时投入或切除，防止无功电力倒送。除电网有特殊要求的用户外，用户在当地供电企业规定的电网高峰负荷时的功率因数，应当达到下列规定：

①100kV·A 以上高压供电的用户功率因数为 0.90 以上；

②其他用户和大、中型电力排灌站、趸购转售电企业，功率因数为 0.85 以上；

③农业用电，功率因数为 0.80。

凡功率因数不能达到上述规定的新用户，供电企业可以拒绝接电。对已送电的用户，供电企业应当督促和帮助用户采取措施，提高功率因数。对在规定期限内仍未采取措施达到上述要求的用户，供电企业可以中止或限制供电。功率因数调整电费办法按照国家规定执行。

（7）重要电力用户、居民住宅小区受电工程施工期间，供电企业应当根据审核同意的设计和有关施工标准，对用户受电工程中的隐蔽工程进行中间检查。如有不符合规定的，一次性向用户提出书面意见。用户应当按照设计和施工标准予以改正。单次检查时间不超过两个工作日。不实行隐蔽工程中间检查的用户，在竣工检验时提交隐蔽工程施工、试验单位资质证明材料，施工及试验记录。

（8）用户受电工程施工、试验完工后，应当向供电企业提出竣工检验申请，并提供工程竣工报告。报告应当包括：

①施工、试验单位资质证明材料；

②工程竣工图及说明；

③电气试验及保护整定调试记录；

④安全用具的试验报告；

⑤隐蔽工程的施工及试验记录；

⑥运行管理的有关规定和制度；

⑦值班人员名单及资格；

⑧供电企业认为必要的其他资料或记录。

供电企业接到用户的受电装置竣工报告及检验申请后，应当及时组织审核竣工资料，对投运后可能影响公共电网安全运行的涉网设备进行检验。对检验不合格的，供电企业应当一次性向用户提出书面意见。用户应当按照书面意见予以整改，直至合格。单次检验时间不超过 3 个工作日。检验合格后，供电企业应当与用户协商确定装表接电时间，装表接电时间不超过 3 个工作日。

（9）用户独资、合资或集资建设的供电设施建成后，其运行维护管理按照以下规定确定：

①属于公用性质或占用公用线路规划走廊的，由供电企业统一管理；供电企业应当在交接前，与用户协商，就供电设施运行维护管理达成协议；对统一运行维护管理的公用供

电设施，供电企业应当保留原所有者在上述协议中确认的容量。

②属于用户专用性质，但不在公用变电站内的供电设施，由用户运行维护管理；如用户运行维护管理确有困难，可以委托具有相应资质的企业代为运维管理，并签订协议。

③属于用户共用性质的供电设施，由拥有产权的用户共同运行维护管理；如用户共同运行维护管理确有困难，可以委托具有相应资质的企业代为运维管理，并签订协议。

④在公用变电站内由用户投资建设的供电设备，如变压器、通信设备、开关、刀闸等，由供电企业统一运维管理；建成投运前，双方应当就运行维护、检修、备品备件等项事宜签订交接协议。

⑤属于临时用电等其他性质的供电设施，原则上由产权所有者运行维护管理，或由双方协商确定，并签订协议。

（10）供电设施的运行维护管理范围，按照产权归属确定。产权归属不明确的，责任分界点按照下列各项确定：

①公用低压线路供电的，以电能表前的供电接户线用户端最后支持物为分界点，支持物属供电企业；

② 10（6、20）kV 以下公用高压线路供电的，以用户厂界外或配电室前的第一断路器或第一支持物为分界点，第一断路器或第一支持物属供电企业；

③ 35kV 以上公用高压线路供电的，以用户厂界外或用户变电站外第一基电杆为分界点，第一基电杆属供电企业；

④采用电缆供电的，本着便于维护管理的原则，分界点由供电企业与用户协商确定；

⑤产权属于用户且由用户运行维护的线路，以公用线路分支杆或专用线路接引的公用变电站外第一基电杆为分界点，专用线路第一基电杆属用户。

在电气上的具体分界点，由供用双方协商确定。

（11）由于工程施工或线路维护的需要，供电企业须在用户处凿墙、挖沟、掘坑、巡线等作业时，应当征得用户同意，用户应当给予方便，供电企业应当遵守用户的有关安全保卫制度。用户到供电企业维护的电力设施保护范围和保护区作业时，须经县级以上地方政府电力管理部门批准，并按照要求采取安全措施后，在供电企业人员监护下工作。作业完工后，双方均应当及时予以修复。

（12）因建设引起建筑物、构筑物与供电设施相互妨碍，需要迁移供电设施或采取防护措施时，应当按照建设先后的原则，确定其担负的责任。如供电设施建设在先，建筑物、构筑物建设在后，由后续建设单位负担供电设施迁移、防护所需的费用；如建筑物、构筑物建设在先，供电设施建设在后，由供电设施建设单位负担建筑物、构筑物迁移所需的费用；不能确定建设先后的，由双方协商解决。

供电企业需要迁移用户或其他供电企业的设施时，参照上述原则办理。

城乡建设与改造需迁移供电设施时，供电企业和用户都应当积极配合，迁移所需的材料和费用，应当在城乡建设与改造投资中解决。

（三）临时用电

（1）对基建工地、农田水利、市政建设等非永久性用电，可以供给临时电源。临时用电期限一般不得超过 3 年，如需办理延期的，应当在到期前向供电企业提出申请；逾期不办理延期或永久性正式用电手续的，供电企业应当终止供电。

（2）使用临时电源的用户不得向外转供电，不得私自改变用电类别，供电企业不受理除更名、过户、销户、变更交费方式及联系人信息以外的变更业务。临时用电不得作为正式用电使用，如需改为正式用电，应当按照新装用电办理。

（3）因突发事件需要紧急供电时，供电企业应当迅速组织力量，架设临时电源供电。

（四）电能计量与电费结算

（1）供电企业应当在用户每一个受电点内按照不同电价类别，分别安装电能计量装置，每个受电点作为用户的一个计费单位。用户为满足内部核算的需要，可以自行在其内部装设考核能耗用的电能表，但该表所示读数不得作为供电企业计费依据。

（2）在用户受电点内难以按照电价类别分别装设电能计量装置时，可以装设总的电能计量装置，然后按其不同电价类别的用电设备容量的比例或实际可能的用电量，确定不同电价类别用电量的比例或定量进行分算，分别计价。供电企业每年至少对上述比例或定量核定一次，用户不得拒绝。

（3）电能计量装置包括计费电能表（有功、无功电能表及最大需量表）和电压、电流互感器及二次连接导线。计费电能表及附件的购置、安装、移动、更换、检验、拆除、加封及表计接线等，均由供电企业负责办理，用户应当提供工作上的方便。

供电企业不得违反国家有关规定向用户收取电能计量装置费用。高压用户的成套设备中装有自备互感器时，经供电企业检验合格并加封，可以作为计费互感器。

供电企业在新装、换装及现场校验后应当对电能计量装置加封，并请用户在工作凭证上签章。

（4）电能计量装置原则上应当装在供电设施的产权分界处。如产权分界处不适宜装表的，对专线供电的高压用户，可以在供电变压器出口装表计量；对公用线路供电的高压用户，可以在用户受电装置的低压侧计量。当电能计量装置不安装在产权分界处时，线路与变压器损耗的有功与无功电量均须由产权所有者负担。在计算用户容（需）量电费（按照最大需量计收时）、电度电费及功率因数调整电费时，应当将上述损耗电量计算在内。

（5）临时用电的用户，应当安装电能计量装置。对不具备安装条件的，可以按照其用电容量、使用时间、规定的电价计收电费。

（6）供电企业应当依据电能计量装置的记录计算电费，按期向用户收取或通知用户按期交纳电费。供电企业可以与用户协商确定收取电费的方式。用户应当按照双方约定的期限和交费方式交清电费，不得拖延或拒交电费。

（五）供电合同

（1）供电企业和用户应当在供电前，根据用户用电需求和供电企业的供电能力及办理用电申请时双方已认可或协商一致的下列文件，签订供用电合同：

①用户的用电申请报告或用电申请书；

②供电企业答复的供电方案；

③用户受电装置施工竣工检验报告；

④其他双方事先约定的有关文件。

在签订供用电合同时，可以单独签订电费结算协议和电力调度协议等。

（2）供用电合同应当采用纸质或电子合同签订，经双方协商同意的有关修改合同的文书、电报、电传和图表等也是合同的组成部分。

供用电合同书面形式可以分为标准格式和非标准格式两类。标准格式合同适用于供电方式简单、一般性用电需求的用户；非标准格式合同适用于供用电方式特殊的用户。

（3）供电企业与用户签订的供用电合同相关违约责任条款，不得超出《供电营业规则》（国家发展和改革委员会令第 14 号）第九十七条至第一百零一条规定的违约责任限度，不得擅自增加用户义务，减损用户权利。

（六）相关法律法规及规章制度

（1）《中华人民共和国电力法》（1995 年 12 月 28 日通过，2018 年 12 月 29 第三次修正）之第二十六条；

（2）《电力供应与使用条例》（1996 年 4 月 17 日国务院令第 196 号发布，2019 年 3 月 2 日第二次修订）之第二十三条、第二十四条；

（3）《供电营业规则》（2024 年 3 月 18 日国家发展和改革委员会令第 14 号公布，2024 年 6 月 1 日起施行）之第七条至第二十三条、第四十条至第五十三条、第七十三条至第七十七条、第九十四条至一百零二条。

第四节　其他施工行政许可手续

国务院办公厅发布的《法律、行政法规、国务院决定设定的行政许可事项清单（2023 年版）》（国办发〔2023〕5 号）中与石油天然气工程建设相关的由建设单位办理的施工行政许可手续有 ×× 项。

一、市政设施建设类审批

（一）审批项目范围

2016 年 5 月，国务院《清理规范投资项目报建审批事项实施方案》（国发〔2016〕29 号）中将将"占用、挖掘城市道路审批""依附于城市道路建设各种管线、杆线等设施审批""城市桥梁上架设各类市政管线审批"3 项行政许可审批，合并为"市政设施建设类审批"行政许可审批手续。

（二）行政许可申报流程及办理前置条件

1. 前置条件

根据《建设部关于纳入国务院决定的十五项行政许可的条件的规定》（建设部令第 135 号）第十二条，城市桥梁上架设各类市政管线审批条件如下：

（1）有建设工程规划许可证；

（2）有建筑工程施工许可证；

（3）有施工组织设计方案；

（4）有安全评估报告；

（5）有事故预警和应急抢救方案；

（6）有管线架设设计图纸；

（7）有桥梁专家审查委员会的审查意见。

2. 办理材料

（1）市政设施建设类审批申请表；

（2）公安交通管理部门意见（限占用车行道和需要交通转换的项目）；

（3）建设工程规划许可证（限工程建设项目）；

（4）市政设施安全影响评估报告，须附专家组、主管部门评审意见（限涉及既有市政设施安全的项目）；

（5）涉及既有设施的施工设计图。

（三）行政许可审批

（1）《城市道路管理条例》第二十九条规定，依附于城市道路建设各种管线、杆线等设施的，应当经市政工程行政主管部门批准，方可建设。

（2）《城市道路管理条例》第三十条规定，未经市政工程行政主管部门和公安交通管理部门批准，任何单位和个人不得占用或挖掘城市道路。第三十一条规定，因特殊情况需要临时占用城市道路的，须经市政工程行政主管部门和公安交通管理部门批准，方可按照规定占用。

（3）《城市道路管理条例》第三十三条规定，因工程建设需要挖掘城市道路的，应当提交城市规划部门批准签发的文件和有关设计文件，经市政工程行政主管部门和公安交通管理部门批准，方可按照规定挖掘。新建、扩建、改建的城市道路交付使用后5年内、大修的城市道路竣工后3年内不得挖掘；因特殊情况需要挖掘的，须经县级以上城市人民政府批准。

（4）办理结果：准予许可或不予许可的决定书。

（四）相关法律法规及规章制度

（1）《城市道路管理条例》（1996年6月4日中华人民共和国国务院令第198号发布，2019年3月24日第三次修订））之第二十九条至第三十一条；

（2）《建设部关于纳入国务院决定的十五项行政许可的条件的规定》（2004年10月15日中华人民共和国建设部令第135号公布，自2004年12月1日起施行，2011年9月7日中华人民共和国住房和城乡建设部令第10号修改）之第十二条。

二、由于工程施工、设备维修等原因确需停止供水的审批

（一）审批项目范围

《城市供水条例》第二十二条规定，城市自来水供水企业和自建设施对外供水的企业应当保持不间断供水；由于工程施工、设备维修等原因确需停止供水的，应当经城市供水行政主管部门批准并提前24小时通知用水单位和个人。

（二）行政许可申报流程及办理前置条件

1. 前置条件

由于工程施工、设备维修等原因确需停止供水。

2. 办理材料

（1）申请表；

（2）保障用户用水的应急方案；

（3）工程施工或设备维修技术方案；

（4）提前24小时告知用水用户的工作方案。

（三）行政许可审批

（1）向当地城市供水行政主管部门申请审批，并提前二十四小时通知用户。

（2）办理结果：准予许可或不予许可的决定书。

（四）相关法律法规及规章制度

《城市供水条例》（1994年7月19日中华人民共和国国务院令第158号发布，2020年3月27日第二次修订）之第二十二条。

三、在村庄、集镇规划区内公共场所修建临时建筑等设施审批

（一）审批项目范围

《村庄和集镇规划建设管理条例》第三十二条规定，未经乡级人民政府批准，任何单位和个人不得擅自在村庄、集镇规划区内的街道、广场、市场和车站等场所修建临时建筑物、构筑物和其他设施。

（二）行政许可申报流程及办理前置条件

1. 前置条件

符合经批准的村庄、集镇总体规划和村庄、集镇建设规划要求。

2. 办理材料

（1）在村庄、集镇规划区内公共场所修建临时建筑等设施审批的申请；

（2）临时建筑等设施设计方案；

（3）临时用地审批意见；

（4）其他应当提供的材料（营业执照、授权委托书、法定代表人和被授权人身份证明等材料）。

（三）行政许可审批

（1）在村庄、集镇规划区内公共场所修建临时建筑等设施由乡级人民政府批准。

（2）擅自在村庄、集镇规划区内的街道、广场、市场和车站等场所修建临时建筑物、构筑物和其他设施的，由乡级人民政府责令限期拆除，并可处以罚款。

（3）办理结果：准予许可或不予许可的决定书。

（四）相关法律法规及规章制度

《村庄和集镇规划建设管理条例》（1993年6月29日中华人民共和国国务院令第116号发布，自1993年11月1日起施行）之第三十二条、第四十条。

四、临时性建筑物搭建、堆放物料、占道施工审批

（一）审批项目范围

《城市市容和环境卫生管理条例》第十四条规定，任何单位和个人都不得在街道两侧和公共场地堆放物料，搭建建筑物、构筑物或者其他设施。因建设等特殊需要，在街道两侧和公共场地临时堆放物料，搭建非永久性建筑物、构筑物或者其他设施的，必须征得城市人民政府市容环境卫生行政主管部门同意后，按照有关规定办理审批手续。

（二）行政许可申报流程及办理前置条件

1. 前置条件

申请人为具有独立民事责任能力的自然人或者法人；因建设等特殊需要在街道两侧和公共场地临时堆放物料、搭建非永久性建筑物、构筑物或者其他设施。

2. 办理材料

（1）占道施工（临时性建筑物搭建、堆放物料）申请书（注明设置的详细地点、时间、面积、材料等）；

（2）与已经受影响和可能受影响的市政公用设施产权单位（管理维护单位、运营单位）签订的确保市政公用设施正常运行和日常维护的协议书；

（3）与毗邻受影响的单位和个人签订的协议书；

（4）临时堆放、搭建等有关的图纸，如位置示意图等；

（5）占用期间公众公示和安全防范方案措施。

（三）行政许可审批

（1）向城市人民政府市容环境卫生行政主管部门申请审批。

（2）《城市道路管理条例》第三十七条规定，占用或者挖掘由市政工程行政主管部门管理的城市道路的，应当向市政工程行政主管部门交纳城市道路占用费或者城市道路挖掘修复费。

（3）办理结果：准予许可或不予许可的决定书。

（四）相关法律法规及规章制度

（1）《城市市容和环境卫生管理条例》（1992年6月28日中华人民共和国国务院令第101号发布，2017年3月1日第二次修订）之第十四条；

（2）《城市道路管理条例》（1996年6月4日中华人民共和国国务院令第198号发布，2019年3月24日第三次修订）之第三十七条。

五、建筑物起重机械使用登记

（一）审批项目范围

《中华人民共和国特种设备安全法》第三十三条规定，特种设备使用单位应该在特种设备投入使用前或者投入使用后三十日内向负责特种设备监督管理的部门办理使用登记。第一百条规定，房屋建筑工地、市政工程工地用起重机械和场（厂）内专用机动车辆的安装、使用的监督管理，由有关部门依照本法和其他有关法律的规定实施。《特种设备安全监察条例》第三条规定，房屋建筑工地和市政工程工地用起重机械、场（厂）内专用机动车辆的安装、使用的监督管理，由建设行政主管部门依照有关法律、法规的规定执行。

《建筑起重机械备案登记办法》（建质〔2008〕76号）第十四条规定，建筑起重机械使用单位在建筑起重机械安装验收合格之日起30日内，向工程所在地县级以上地方人民政府建设主管部门办理使用登记。

（二）行政许可申报流程及办理前置条件

1. 前置条件

（1）已办理建筑工程施工许可证。

（2）建筑起重机械出租单位或者自购建筑起重机械使用单位（以下简称"产权单位"）在建筑起重机械首次出租或安装前，向本单位工商注册所在地县级以上地方人民政府建设主管部门办理备案。

（3）自建筑起重机械安装验收合格之日起30日内。

2. 办理材料

（1）产权单位在办理备案手续时，应当向设备备案机关提交以下资料：

①产权单位法人营业执照副本；

②特种设备制造许可证；

③产品合格证；

④制造监督检验证明；

⑤建筑起重机械设备购销合同、发票或相应有效凭证；

⑥设备备案机关规定的其他资料。

所有资料复印件应当加盖产权单位公章。

（2）使用单位在办理建筑起重机械使用登记时，应当向工程所在地县级以上地方人民政府建设主管部门（以下简称"使用登记机关"）提交下列资料：

①起重机械设备使用登记表；

②建筑起重机械备案证明；

③建筑起重机械租赁合同；

④建筑起重机械检验检测报告和安装验收资料；

⑤使用单位特种作业人员资格证书；

⑥建筑起重机械维护保养等管理制度；

⑦建筑起重机械生产安全事故应急救援预案；

⑧使用登记机关规定的其他资料。

（三）行政许可审批

（1）《建筑起重机械安全监督管理规定》（建设部令第166号）第十七条规定，使用单位应当自建筑起重机械安装验收合格之日起30日内，将建筑起重机械安装验收资料、建筑起重机械安全管理制度、特种作业人员名单等，向工程所在地县级以上地方人民政府建设主管部门办理建筑起重机械使用登记。登记标志置于或者附着于该设备的显著位置。

（2）使用登记机关应当自收到使用单位提交的资料之日起7个工作日内，对于符合登记条件且资料齐全的建筑起重机械核发建筑起重机械使用登记证明。

（3）使用登记机关应当在安装单位办理建筑起重机械拆卸告知手续时，注销建筑起重机械使用登记证明。

（4）办理结果：建筑起重机械使用登记证书。自2024年7月1日起，在全国实行建筑起重机械使用登记证书电子证照制度。

（四）相关法律法规及规章制度

（1）《中华人民共和国特种设备安全法》（2013年6月29日通过，2014年1月1日起施行）之第三十三条；

（2）《特种设备安全监察条例》（2003年3月11日中华人民共和国国务院令第373号公布，2009年1月24日，修订）之第三条、第二十五条；

（3）《建筑起重机械安全监督管理规定》（2008年1月28日中华人民共和国建设部令第166号公布，自2008年6月1日起施行）之第十七条；

（4）《建筑起重机械备案登记办法》（2008年4月18日建质〔2008〕76号公布）之第五条、第六条、第十四条、第十五条；

（5）《住房城乡建设部办公厅关于开展建筑起重机械使用登记证书电子证照试运行工作的通知》（建办质〔2023〕33号）。

六、海底电缆管道铺设路由调查勘测、铺设施工审批

（一）审批项目范围

根据《铺设海底电缆管道管理规定》（国务院令第27号）第三条，在中华人民共和国内海、领海及大陆架上铺设海底电缆、管道及为铺设所进行的路由调查、勘测及其他有关活动，需报海洋管理机构审批或批准。根据《国家海洋局关于铺设海底电缆管道管理有关事项的通知》（国海规范〔2017〕8号），属于建设项目配套设施且长度小于2km的海底电缆管道，可暂时不单独办理路由调查勘测、铺设施工审批手续，但铺设施工前应依法取得环境影响评价和海域使用批准文件。

《中华人民共和国领海及毗连区法》第三条规定，中华人民共和国领海的宽度从领海基线量起为12n mile。

《中华人民共和国专属经济区和大陆架法》第二条规定，中华人民共和国的大陆架，为中华人民共和国领海以外依本国陆地领土的全部自然延伸，扩展到大陆边外缘的海底区域的海床和底土；如果从测算领海宽度的基线量起至大陆边外缘的距离不足200n mile，则扩展至200n mile。中华人民共和国与海岸相邻或者相向国家关于专属经济区和大陆架的主张重叠的，在国际法的基础上按照公平原则以协议划定界限。

（二）行政许可申报流程及办理前置条件

1.前置条件

（1）铺设海底电缆、管道及其他有关活动在所报批的海洋管理机构的管理海域之内。

（2）申请实施海底电缆管道铺设路由调查勘测、铺设施工审批的所有者，应在实施路由调查勘测作业或计划铺设施60天之前，提出作业申请。

2.办理材料

根据自然资源部"办事指南"，海底电缆管道铺设路由调查勘测、铺设施工审批分为"海底电缆管道铺设路由调查勘测审批"和"海底电缆管道铺设施工审批"两类手续办理。

（1）海底电缆管道铺设路由调查勘测审批办理材料。

①《海底电缆管道路由调查、勘测申请书》。内容包括所有者的名称、国籍、住所等；海底电缆管道路由调查勘测单位的名称、国籍、住所及主要负责人；海底电缆管道路由调查勘测的精确地理区域；海底电缆管道路由调查勘测的时间、内容、方法和设备，包括所用船舶的船名、国籍、吨位及其主要装备和性能。

②调查勘测路由选择依据的详细说明。内容包括预选海底电缆管道路由符合国土空间规划和海岸带等海洋专项规划；海底电缆管道项目符合国家有关产业政策；预选海底电缆管道路由所经海域不影响国防安全、无重大利益冲突；有关图件及其他调查资料。

③其他有关说明资料。路经中国管辖海域和大陆架的外国海底电缆管道及由中国铺向其他国家和地区的国际海底电缆管道，当路由需穿越重要渔捞作业区、海洋油气开采区、军事区、锚地和海底电缆管道等并发生矛盾时，应提交利益相关者解决协议或方案。

（2）海底电缆管道铺设施工审批办理材料。

①《海底电缆管道铺设施工申请书》。内容包括：海底电缆管道的用途、使用材料及

其特性；精确的海底电缆管道路线图和位置表及起止点、中继点（站）和总长度；铺设工程的施工单位、施工时间、施工计划、技术设备，包括所用船舶的船名、国籍、吨位及其主要装备和性能。

②路由调查勘测报告。内容包括：调查概况；路由海区的气象与水文动力状况；路由海区的工程地质条件；与该海底电缆管道工程建设和维护有关的其他海洋开发活动和海底设施；有关政府机构在路由海区的开发利用规划；路由条件的综合评价及其结论；有关图件及其他调查资料。

③其他有关说明材料。海底电缆管道项目审批（核准或备案）文件。涉及利益相关者的，应提交利益相关者协调情况报告。路经中国管辖海域和大陆架的外国海底电缆管道及由中国铺向其他国家和地区的国际海底电缆管道，当路由需穿越重要渔捞作业区、海洋油气开采区、军事区、锚地和海底电缆管道等并发生矛盾时，应提交利益相关者解决协议或方案。

（三）行政许可审批

（1）根据《铺设海底电缆管道管理规定实施办法》（国家海洋局令第3号）第四条，下列海底电缆、管道由国家海洋局负责审批：

①路经中国管辖海域和大陆架的外国海底电缆、管道；

②由中国铺向其他国家和地区的国际海底电缆、管道；

③国内长距离（200km以上）的海底管道和污水排放量为 20×10^4 t/d 以上的海底排污管道。

（2）根据《国家海洋局关于铺设海底电缆管道管理有关事项的通知》（国海规范〔2017〕8号）对以下事项进行了明确：

①《国务院关于第二批取消152项中央指定地方实施行政审批事项的决定》明确取消"地方对内水、领海范围内的海底电缆管道铺设路由调查勘测、铺设施工审批"。根据国务院文件精神，国家海洋局不再委托地方海洋行政主管部门履行该行政审批事项的审批实施权。

②我国内水、领海范围内的海底电缆管道铺设路由调查勘测、铺设施工申请由所在海区分局直接受理，海区分局依据《铺设海底电缆管道管理规定》和《铺设海底电缆管道管理规定实施办法》等进行办理。审查过程中，应当征求海底电缆管道所在地省级海洋行政主管部门的意见，必要时还应当征求其他有关部门的意见。铺设施工审批前，海底电缆管道所有者应依法取得环境影响评价和海域使用批准文件。

③根据《铺设海底电缆管道管理规定》（国务院令第27号）第五条和第六条：

a. 海底电缆、管道所有者（以下简称"所有者"），须在为铺设所进行的路由调查、勘测实施60天前，向主管机关提出书面申请。

b. 海底电缆、管道路由调查、勘测完成后，所有者应当在计划铺设施工60天前，将最后确定的海底电缆、管道路由报主管机关审批。

主管机关应当自收到申请之日起30天内作出答复。

④《铺设海底电缆管道管理规定》（国务院令第27号）第十五条规定，为海洋石油开发所铺设的超出石油开发区的海底电缆、管道的路由，应当在油（气）田总体开发方案审批前报主管机关，由主管机关商国家能源主管部门批准。

在海洋石油开发区内铺设平台间或者平台与单点系泊间的海底电缆、管道，所有者应当在为铺设所进行的路由调查、勘测和施工前，分别将本规定第五条、第六条规定提供的内容，报主管机关备案。

⑤获准的海底电缆、管道路由调查、勘测和铺设施工。在实施作业前或实施作业中如需变动（包括路由、作业时间、作业计划、作业方式等变动），所有者应及时报告主管机关。如路由等变动较大，应报经主管机关批准。海上作业者应持有主管机关签发的铺设施工许可证。

⑥海底电缆管道所有者进行海底电缆管道的路由调查、铺设施工，对海底电缆管道进行维修、改造、拆除、废弃时，应当在媒体上向社会发布公告。公告费用由海底电缆管道所有者承担。

⑦《海底电缆管道保护规定》（国土资源部令第24号）第五条规定，海底电缆管道所有者应当在海底电缆管道铺设竣工后90日内，将海底电缆管道的路线图、位置表等注册登记资料报送县级以上人民政府海洋行政主管部门备案，并同时抄报海事管理机构。

⑧办理结果：

a. 海底电缆管道铺设路由调查勘测：《自然资源部关于同意××项目路由调查勘测的批复》《自然资源部×海局关于同意××项目路由调查勘测的批复》。

b. 海底电缆管道铺设：《自然资源部关于同意××项目铺设施工的批复》《自然资源部×海局关于同意××项目铺设施工的批复》。

（四）相关法律法规及规章制度

（1）《中华人民共和国领海及毗连区法》（1992年2月25日通过）之第三条、第五条；

（2）《中华人民共和国专属经济区和大陆架法》（1998年6月26日通过）之第二条；

（3）《铺设海底电缆管道管理规定》（1989年2月11日中华人民共和国国务院令第27号发布，自1989年3月1日起施行）之第三条至第七条、第九条、第十五条；

（4）《铺设海底电缆管道管理规定实施办法》（1992年08月26日国家海洋局令第3号公布）之第四条至第六条、第八条至第十条、第十九条；

（5）《海底电缆管道保护规定》（2004年1月9日国土资源部令第24号公布，自2004年3月1日起施行）之第五条、第十二条；

（6）《国家海洋局关于铺设海底电缆管道管理有关事项的通知》（2017年10月26日国海规范〔2017〕8号公布）。

七、民用爆炸物品购买许可

（一）审批项目范围

《民用爆炸物品安全管理条例》第二条规定，民用爆炸物品是指用于非军事目的、列入民用爆炸物品品名表的各类火药、炸药及其制品和雷管、导火索等点火、起爆器材。根据《民用爆炸物品安全管理条例》第三条，国家对民用爆炸物品的购买实行许可证制度。

（二）行政许可申报流程及办理前置条件

1. 前置条件

《爆破作业单位许可证》或者其他合法使用的证明。

2. 办理材料

（1）《民用爆炸物品购买申请表》；

（2）工商营业执照或者事业单位法人证书；

（3）《爆破作业单位许可证》或者其他合法使用的证明；
（4）购买单位的名称、地址、银行账户；
（5）购买的品种、数量和用途说明。

（三）行政许可审批

（1）民用爆炸物品使用单位申请购买民用爆炸物品的，应当向所在地县级人民政府公安机关提出购买申请。

（2）受理申请的公安机关应当自受理申请之日起5日内对提交的有关材料进行审查，对符合条件的，核发《民用爆炸物品购买许可证》；对不符合条件的，不予核发《民用爆炸物品购买许可证》，书面向申请人说明理由。

（3）销售、购买民用爆炸物品，应当通过银行账户进行交易，不得使用现金或者实物进行交易。销售民用爆炸物品的企业，应当将购买单位的许可证、银行账户转账凭证、经办人的身份证明复印件保存2年备查。

（4）购买民用爆炸物品的单位，应当自民用爆炸物品买卖成交之日起3日内，将购买的品种、数量向所在地县级人民政府公安机关备案。

（5）进出口民用爆炸物品，应当经国务院民用爆炸物品行业主管部门审批。进出口单位应当将进出口的民用爆炸物品的品种、数量向收货地或者出境口岸所在地县级人民政府公安机关备案。

（6）办理结果：《民用爆炸物品购买许可证》，应当载明许可购买的品种、数量、购买单位及许可的有效期限。

（四）相关法律法规及规章制度

《民用爆炸物品安全管理条例》（2006年5月10日中华人民共和国国务院令第466号公布，2014年7月29日修订）之第二条、第三条、第二十一条至二十五条。

八、民用爆炸物品运输许可

（一）审批项目范围

《民用爆炸物品安全管理条例》第二条规定，民用爆炸物品是指用于非军事目的、列入民用爆炸物品品名表的各类火药、炸药及其制品和雷管、导火索等点火、起爆器材。根据《民用爆炸物品安全管理条例》第三条，国家对民用爆炸物品的运输实行许可证制度。

（二）行政许可申报流程及办理前置条件

1. 前置条件

（1）承运人具有爆炸物品运输资质，所运输爆炸物品用于合法生产活动；
（2）已做好运输民用爆炸物品出现险情的应急处置方法；
（3）收货单位应当向运达地县级公安机关提出申请。

2. 办理材料

（1）民用爆炸物品运输许可证申请表；
（2）《民用爆炸物品生产许可证》或《民用爆炸物品销售许可证》或《民用爆炸物品购买许可证》；
（3）运输民用爆炸物品的品种、数量、包装材料和包装方式；
（4）运输民用爆炸物品的特性、出现险情的应急处置方法；

（5）运输时间、起始地点、运输路线、经停地点。

（三）行政许可审批

（1）运输民用爆炸物品，收货单位应当向运达地县级人民政府公安机关提出申请。

（2）受理申请的公安机关应当自受理申请之日起3日内对提交的有关材料进行审查，对符合条件的，核发《民用爆炸物品运输许可证》；对不符合条件的，不予核发《民用爆炸物品运输许可证》，书面向申请人说明理由。

（3）运输民用爆炸物品的，应当凭《民用爆炸物品运输许可证》，按照许可的品种、数量运输。

（4）民用爆炸物品运达目的地，收货单位应当进行验收后在《民用爆炸物品运输许可证》上签注，并在3日内将《民用爆炸物品运输许可证》交回发证机关核销。

（5）禁止携带民用爆炸物品搭乘公共交通工具或者进入公共场所；禁止邮寄民用爆炸物品，禁止在托运的货物、行李、包裹、邮件中夹带民用爆炸物品。

（6）办理结果为《民用爆炸物品运输许可证》，应当载明收货单位、销售企业、承运人，一次性运输有效期限、起始地点、运输路线、经停地点，民用爆炸物品的品种、数量。

（四）相关法律法规及规章制度

《民用爆炸物品安全管理条例》（2006年5月10日中华人民共和国国务院令第466号公布，2014年7月29日修订）之第二条、第三条、第二十六条、第二十七条、第二十九条、第三十条。

九、城市、风景名胜区和重要工程设施附近实施爆破作业审批

（一）审批项目范围

《民用爆炸物品安全管理条例》第三条规定，国家对民用爆炸物品的生产、销售、购买、运输和爆破作业实行许可证制度。第三十五条规定，在城市、风景名胜区和重要工程设施附近实施爆破作业的，应当向爆破作业所在地设区的市级人民政府公安机关提出申请。

（二）行政许可申报流程及办理前置条件

1. 前置条件

（1）所申请爆破作业属于合法的生产活动，地点在城市、风景名胜区或重要工程设施附近；

（2）签订有效的爆破作业合同，设计施工单位具有相应爆破作业资质；

（3）爆破设计施工方案已通过安全评估，安全评估单位具有相应爆破作业资质；

（4）已经签订爆破安全监理合同，安全监理单位具有相应爆破作业资质。

2. 办理材料

（1）爆破作业项目许可审批表；

（2）设计施工、安全评估、安全监理单位持有的资质证明材料；

（3）设计施工单位与委托单位签订的爆破作业合同；

（4）安全评估单位与委托单位签订的安全评估合同；

（5）安全监理单位与委托单位签订的安全监理合同；

（6）安全评估单位出具的爆破设计、施工方案的安全评估报告。

（三）行政许可审批

（1）在城市、风景名胜区和重要工程设施附近实施爆破作业的，应当向爆破作业所在地设区的市级人民政府公安机关提出申请。受理申请的公安机关应当自受理申请之日起20日内对提交的有关材料进行审查，对符合条件的，作出批准的决定；对不符合条件的，作出不予批准的决定，并书面向申请人说明理由。

（2）在城市、风景名胜区和重要工程设施附近实施爆破作业的，应当由具有相应资质的安全监理企业进行监理，由爆破作业所在地县级人民政府公安机关负责组织实施安全警戒。

（3）爆破作业单位跨省、自治区、直辖市行政区域从事爆破作业的，应当事先将爆破作业项目的有关情况向爆破作业所在地县级人民政府公安机关报告。

（4）爆破作业单位应当按照其资质等级承接爆破作业项目，爆破作业人员应当按照其资格等级从事爆破作业。

（5）办理结果：《准予行政许可决定书》或《不准予行政许可决定书》。

（四）相关法律法规及规章制度

《民用爆炸物品安全管理条例》（2006年5月10日中华人民共和国国务院令第466号公布，2014年7月29日修订）之第三十四条至第三十六条。

十、放射性物品道路运输许可

（一）审批项目范围

《中华人民共和国核安全法》第五十一条规定，公安机关对核材料、放射性废物道路运输的实物保护实施监督，依法处理可能危及核材料、放射性废物安全运输的事故。

《放射性物品运输安全管理条例》第三十八条规定，通过道路运输放射性物品的，应当经公安机关批准。

（二）行政许可申报流程及办理前置条件

1. 前置条件

（1）托运人和接收人具有生产、销售、使用或者处置放射性物品的资质；

（2）具有辐射监测报告；

（3）承运人具有道路运输放射性物品资质，承运车辆、驾驶人员、押运人员具有相应资质或者资格。

2. 放射源的分类管理

（1）《放射性物品运输安全管理条例》第三条规定，根据放射性物品的特性及其对人体健康和环境的潜在危害程度，将放射性物品分为一类、二类和三类。

一类放射性物品，是指Ⅰ类放射源、高水平放射性废物、乏燃料等释放到环境后对人体健康和环境产生重大辐射影响的放射性物品；

二类放射性物品，是指Ⅱ类和Ⅲ类放射源、中等水平放射性废物等释放到环境后对人体健康和环境产生一般辐射影响的放射性物品；

三类放射性物品，是指Ⅳ类和Ⅴ类放射源、低水平放射性废物、放射性药品等释放到环境后对人体健康和环境产生较小辐射影响的放射性物品。

（2）根据《放射源分类办法》（国家环保总局公告2005年第62号），建设工程常用无损检测放射源分类见表4-5。

表4-5　无损检测常用同位素放射源分类表

名称	一类放射物品	二类放射物品		三类放射物品	
	Ⅰ类放射源（Bq）	Ⅱ类放射源（Bq）	Ⅲ类放射源（Bq）	Ⅳ类放射源（Bq）	Ⅴ类放射源（Bq）
Ir-192	$\geq 8\times 10^{13}$	$\geq 8\times 10^{11}$	$\geq 8\times 10^{10}$	$\geq 8\times 10^{8}$	$\geq 1\times 10^{4}$
Co-60	$\geq 3\times 10^{13}$	$\geq 3\times 10^{11}$	$\geq 3\times 10^{10}$	$\geq 3\times 10^{8}$	$\geq 1\times 10^{5}$
Cs-137	$\geq 1\times 10^{14}$	$\geq 1\times 10^{12}$	$\geq 1\times 10^{11}$	$\geq 1\times 10^{9}$	$\geq 1\times 10^{4}$
Se-75	$\geq 2\times 10^{14}$	$\geq 2\times 10^{12}$	$\geq 2\times 10^{11}$	$\geq 2\times 10^{9}$	$\geq 1\times 10^{6}$

3. 运输管理要求

（1）托运放射性物品的，托运人应当持有生产、销售、使用或者处置放射性物品的有效证明，使用与所托运的放射性物品类别相适应的运输容器进行包装，配备必要的辐射监测设备、防护用品和防盗、防破坏设备，并编制运输说明书、核与辐射事故应急响应指南、装卸作业方法、安全防护指南。

运输说明书应当包括放射性物品的品名、数量、物理化学形态、危害风险等内容。

（2）托运一类放射性物品的，托运人应当委托有资质的辐射监测机构对其表面污染和辐射水平实施监测，辐射监测机构应当出具辐射监测报告。

托运二类、三类放射性物品的，托运人应当对其表面污染和辐射水平实施监测，并编制辐射监测报告。

（3）托运人和承运人应当对直接从事放射性物品运输的工作人员进行运输安全和应急响应知识的培训，并进行考核；考核不合格的，不得从事相关工作。

托运人和承运人应当按照国家放射性物品运输安全标准和国家有关规定，在放射性物品运输容器和运输工具上设置警示标志。

国家利用卫星定位系统对一类、二类放射性物品运输工具的运输过程实行在线监控。

（4）托运人和承运人应当按照国家职业病防治的有关规定，对直接从事放射性物品运输的工作人员进行个人剂量监测，建立个人剂量档案和职业健康监护档案。

（5）托运人应当向承运人提交运输说明书、辐射监测报告、核与辐射事故应急响应指南、装卸作业方法、安全防护指南，承运人应当查验、收存。托运人提交文件不齐全的，承运人不得承运。

4. 办理材料

（1）申请一类放射性物品道路运输的，需提交以下材料：

①托运人生产、销售、使用或者处置放射性物品资质证书的复印件或有效证明；

②国务院核安全监管部门批准的放射性物品运输核与辐射安全分析报告书；

③托运人与承运人签订的道路运输委托书或合同；

④道路运输放射性物品资质证书；载运放射性物品的专用运输车辆行驶证，驾驶人员的驾驶证、道路运输危险货物从业资格证书；

⑤有资质机构对已盛装放射性物品的容器进行检测，出具的辐射监测报告；

⑥运输时间、运输路线（含起始地点、停靠地点、抵达地点）；

⑦押运负责人、押运员姓名及身份证号码；必要的辐射监测设备、防护用品和防盗、防破坏设备装备配备情况。

（2）申请二、三类放射性物品道路运输的，应当提交以下材料：

①托运人生产、销售、使用或者处置放射性物品资质或有效证明；

②放射性物品运输说明书、核与辐射事故应急响应指南、装卸作业方法、安全防护指南；

③辐射监测报告；

④承运放射性物品车辆的运输资质；生产、销售、使用或者处置放射性物品的单位运输本单位的放射性物品的非营业性道路危险货物运输资质；

⑤托运人和承运人对接从事放射性物品运输的工作人员培训考核合格证明。

（三）行政许可审批

托运一类放射性物品的，托运人应当编制放射性物品运输的核与辐射安全分析报告书，报国务院核安全监管部门审查批准。二类、三类放射性物品托运人应当编制放射性物品运输的辐射监测报告，报国务院核安全监管部门备案。

放射性物品运输的核与辐射安全分析报告书应当包括放射性物品的品名、数量、运输容器型号、运输方式、辐射防护措施、应急措施等内容。

辐射监测报告，在托运人委托有资质的辐射监测机构对拟托运放射性物品的表面污染和辐射水平实施监测后，由辐射监测机构出具。

国务院核安全监管部门应当自受理申请之日起45个工作日内完成审查，对符合国家放射性物品运输安全标准的，颁发核与辐射安全分析报告批准书；对不符合国家放射性物品运输安全标准的，书面通知申请单位并说明理由。

一类放射性物品启运前，托运人应当将放射性物品运输的核与辐射安全分析报告批准书、辐射监测报告，报启运地的省、自治区、直辖市人民政府环境保护主管部门备案。

通过道路运输放射性物品的，应当经公安机关批准，按照指定的时间、路线、速度行驶，并悬挂警示标志，配备押运人员，使放射性物品处于押运人员的监管之下。

根据《放射性物品分类和名录》（试行）（环境保护部公告2010年第31号），下列放射性物品也免于运输监管：

（1）比活度或活度不超过相应的豁免限值的放射性物品。无损检测常用同位素放射源的豁免限值见表4-6。

（2）已成为运输手段组成部分的放射性物品。

（3）在单位内进行不涉及公路或铁路运输的放射性物品。

（4）为诊断或治疗而植入或注入人体或活的动物体内的放射性物品。

（5）已获得监管部门的批准并已销售给最终用户的含微弱放射性物质的消费品。

（6）含天然存在的放射性核素的天然物品和矿石，处于天然状态或者仅为非提取放射性核素的目的而进行了处理，也不准备经处理后使用这些放射性核素。且这类物品的比活度不超过豁免物品比活度限值的10倍。

（7）表面上被放射性物质污染的非放射性固体物品，且满足如下限制：对β和γ发射体及低毒性α发射体，其量小于$0.8Bq/cm^2$；对所有其他α发射体，其量小于$0.08Bq/cm^2$。

办理结果:《放射性物品道路运输许可证》。

表 4-6　无损检测常用同位素的基本限值

放射性核素 （原子序数）	A_1 TBq	A_2 TBq	豁免物品的放射性比活度 Bq/g	一件托运货物的豁免放射性活度限值 Bq
Ir-192	1×10^6	6×10^{-1}	1×10^1	1×10^4
Co-60	4×10^{-1}	4×10^{-1}	1×10^1	1×10^5
Cs-137	2×10^0	6×10^{-1}	1×10^1	1×10^4
Se-75	3×10^0	3×10^0	1×10^2	1×10^6

（四）相关法律法规及规章制度

（1）《中华人民共和国核安全法》（2017年9月1日通过）之第五十一条；

（2）《放射性物品运输安全管理条例》（2009年9月14日中华人民共和国国务院令第562号公布，自2010年1月1日起施行）之第三条、第四条、第六条、第二十九条至第三十八条；

（3）《危险货物道路运输安全管理办法》（2019年11月10日交通运输部、工业和信息化部、公安部、生态环境部、应急管理部、国家市场监督管理总局令第29号公布，自2020年1月1日起施行）之第十五条、第四十四条、第四十八条；

（4）《放射源分类办法》（2005年12月28日国家环保总局公告2005年第62号公布）；

（5）《放射性物品分类和名录》（试行）（2010年3月4日环境保护部公告2010年第31号公布，自2010年3月18日起开始施行）。

十一、取水许可

（一）审批项目范围

《中华人民共和国水法》第四十八条规定，直接从江河、湖泊或者地下取用水资源的单位和个人，应当按照国家取水许可制度和水资源有偿使用制度的规定，向水行政主管部门或者流域管理机构申请领取取水许可证，并缴纳水资源费，取得取水权。

《取水许可和水资源费征收管理条例》第二条规定，本条例所称取水，是指利用取水工程或者设施直接从江河、湖泊或者地下取用水资源；本条例所称取水工程或者设施，是指闸、坝、渠道、人工河道、虹吸管、水泵、水井及水电站等。

《取水许可管理办法》（水利部令第34号）第五条规定，建设项目取得取水许可申请批准文件，申请人方可兴建取水工程或者设施。

（二）行政许可申报流程及办理前置条件

1. 前置条件

（1）取水项目符合国家和地方产业政策，符合水资源开发利用、节约保护方面的规定及其他有关规划；

（2）取水水源可行、退水水质符合要求，符合水功能区划，符合有关技术规范及标准；

（3）取水与第三者有利害关系的，应有第三者承诺书或协议、纪要等其他相关文件；

（4）编制完成建设项目水资源论证报告书或填写建设项目水资源论证表。

2. 水资源论证

（1）需要申请取水的建设项目，申请人应当按照《建设项目水资源论证管理办法》要求，进行建设项目水资源论证，自行或者委托有关单位编制建设项目水资源论证报告书。

（2）建设项目水资源论证报告书，应当包括下列主要内容：

①建设项目概况；

②取水水源论证；

③用水合理性论证；

④退（排）水情况及其对水环境影响分析；

⑤对其他用水户权益的影响分析；

⑥其他事项。

（3）水利部或流域管理机构负责对以下建设项目水资源论证报告书进行审查：

①水利部授权流域管理机构审批取水许可申请的建设项目；

②兴建大型地下水集中供水水源地（日取水量 $5×10^4$ t 以上）的建设项目。

其他建设项目水资源论证报告书的分级审查权限，由省、自治区、直辖市人民政府水行政主管部门确定。

（4）建设项目取水量较少且对周边影响较小的，可不编制建设项目水资源论证报告书，但应当填写建设项目水资源论证表。

3. 办理材料

（1）申请书，包括：

①申请人的名称（姓名）、地址；

②申请理由；

③取水的起始时间及期限；

④取水目的、取水量、年内各月的用水量等；

⑤水源及取水地点；

⑥取水方式、计量方式和节水措施；

⑦退水地点和退水中所含主要污染物及污水处理措施；

⑧国务院水行政主管部门规定的其他事项。

（2）与第三者利害关系的相关说明。

（3）属于备案项目的，提供有关备案材料。

（4）国务院水行政主管部门规定的其他材料，包括：

①取水单位或者个人的法定身份证明文件；

②有利害关系第三者的承诺书或者其他文件；

③建设项目水资源论证报告书；

④不需要编制建设项目水资源论证报告书的，应当提交建设项目水资源论证表；

⑤利用已批准的入河排污口退水的，应当出具具有管辖权的县级以上地方人民政府水行政主管部门或者流域管理机构的同意文件。

（5）建设项目需要取水的，申请人还应当提交建设项目水资源论证报告书。论证报告书应当包括取水水源、用水合理性及对生态与环境的影响等内容。

（三）行政许可审批

（1）取水许可实行分级审批。下列取水由流域管理机构审批：

①长江、黄河、淮河、海河、滦河、珠江、松花江、辽河、金沙江、汉江的干流和太

湖以及其他跨省、自治区、直辖市河流、湖泊的指定河段限额以上的取水；

②国际跨界河流的指定河段和国际边界河流限额以上的取水；

③省际边界河流、湖泊限额以上的取水；

④跨省、自治区、直辖市行政区域的取水；

⑤由国务院或者国务院投资主管部门审批、核准的大型建设项目的取水；

⑥流域管理机构直接管理的河道（河段）、湖泊内的取水。

前款所称的指定河段和限额以及流域管理机构直接管理的河道（河段）、湖泊，由国务院水行政主管部门规定。

其他取水由县级以上地方人民政府水行政主管部门按照省、自治区、直辖市人民政府规定的审批权限审批。

（2）申请人应当向具有审批权限的审批机关提出申请。申请利用多种水源，且各种水源的取水审批机关不同的，应当向其中最高一级审批机关提出申请。

申请在地下水限制开采区开采利用地下水的，应当向取水口所在地的省、自治区、直辖市人民政府水行政主管部门提出申请。

取水许可权限属于流域管理机构的，应当向取水口所在地的省、自治区、直辖市人民政府水行政主管部门提出申请；其中，取水口跨省、自治区、直辖市的，应当分别向相关省、自治区、直辖市人民政府水行政主管部门提出申请。

（3）取水许可权限属于流域管理机构的，接受申请材料的省、自治区、直辖市人民政府水行政主管部门应当自收到申请之日起20个工作日内提出初审意见，并连同全部申请材料转报流域管理机构。申请利用多种水源，且各种水源的取水审批机关为不同流域管理机构的，接受申请材料的省、自治区、直辖市人民政府水行政主管部门应当同时分别转报有关流域管理机构。

初审意见应当包括建议审批水量、取水和退水的水质指标要求，以及申请取水项目所在水系本行政区域已审批取水许可总量、水功能区水质状况等内容。

（4）审批机关受理取水申请后，应当对取水申请材料进行全面审查，并综合考虑取水可能对水资源的节约保护和经济社会发展带来的影响，决定是否批准取水申请。

（5）审批机关认为取水涉及社会公共利益需要听证的，应当向社会公告，并举行听证。

取水涉及申请人与他人之间重大利害关系的，审批机关在作出是否批准取水申请的决定前，应当告知申请人、利害关系人。申请人、利害关系人要求听证的，审批机关应当组织听证。

因取水申请引起争议或者诉讼的，审批机关应当书面通知申请人中止审批程序；争议解决或者诉讼终止后，恢复审批程序。

（6）取水审批机关在审查取水申请过程中，需要征求取水口所在地有关地方人民政府水行政主管部门或者流域管理机构意见的，被征求意见的地方人民政府水行政主管部门或者流域管理机构应当自收到征求意见材料之日起10个工作日内提出书面意见并转送取水审批机关。

（7）审批机关应当自受理取水申请之日起45个工作日内决定批准或者不批准。决定批准的，应当同时签发取水申请批准文件。

对取用城市规划区地下水的取水申请,审批机关应当征求城市建设主管部门的意见,城市建设主管部门应当自收到征求意见材料之日起5个工作日内提出意见并转送取水审批机关。

(8)取水申请批准后3年内,取水工程或者设施未开工建设,或者需由国家审批、核准的建设项目未取得国家审批、核准的,取水申请批准文件自行失效。

建设项目中取水事项有较大变更的,建设单位应当重新进行建设项目水资源论证,并重新申请取水。

(9)办理结果:《关于××单位取水许可申请的批复》

(四)相关法律法规及规章制度

(1)《中华人民共和国水法》(1988年1月21日通过,2002年8月29日修订,2016年7月2日第二次修正)之第四十八条;

(2)《取水许可和水资源费征收管理条例》(2006年2月21日中华人民共和国国务院令第460号公布,2017年3月1日修订)之第十四条、第十七条至第二十二条;

(3)《取水许可管理办法》(2008年4月9日水利部令第34号发布,2017年12月22日第二次修正)之第十条至第十二条、第十九条;

(4)《建设项目水资源论证管理办法》(2002年3月24日水利部、国家计委第15号令发布,2017年12月22日第二次修正,自2002年5月1日起施行)之第五条、第六条、第九条、第十四条。

十二、占用农用灌溉水源、灌排工程设施审批

(一)审批项目范围

《中华人民共和国水法》第三十五条规定,从事工程建设,占用农业灌溉水源、灌排工程设施,或者对原有灌溉用水、供水水源有不利影响的,建设单位应当采取相应的补救措施;造成损失的,依法给予补偿。

(二)行政许可申报流程及办理前置条件

1. 前置条件

工程项目占用农业灌溉水源、灌排工程设施。

2. 办理材料

(1)占用农业灌溉水源、灌排工程设施申请书;

(2)建设项目所依据的可行性研究报告批文或初步设计批文;

(3)法定评估机构评定的补偿方案;

(4)被占用农业灌溉水源、灌排工程设施的权属证明;

(5)被占用农业灌溉水源、灌排工程设施涉及利害关系各方的协议(承诺)书;

(6)替代工程取水许可证。

(三)行政许可审批

(1)新建、改建、扩建建设工程确需占用农业灌溉水源、农田水利工程设施的,应当与取用水的单位、个人或者农田水利工程所有权人协商,并报经有管辖权的县级以上地方人民政府水行政主管部门同意。

(2)从事各项建设,需要占用农业灌溉水源、灌排工程设施及造成灌排工程报废或失

去部分功能的,占用者必须在申报建设项目可行性研究报告时,附具管辖该灌排工程的水行政主管部门批准的文件。

(3)占用农业灌溉水源、灌排工程设施3年以上(含3年)的,占用者应当负责兴建与被占用的农业灌溉水源工程、灌排工程设施效益相当的替代工程。

无条件兴建替代工程的,占用者应当按照新建被占用等量等效替代工程设施的总投资额缴纳开发补偿费。

(4)凡占用农业灌溉水源、灌排工程设施(包括占用期3年以上和3年以下),给工程管理单位造成的经济损失,经法定的评估机构评定后,报相应的水行政主管部门和同级物价、财政部门核准,由占用者给予赔偿。

对3年以下临时占用期满的,占用者必须负责恢复工程被占用前的原貌,经原批准占用的水行政主管部门和有关部门验收合格后,方可办理交接手续。

(5)办理结果:《准予行政许可决定书》或《不准予行政许可决定书》。

(四)相关法律法规及规章制度

(1)《中华人民共和国水法》(1988年1月21日通过,2002年8月29日修订,2016年7月2日第二次修正)之第三十五条;

(2)《农田水利条例》之第二十四条;

(3)《占用农业灌溉水源、灌排工程设施补偿办法》(1995年11月13日水利部、财政部、国家计委水政资〔1995〕457号发布,2014年8月19日修正)之第八条、第十一条。

十三、特种设备使用登记

(一)审批项目范围

《中华人民共和国特种设备安全法》第二条规定,特种设备是指对人身和财产安全有较大危险性的锅炉、压力容器(含气瓶)、压力管道、电梯、起重机械、客运索道、大型游乐设施、场(厂)内专用机动车辆,以及法律、行政法规规定适用本法的其他特种设备。

(二)行政许可申报流程及办理前置条件

1. 前置条件

(1)特种设备的使用者具有合法的身份(自然人出示身份证,法人和其他组织出示登记证件);

(2)特种设备由取得许可单位设计、制造、安装,并经监督检验安全性能符合安全技术规范的要求;

(3)使用者有与设备使用相适应的管理人员、技术人员、持证的特种设备作业人员;

(4)有维护保养能力,或者与专业维护保养单位建立了合同关系,能够及时对设备进行维护保养;

(5)使用者建立了健全的质量管理体系、各项管理制度、应急处理措施,并能有效运转;

(6)使用者建立了设备安全技术档案;

(7)使用者能够保证特种设备使用符合特种设备安全技术规范的基本要求。

2. 办理材料

根据《特种设备使用管理规则》(TSG 08—2017)第3.4.1条规定可知:

（1）按台（套）办理：

①使用登记表（一式两份）；

②含有使用单位统一社会信用代码的证明或者个人身份证明（适用于公民个人所有的特种设备）；

③特种设备产品合格证（含产品数据表、车用气瓶安装合格证明）；

④特种设备监督检验证明（安全技术规范要求进行使用前首次检验的特种设备，应当提交使用前的首次检验报告）；

⑤机动车行驶证（适用于与机动车固定的移动式压力容器）、机动车登记证书（适用于与机动车固定的车用气瓶）；

⑥锅炉能效证明文件。

锅炉房内的分汽（水）缸随锅炉一同办理使用登记；锅炉与用热设备之间的连接管道总长小于或者等于1000m时，压力管道随锅炉一同办理使用登记；包含压力容器的撬装式承压设备系统或者机械设备系统中的压力管道可以随其压力容器一同办理使用登记。登记时另提交分汽（水）缸、压力管道元件的产品合格证（含产品数据表），但是不需要单独领取使用登记证。

没有产品数据表的特种设备，登记机关可以参照已有特种设备产品数据表的格式，制定其特种设备产品数据表，由使用单位根据产品出厂的相应资料填写。

（2）按单位办理：

①使用登记表（一式两份）；

②含有使用单位统一社会信用代码的证明；

③监督检验、定期检验证明；

④《压力管道基本信息汇总表——工业管道》《气瓶基本信息汇总表》。

新投入使用的气瓶应当提供制造监督检验证明，进行定期检验的气瓶应当同时提供定期检验证明。压力管道应当提供安装监督检验证明，达到定期检验周期的压力管道还应当提供定期检验证明；未进行安装监督检验的，应当提供定期检验证明。

（三）行政许可审批

（1）特种设备在投入使用前或者投入使用后30日内，特种设备使用单位应当向直辖市或者设区的市的特种设备安全监督管理部门登记。

（2）自受理之日起15个工作日内，登记机关应当完成审查、发证或者出具不予登记的决定，对于一次申请登记数量超过50台或者按单位办理使用登记的可以延长至20个工作日。不予登记的，出具不予登记的决定，并且书面告知不予登记的理由。

登记机关对申请资料有疑问的，可以对特种设备进行现场核查。进行现场核查的，办理使用登记日期可以延长至20个工作日。

（3）不需要办理使用登记的特种设备

《特种设备使用管理规则》（TSG 08—2017）第3.3条规定，以下特种设备不需办理使用登记。使用单位应当参照《特种设备使用管理规则》及有关安全技术规范中使用管理的相应规定，对不需要办理使用登记的锅炉、压力容器实施安全管理。

①锅炉：D级锅炉。

②压力容器。

a. 深冷装置中非独立的压力容器、直燃型吸收式制冷装置中的压力容器、铝制板翅式热交换器、过程装置中冷箱内的压力容器；

b. 盛装第二组介质的无壳体的套管热交换器；

c. 超高压管式反应器；

d. 移动式空气压缩机的储气罐；

e. 水力自动补气气压给水（无塔上水）装置中的气压罐，消防装置中的气体或者气压给水（泡沫）压力罐；

f. 水处理设备中的离子交换或者过滤用压力容器、热水锅炉用膨胀水箱；

g. 蓄能器承压壳体；

h. 简单压力容器；

i. 消防灭火用气瓶、呼吸器用气瓶、非重复充装气瓶。

（4）办理结果：登记机关经过审查，履行审批程序，符合条件的颁发《特种设备使用登记证》或者其他有关登记证件、牌照；不符合条件的，向申请单位出具不予许可决定书。

（四）相关法律法规及规章制度

（1）《中华人民共和国特种设备安全法》(2013 年 6 月 29 日通过)之第二条、第三十三条；

（2）《特种设备安全监察条例》(2003 年 3 月 11 日中华人民共和国国务院令第 373 号公布，2009 年 1 月 24 日修订)之第二十五条；

（3）《特种设备使用管理规则》(TSG 08—2017)之第 3.3 条、第 3.4.1 条。

十四、特种设备采用新材料、新技术、新工艺审批

（一）审批项目范围

《中华人民共和国特种设备安全法》第十六条规定，特种设备采用新材料、新技术、新工艺，与安全技术规范的要求不一致，或者安全技术规范未作要求、可能对安全性能有重大影响的，应当向国务院负责特种设备安全监督管理的部门申报。

（二）行政许可申报流程及办理前置条件

1. 前置条件

（1）申请单位应当是特种设备生产单位；

（2）申请项目是与安全技术规范要求不一致，或者安全技术规范未作要求、可能对安全性能有重大影响的新材料、新技术、新工艺。

2. 办理材料

（1）《特种设备采用新材料、新技术、新工艺技术评审申报表》；

（2）技术资料，包括设计、研究、试验的依据、数据、结果及其检验检测报告（由检验机构、型式试验机构、高等院校或科研院所等第三方出具），国内外技术、标准、专利、应用情况等；

（3）拟采取的安全防范措施，包括定期检查、监控运行等。

（三）行政许可审批

（1）特种设备采用新材料、新技术、新工艺向国务院负责特种设备安全监督管理的部门申报，由国务院负责特种设备安全监督管理的部门及时委托安全技术咨询机构或者相关

专业机构进行技术评审，评审结果经国务院负责特种设备安全监督管理的部门批准，方可投入生产、使用。

（2）受理和审批时限：

①承诺受理时限：5个工作日；

②法定审批时限：30个工作日。

（3）办理结果：市场监督管理采用新材料、新技术、新工艺试制试用决定书。

（四）相关法律法规及规章制度

《中华人民共和国特种设备安全法》(2013年6月29日通过)之第十六条。

十五、在电力设施周围或者电力设施保护区内进行可能危及电力设施安全作业审批

（一）审批项目范围

（1）《中华人民共和国电力法》第五十二条规定，在电力设施周围进行爆破及其他可能危及电力设施安全的作业的，应当按照国务院有关电力设施保护的规定，经批准并采取确保电力设施安全的措施后，方可进行作业。

（2）《电力设施保护条例》第十七条规定，任何单位或个人必须经县级以上地方电力管理部门批准，并采取安全措施后，方可进行下列作业或活动：

①在架空电力线路保护区内进行农田水利基本建设工程及打桩、钻探、开挖等作业；

②起重机械的任何部位进入架空电力线路保护区进行施工；

③小于导线距穿越物体之间的安全距离，通过架空电力线路保护区；

④在电力电缆线路保护区内进行作业。

（二）行政许可申报流程及办理前置条件

1. 前置条件

（1）施工作业单位应具备相应资质条件；

（2）施工项目须经有关部门批准；

（3）制定了安全措施；

（4）电力设施产权单位（或管理单位）出具了许可意见。

2. 办理材料

（1）电力设施保护区内施工作业申请表；

（2）工程项目批准文件；

（3）工程申请单位（个人）营业执照、工程项目概况、施工作业单位的简要情况及资质证明；

（4）电力设施保护区内详细的设计施工方案、图纸和施工作业内容，要明确施工作业的开工和完工时间、是否需要停电作业及安全保障措施；

（5）电力设施产权单位（或管理单位）意见，作业方业主或施工单位与电力设施产权单位（或管理单位）签订的施工作业安全协议。

（三）行政许可审批

（1）在电力设施周围或者电力设施保护区内进行可能危及电力设施安全作业须经县级以上地方电力管理部门批准。

（2）办理结果：准予在电力设施周围或者电力设施保护区内进行可能危及电力设施安全作业的批复。

（四）相关法律法规及规章制度

（1）《中华人民共和国电力法》（1995年12月28日通过，2018年12月29日第三次修正）之第五十二条、第五十四条；

（2）《电力设施保护条例》（1987年9月15日国务院发布，2011年1月8日第二次修订）之第十七条。

十六、新建不能满足管道保护要求的石油天然气管道防护方案审批

（一）审批项目范围

《中华人民共和国石油天然气管道保护法》第十三条规定，管道建设的选线应当避开地震活动断层和容易发生洪灾、地质灾害的区域，与建筑物、构筑物、铁路、公路、航道、港口、市政设施、军事设施、电缆、光缆等保持本法和有关法律、行政法规以及国家技术规范的强制性要求规定的保护距离。新建管道通过的区域受地理条件限制，不能满足前款规定的管道保护要求的，管道企业应当提出防护方案，经管道保护方面的专家评审论证，并经管道所在地县级以上地方人民政府主管管道保护工作的部门批准后，方可建设。

（二）行政许可申报流程及办理前置条件

1. 前置条件

（1）申请主体为新建不能满足管道保护要求的石油天然气管道项目业主单位。

（2）新建不能满足管道保护要求的石油天然气管道项目防护方案科学、合理，能确保管道安全，并通过管道保护方面的专家评审论证。

2. 办理材料

（1）关于审批防护方案的申请；

（2）新建不能满足管道保护要求的石油天然气管道防护方案。

（三）行政许可审批

（1）向管道所在地县级以上地方人民政府主管管道保护工作的部门报审。

（2）办理结果：《关于××管道受限制区域施工保护方案的批复》。

（四）相关法律法规及规章制度

《中华人民共和国石油天然气管道保护法》（2010年6月25日通过）之第十三条。

十七、树木采伐许可证核发

（一）审批项目范围

《中华人民共和国森林法》第五十六条规定：

（1）采伐林地上的林木应当申请采伐许可证，并按照采伐许可证的规定进行采伐；采伐自然保护区以外的竹林，不需要申请采伐许可证，但应当符合林木采伐技术规程。

（2）农村居民采伐自留地和房前屋后个人所有的零星林木，不需要申请采伐许可证。

（3）非林地上的农田防护林、防风固沙林、护路林、护岸护堤林和城镇林木等的更新采伐，由有关主管部门按照有关规定管理。

（4）采挖移植林木按照采伐林木管理。具体办法由国务院林业主管部门制定。

（二）行政许可申报流程及办理前置条件

1. 前置条件

（1）林木所有权没有争议；

（2）具有所需采伐方式的相应采伐限额；

（3）不属于不得核发采伐许可证的情形。

2. 办理材料

（1）林木采伐申请表。

（2）采伐林木的所有权证书或者使用权证书。

（3）国有林业企业事业单位应当提交采伐区调查设计文件和上年度采伐更新验收证明。

其他单位应当提交包括采伐林木的目的、地点、林种、林况、面积、蓄积量、方式和更新措施等内容的文件；个人应当提交包括采伐林木的地点、面积、树种、株数、蓄积量、更新时间等内容的文件。

（三）行政许可审批

（1）根据《中华人民共和国森林法》第五十七条和《中华人民共和国森林法实施条例》第三十二条，林木采伐许可证按照下列规定权限核发：

①农村居民采伐自留山和个人承包集体林地上的林木，由县级人民政府林业主管部门或者其委托的乡镇人民政府核发采伐许可证。

②县属国有林场，由所在地的县级人民政府林业主管部门核发；

③省、自治区、直辖市和设区的市、自治州所属的国有林业企业事业单位、其他国有企业事业单位，由所在地的省、自治区、直辖市人民政府林业主管部门核发；

④重点林区的国有林业企业事业单位，由国务院林业主管部门核发。

（2）利用外资营造的用材林达到一定规模需要采伐的，应当在国务院批准的年森林采伐限额内，由省、自治区、直辖市人民政府林业主管部门批准，实行采伐限额单列。

（3）根据《中华人民共和国森林法》第五十五条，采伐森林、林木应当遵守下列规定：

①公益林只能进行抚育、更新和低质低效林改造性质的采伐。但是，因科研或者实验、防治林业有害生物、建设护林防火设施、营造生物防火隔离带、遭受自然灾害等需要采伐的除外。

②商品林应当根据不同情况，采取不同采伐方式，严格控制皆伐面积，伐育同步规划实施。

③自然保护区的林木，禁止采伐。但是，因防治林业有害生物、森林防火、维护主要保护对象生存环境、遭受自然灾害等特殊情况必须采伐的和实验区的竹林除外。

（4）根据《中华人民共和国森林法》第六十条和和《中华人民共和国森林法实施条例》第三十条，有下列情形之一的，不得核发采伐许可证：

①防护林和特种用途林进行非抚育或者非更新性质的采伐的，或者采伐封山育林期、封山育林区内的林木的；

②上年度采伐后未按照规定完成更新造林任务的；

③上年度发生重大滥伐案件、森林火灾或者林业有害生物灾害，未采取预防和改进措施的；

④法律法规和国务院林业主管部门规定的禁止采伐的其他情形的。

(5)采伐林木的组织和个人应当按照有关规定完成更新造林。更新造林的面积不得少于采伐的面积，更新造林应当达到相关技术规程规定的标准。

(6)办理结果：《林木采伐许可证》。

(四)相关法律法规及规章制度

(1)《中华人民共和国森林法》(1984年9月20日通过，2019年12月28日修订)之第五十五条至第六十一条；

(2)《中华人民共和国森林法实施条例》(2000年1月29日中华人民共和国国务院令第278号发布，2018年3月19日第三次修订)之第三十条至第三十三条。

十八、森林草原防火期内在森林草原防火区爆破、勘察、施工等活动审批

(一)审批项目范围

(1)根据《森林防火条例》第二十五条，森林防火期内，需要进入森林防火区进行实弹演习、爆破等活动的，应经批准，并采取必要的防火措施。

(2)根据《草原防火条例》第十九条，草原防火期内，在草原上进行爆破、勘察和施工等活动的，应当经批准，并采取防火措施，防止失火。

(二)行政许可申报流程及办理前置条件

1. 前置条件

(1)防火期内确需在森林草原防火区进行爆破、勘察、施工等活动的；

(2)采取了安全防范措施。

2. 办理材料

(1)申请报告；

(2)进入森林草原进行爆破、勘察和施工活动的方案材料；

(3)林场同意在所属森林草原进行爆破、勘察和施工活动的证明材料；

(4)爆破、勘察和施工活动的地点地形图。

(三)行政许可审批

(1)森林防火期内，因防特殊情况确需野外用火的，应当经县级人民政府批准，并按照要求采取防火措施，严防失火；需要进入森林防火区进行爆破等活动的，应当经省、自治区、直辖市人民政府林业主管部门批准，并采取必要的防火措施。

(2)在草原防火期内，在草原上进行爆破、勘察和施工等活动的，应当经县级以上地方人民政府草原防火主管部门批准，并采取防火措施，防止失火。

(3)防火期内，进入森林和草原防火区的各种机动车辆应当按照规定安装防火装置，配备灭火器材；对草原上从事野外作业的机械设备，应当采取防火措施；作业人员应当遵守防火安全操作规程，防止失火。

(4)办理结果：《关于同意×××在森林/草原防火期内进入森林/草原防火区从事××活动的批复》或《不准予行政许可决定书》。

(四)相关法律法规及规章制度

(1)《森林防火条例》(1988年1月16日国务院公布，2008年12月1日中华人民共和国国务院令第541号修订，自2009年1月1日起施行)之第二十五条、第二十六条；

（2）《草原防火条例》（1993年10月5日中华人民共和国国务院令第130号公布，2008年11月29日中华人民共和国国务院令第542号修订，自2009年1月1日起施行）之第十九条、第二十条。

十九、进入森林高火险区、草原防火管制区审批

（一）审批项目范围

（1）根据《森林防火条例》第二十九条，森林高火险期内，进入森林高火险区的，严格按照批准的时间、地点、范围活动，并接受县级以上地方人民政府林业主管部门的监督管理。

（2）根据《草原防火条例》第二十二条，在草原防火期内，出现高温、干旱、大风等高火险天气时，县级以上地方人民政府应当将极高草原火险区、高草原火险区以及一旦发生草原火灾可能造成人身重大伤亡或者财产重大损失的区域划为草原防火管制区，规定管制期限，及时向社会公布，并报上一级人民政府备案。

（二）行政许可申报流程及办理前置条件

1. 前置条件

进入森林高火险区、草原防火管制区的活动。

2. 办理材料

（1）进入森林高火险区/草原防火管制区申请报告；

（2）森林、林地使用者或所有者同意其进入森林高火险区的相关证明；

（3）活动地点地形图。

（三）行政许可审批

（1）森林高火险期内，进入森林高火险区的，应当经县级以上地方人民政府批准。

（2）在草原防火管制区内，禁止一切野外用火。对可能引起草原火灾的非野外用火，县级以上地方人民政府或者草原防火主管部门应当按照管制要求，严格管理。进入草原防火管制区的车辆，应当取得县级以上地方人民政府草原防火主管部门颁发的草原防火通行证，并服从防火管制。

（3）办理结果：《森林高火险期内进入森林高火险区的批复》《草原防火期内进入草原防火管制区的批复》。

（四）相关法律法规及规章制度

（1）《森林防火条例》（1988年1月16日国务院公布，2008年12月1日中华人民共和国国务院令第541号修订，自2009年1月1日起施行）之第二十九条；

（2）《草原防火条例》（1993年10月5日中华人民共和国国务院令第130号公布，2008年11月29日中华人民共和国国务院令第542号修订，自2009年1月1日起施行）之第二十二条。

第五节　工程建设技术规范

为适应国际技术法规与技术标准通行规则，住房和城乡建设部《关于深化工程建设标准化工作改革的意见》（建标〔2016〕166号）等文件，提出政府制定强制性标准、社会团

体制定自愿采用性标准的长远目标，明确了逐步用全文强制性工程建设规范取代现行标准中分散的强制性条文的改革任务，逐步形成由法律、行政法规、部门规章中的技术性规定与全文强制性工程建设规范构成的"技术法规"体系。

一、国际技术法规与技术标准通行规则

世界上大多数国家对建设活动的技术控制，采取的是技术法规与技术标准相结合的管理体制。技术法规是强制性的，是把建设领域中的技术要求法治化，严格贯彻在工程建设实际工作中，不执行技术法规就是违法，就要受到法律的处罚，而没有被技术法规引用的技术标准可自愿采用。

世界贸易组织技术贸易壁垒协定（WTO/TBT）作为非关税协定的重要组成部分，将技术法规、技术标准和合格评定作为三大技术贸易壁垒。技术法规是政府颁布的强制性文件，是一个国家的主权体现，必须执行；技术标准是竞争的手段和自愿采用的。

二、我国工程建设技术规范

强制性标准具有强制约束力，是保障人民生命财产安全、人身健康、工程安全、生态环境安全、公众权益和公共利益，以及促进能源资源节约利用、满足社会经济管理等方面的控制性底线要求。《关于深化工程建设标准化工作改革的意见》（建标〔2016〕166号）提出，强制性标准项目名称统称为技术规范。技术规范是我国的工程建设技术法规的组成部分。

三、技术规范的种类

强制性工程建设规范体系覆盖工程建设领域各类建设工程项目，分为工程项目类规范（简称项目规范）和通用技术类规范（简称通用规范）两种类型。

项目规范以工程建设项目整体为对象，以项目的规模、布局、功能、性能和关键技术措施等五大要素为主要内容。

通用规范以实现工程建设项目功能性能要求的各专业通用技术为对象，以勘察、设计、施工、维修、养护等通用技术要求为主要内容。

在全文强制性工程建设规范体系中，项目规范为主干，通用规范是对各类项目共性的、通用的专业性关键技术措施的规定。

四、技术规范的要素指标

强制性工程建设规范中各项要素是保障工程建设体系化和效率提升的基本规定，是支撑工程建设高质量发展的基本要求。

（一）项目的规模

项目的规模要求主要规定了建设工程项目应具备完整的生产或服务能力，应与经济社会发展水平相适应。

（二）项目的布局

项目的布局要求主要规定了产业布局、建设工程项目选址、总体设计、总平面布置以及与规模相协调的统筹性技术要求，应考虑供给能力合理分布，提高相关设施建设的整体

水平。

（三）项目的功能

项目的功能要求主要规定项目构成和用途，明确项目的基本组成单元，是项目发挥预期作用的保障。

（四）项目的性能

项目的性能要求主要规定建设工程项目建设水平或技术水平的高低程度，体现建设工程项目的适用性，明确项目质量、安全、节能、环保、宜居环境和可持续发展等方面应达到的基本水平。

（五）关键技术措施

关键技术措施是实现建设项目功能、性能要求的基本技术规定，是落实城乡建设安全、绿色、韧性、智慧、宜居、公平、有效率等发展目标的基本保障。

五、技术规范的实施

强制性工程建设规范实施后，现行相关工程建设国家标准、行业标准中的强制性条文同时废止。现行工程建设地方标准中的强制性条文应及时修订，且不得低于强制性工程建设规范的规定。现行工程建设标准（包括强制性标准和推荐性标准）中有关规定与强制性工程建设规范的规定不一致的，以强制性工程建设规范的规定为准。

六、目前发布的技术规范

截至2024年9月1日，住房和城乡建设部发布了37项技术规范，其中项目规范12项、通用规范25项目，见表4-7。

表4-7 现已发布的技术规范

规范类别	序号	规范编号	规范名称
项目规范	1	GB 55009—2021	燃气工程项目规范
	2	GB 55010—2021	供热工程项目规范
	3	GB 55011—2021	城市道路交通工程项目规范
	4	GB 55012—2021	生活垃圾处理处置工程项目规范
	5	GB 55013—2021	市容环卫工程项目规范
	6	GB 55014—2021	园林绿化工程项目规范
	7	GB 55025—2022	宿舍、旅馆建筑项目规范
	8	GB 55026—2022	城市给水工程项目规范
	9	GB 55027—2022	城乡排水工程项目规范
	10	GB 55028—2022	特殊设施工程项目规范
	11	GB 55033—2022	城市轨道交通工程项目规范
	12	GB 55035—2023	城乡历史文化保护利用项目规范

续表

规范类别	序号	规范编号	规范名称
通用规范	13	GB 55001—2021	工程结构通用规范
	14	GB 55002—2021	建筑与市政工程抗震通用规范
	15	GB 55003—2021	建筑与市政地基基础通用规范
	16	GB 55004—2021	组合结构通用规范
	17	GB 55005—2021	木结构通用规范
	18	GB 55006—2021	钢结构通用规范
	19	GB 55007—2021	砌体结构通用规范
	20	GB 55008—2021	混凝土结构通用规范
	21	GB 55015—2021	建筑节能与可再生能源利用通用规范
	22	GB 55016—2021	建筑环境通用规范
	23	GB 55017—2021	工程勘察通用规范
	24	GB 55018—2021	工程测量通用规范
	25	GB 55019—2021	建筑与市政工程无障碍通用规范
	26	GB 55020—2021	建筑给水排水与节水通用规范
	27	GB 55021—2021	既有建筑鉴定与加固通用规范
	28	GB 55022—2021	既有建筑维护与改造通用规范
	29	GB 55023—2022	施工脚手架通用规范
	30	GB 55024—2022	建筑电气与智能化通用规范
	31	GB 55029—2022	安全防范工程通用规范
	32	GB 55030—2022	建筑与市政工程防水通用规范
	33	GB 55031—2022	民用建筑通用规范
	34	GB 55032—2022	建筑与市政工程施工质量控制通用规范
	35	GB 55034—2022	建筑与市政施工现场安全卫生与职业健康通用规范
	36	GB 55036—2022	消防设施通用规范
	37	GB 55037—2022	建筑防火通用规范

第六节　土地复垦验收

一、需复垦的土地范围

《土地复垦条例》(国务院令第592号)第十条规定,下列损毁土地由土地复垦义务人负责复垦:

（1）露天采矿、烧制砖瓦、挖沙取土等地表挖掘所损毁的土地；
（2）地下采矿等造成地表塌陷的土地；
（3）堆放采矿剥离物、废石、矿渣、粉煤灰等固体废弃物压占的土地；
（4）能源、交通、水利等基础设施建设和其他生产建设活动临时占用所损毁的土地。

二、土地复垦验收申请

（1）土地复垦义务人完成土地复垦任务后，应当组织自查，向项目所在地县级自然资源主管部门提出验收书面申请，并提供下列材料：

①验收调查报告及相关图件；

②规划设计执行报告；

③质量评估报告；

④检测等其他报告。

（2）生产建设周期五年以上的项目，土地复垦义务人可以分阶段提出验收申请，负责组织验收的自然资源主管部门实行分级验收。

三、验收组织

（1）阶段验收由项目所在地县级自然资源主管部门负责组织，总体验收由审查通过土地复垦方案的自然资源主管部门负责组织或者委托有关自然资源主管部门组织。

（2）负责组织验收的自然资源主管部门应当会同同级农业、林业、环境保护等有关部门，组织邀请有关专家和农村集体经济组织代表，依据土地复垦方案、阶段土地复垦计划，对下列内容进行验收：

①土地复垦计划目标与任务完成情况；

②规划设计执行情况；

③复垦工程质量和耕地质量等级；

④土地权属管理、档案资料管理情况；

⑤工程管护措施。

（3）政府投资的土地复垦项目竣工后，由负责组织实施土地复垦项目的自然资源主管部门进行初步验收。

初步验收完成后，负责组织实施土地复垦项目的自然资源主管部门应当按照国务院自然资源主管部门的规定向上级人民政府自然资源主管部门申请最终验收。上级人民政府自然资源主管部门应当会同有关部门及时组织验收。

自然资源主管部门代复垦的项目竣工后，依照上述规定进行验收。

（4）土地权利人自行复垦或者社会投资进行复垦的土地复垦项目竣工后，由项目所在地县级自然资源主管部门进行验收。

四、验收结论

（1）土地复垦工程经阶段验收或者总体验收合格的，负责验收的自然资源主管部门出具阶段或者总体验收合格确认书。验收合格确认书应当载明下列事项：

①土地复垦工程概况；

②损毁土地情况；

③土地复垦完成情况；

④土地复垦中存在的问题和整改建议、处理意见；

⑤验收结论。

（2）土地复垦义务人在申请新的建设用地、申请新的采矿许可证或者申请采矿许可证延续、变更、注销时，应当一并提供到期完工土地复垦项目的验收合格确认书或者土地复垦费缴费凭据。未提供相关材料的，有关自然资源主管部门不得通过审查和办理相关手续。

五、土地复垦激励

土地复垦义务人将生产建设活动损毁的耕地、林地、牧草地等农用地复垦恢复为原用途的，凭验收合格确认书向所在地县级自然资源主管部门提出出具退还耕地占用税意见的申请。

经审核属实的，县级自然资源主管部门应当在15日内向土地复垦义务人出具意见。土地复垦义务人凭自然资源主管部门出具的意见向有关部门申请办理退还耕地占用税手续。

六、相关法律法规及规章制度

（1）《土地复垦条例》（2011年3月5日国务院令第592号公布）之第十条、第二十八条至第三十一条；

（2）《土地复垦条例实施办法》（2012年12月27日国土资源部第56号令公布，2019年7月16日修正）之第三十三条至第四十一条。

第七节　试运投产阶段验收手续

一、建设工程消防验收

根据《中华人民共和国消防法》和《建设工程消防设计审查验收管理暂行规定》（住房和城乡建设部令第51号），国家对特殊建设工程实行消防验收制度，特殊建设工程消防验收为行政许可项目；对其他建设工程，住房和城乡建设主管部门实行备案制管理。

（一）实施消防验收的项目范围

（1）《建设工程消防设计审查验收管理暂行规定》（住房和城乡建设部令第51号）第十四条规定，下列特殊建设工程需进行消防验收：

①总建筑面积大于20000m^2的体育场馆、会堂，公共展览馆、博物馆的展示厅；

②总建筑面积大于15000m^2的民用机场航站楼、客运车站候车室、客运码头候船厅；

③总建筑面积大于10000m^2的宾馆、饭店、商场、市场；

④总建筑面积大于2500m^2的影剧院，公共图书馆的阅览室，营业性室内健身、休闲场馆，医院的门诊楼，大学的教学楼、图书馆、食堂，劳动密集型企业的生产加工车间，寺庙、教堂；

⑤总建筑面积大于1000m^2的托儿所、幼儿园的儿童用房，儿童游乐厅等室内儿童活

动场所、养老院、福利院、医院、疗养院的病房楼，中小学校的教学楼、图书馆、食堂，学校的集体宿舍，劳动密集型企业的员工集体宿舍；

⑥总建筑面积大于500m²的歌舞厅、录像厅、放映厅、卡拉OK厅、夜总会、游艺厅、桑拿浴室、网吧、酒吧，具有娱乐功能的餐馆、茶馆、咖啡厅；

⑦国家工程建设消防技术标准规定的一类高层住宅建筑；

⑧城市轨道交通、隧道工程，大型发电、变配电工程；

⑨生产、储存、装卸易燃易爆危险物品的工厂、仓库和专用车站、码头，易燃易爆气体和液体的充装站、供应站、调压站；

⑩国家机关办公楼、电力调度楼、电信楼、邮政楼、防灾指挥调度楼、广播电视楼、档案楼；

⑪设有本条第①项至第⑥项所列情形的建设工程；

⑫本条第⑩项、第⑪项规定以外的单体建筑面积大于40000m²或者建筑高度超过50m的公共建筑。

（2）其他建设工程，建设单位在验收后应当报住房和城乡建设主管部门备案，住房和城乡建设主管部门进行抽查。

（二）建设单位组织消防（预）验收

建设单位组织消防（预）验收，对建设工程是否符合下列要求进行查验：

（1）完成工程消防设计和合同约定的消防各项内容；

（2）有完整的工程消防技术档案和施工管理资料（含涉及消防的建筑材料、建筑构配件和设备的进场试验报告）；

（3）建设单位对工程涉及消防的各分部分项工程验收合格；施工、设计、工程监理、技术服务等单位确认工程消防质量符合有关标准；

（4）消防设施性能、系统功能联调联试等内容检测合格。

（三）特殊建设工程消防验收办理流程及前置条件

（1）前置条件。

①《建设工程消防设计审查验收管理暂行规定》（住建部51号令）规定的依法由公安机关消防机构进行消防设计审核的特殊建设工程；

②按照核准的施工图施工完成，并符合消防技术标准要求。

（2）建设单位完成特殊建设工程消防预验收后，向消防设计审查验收主管部门申请消防验收。

（3）建设单位申请消防验收，应当提交下列材料：

①消防验收申请表；

②工程竣工验收报告；

③涉及消防的建设工程竣工图纸。

（四）行政许可审批

（1）消防验收主管部门受理消防验收申请后，应当按照《建设工程消防设计审查验收工作细则》（建科规〔2020〕5号）等有关规定，对特殊建设工程进行现场评定。消防验收主管部门可以委托具备相应能力的技术服务机构开展特殊建设工程消防验收的消防设施检测、现场评定，并形成意见或者报告，作为出具特殊建设工程消防验收意见的依据。

现场评定应当依据消防法律法规、国家工程建设消防技术标准和涉及消防的建设工程竣工图纸、消防设计审查意见，对建筑物防（灭）火设施的外观进行现场抽样查看；通过专业仪器设备对涉及距离、高度、宽度、长度、面积、厚度等可测量的指标进行现场抽样测量；对消防设施的功能进行抽样测试、联调联试消防设施的系统功能等。

现场抽样查看、测量、设施及系统功能测试应符合下列要求：

①每一项目的抽样数量不少于2处，当总数不大于2处时，全部检查；

②防火间距、消防车登高操作场地、消防车道的设置及安全出口的形式和数量应全部检查。

（2）消防验收主管部门应当自受理消防验收申请之日起15日内出具消防验收意见。对符合下列条件的，应当出具消防验收合格意见：

①申请材料齐全、符合法定形式；

②工程竣工验收报告内容完备；

③涉及消防的建设工程竣工图纸与经审查合格的消防设计文件相符；

④现场评定结论合格。

对不符合前款规定条件的，消防设计审查验收主管部门应当出具消防验收不合格意见，并说明理由。

（3）办理结果：《特殊建设工程消防验收意见书》。

（4）实行规划、土地、消防、人防、档案等事项联合验收的建设工程，消防验收意见由地方人民政府指定的部门统一出具。

（五）其他建设工程的消防验收备案

（1）其他建设工程消防验收实行备案抽查制度，分类管理。其他建设工程应当依据建筑所在区域环境、建筑使用功能、建筑规模和高度、建筑耐火等级、疏散能力、消防设施设备配置水平等因素分为一般项目、重点项目等两类。

属于省、自治区、直辖市人民政府住房和城乡建设主管部门公布的其他建设工程分类管理目录清单中一般项目的，可以采用告知承诺制的方式申请备案。省、自治区、直辖市人民政府住房和城乡建设主管部门公布告知承诺的内容要求，包括建设工程设计和施工时间、国家工程建设消防技术标准的执行情况、竣工验收消防查验情况及需要履行的法律责任等。

（2）其他建设工程消防验收合格之日起5个工作日内，建设单位应当报消防设计审查验收主管部门备案。

（3）建设单位办理备案，应当提交下列材料：

①消防验收备案表；

②工程竣工验收报告；

③涉及消防的建设工程竣工图纸。

（4）消防验收主管部门收到建设单位备案材料后，对备案材料齐全的，应当出具备案凭证；备案材料不齐全的，应当一次性告知需要补正的全部内容。

建设单位采用告知承诺制的方式申请备案的，消防设计审查验收主管部门收到建设单位提交的消防验收备案表信息完整、告知承诺书符合要求，应当依据承诺书出具备案凭证。

（5）消防验收主管部门对备案的其他建设工程进行抽查。对申请备案的重点项目适当提高抽取比例，具体由省、自治区、直辖市人民政府住房和城乡建设主管部门制定。

消防验收主管部门应当自其他建设工程被确定为检查对象之日起15个工作日内，按照建设工程消防验收有关规定完成检查，制作检查记录。检查结果应当通知建设单位，并向社会公示。

（6）建设单位收到检查不合格整改通知后，应当停止使用建设工程，并组织整改，整改完成后，向消防验收主管部门申请复查。

消防验收主管部门应当自收到书面申请之日起7个工作日内进行复查，并出具复查意见。复查合格后方可使用建设工程。

（7）办理结果：《建设工程消防验收备案意见书》《建设工程消防备案抽查意见书》。

（六）相关法律法规及规章制度

（1）《中华人民共和国消防法》（1998年4月29日通过，2019年4月23日修正）之第十条、第十三条；

（2）《建设工程消防设计审查验收管理暂行规定》（2020年4月1日住房和城乡建设部令第51号公布，2023年8月21日修正）之第二十七条至第四十条；

（3）《建设工程消防设计审查验收工作细则》（2020年6月16日建科规〔2020〕5号公布，2024年4月8日修改）之第十四条至第二十四条。

二、雷电防护装置竣工验收

我国雷电防护装置实行竣工验收制度，为行政许可事项。雷电防护装置是指接闪器、引下线、接地装置、电涌保护器及其连接导体等构成的，用以防御雷电灾害的设施或者系统。

（一）雷电防护装置竣工验收项目范围

《中国气象局等11部委关于贯彻落实＜国务院关于优化建设工程防雷许可的决定＞的通知》（气发〔2016〕79号）明确：

（1）气象部门负责雷电防护装置竣工验收许可的建设工程具体范围包括：

①油库、气库、弹药库、化学品仓库、民用爆炸物品、烟花爆竹、石化等易燃易爆建设工程和场所；

②雷电易发区内的矿区、旅游景点或者投入使用的建（构）筑物、设施等需要单独安装雷电防护装置的场所；

③雷电风险高且没有防雷标准规范、需要进行特殊论证的大型项目。

（2）房屋建筑工程和市政基础设施工程防雷装置竣工验收许可工作，整合纳入建筑工程竣工验收备案，统一由住房城乡建设部门监管，气象部门不再承担相应的行政许可和监管工作。

（3）公路、水路、铁路、民航、水利、电力、核电、通信等专业建设工程防雷管理，由各专业部门负责。气象部门不再承担相应防雷装置设计审核、竣工验收行政许可和监管工作。

（二）办理材料及前置条件

1. 前置条件

雷电防护装置按照核准的施工图施工完成，并符合雷电防护装置检测技术标准要求。

2. 办理材料

建设单位应当向气象主管机构提出申请，并提交以下材料：

（1）《雷电防护装置竣工验收申请表》；

（2）雷电防护装置竣工图纸等技术资料；

（3）防雷产品出厂合格证和安装记录。

（三）行政许可审查

（1）气象主管机构受理后，委托取得雷电防护装置检测资质的单位开展雷电防护装置检测。

（2）取得雷电防护装置检测资质的单位开展检测，出具雷电防护装置检测报告并对检测报告负责。雷电防护装置检测报告结论应当包含安装的雷电防护装置是否按照核准的施工图施工完成；是否符合国家有关标准和国务院气象主管机构规定的使用要求。

（3）雷电防护装置竣工验收内容：

①申请材料的合法性；

②雷电防护装置检测报告。

（4）气象主管机构应当在受理之日起10个工作日内得出竣工验收结论。

（5）办理结果：雷电防护装置经验收符合要求的，气象主管机构出具《雷电防护装置验收意见书》；雷电防护装置验收不符合要求的，气象主管机构出具《不予验收决定书》。

（四）相关法律法规及规章制度

（1）《气象灾害防御条例》（2010年1月27日国务院令第570号公布，2017年10月7日修订）之第二十三条；

（2）《中国气象局等11部委关于贯彻落实〈国务院关于优化建设工程防雷许可的决定〉的通知》（2016年11月15日气发〔2016〕79号公布）；

（3）《雷电防护装置设计审核和竣工验收规定》（2020年11月29日中国气象局第37号令公布）之第四条、第十二条至第十六条。

三、生产安全事故应急预案备案

生产安全事故应急预案分为综合应急预案、专项应急预案和现场处置方案。

综合应急预案，是指生产经营单位为应对各种生产安全事故而制定的综合性工作方案，是本单位应对生产安全事故的总体工作程序、措施和应急预案体系的总纲。

专项应急预案，是指生产经营单位为应对某一种或者多种类型生产安全事故，或者针对重要生产设施、重大危险源、重大活动防止生产安全事故而制定的专项性工作方案。

现场处置方案，是指生产经营单位根据不同生产安全事故类型，针对具体场所、装置或者设施所制定的应急处置措施。

（一）应急预案备案范围

（1）根据《生产安全事故应急预案管理办法》（国家安全生产监督管理总局令第88号），易燃易爆物品、危险化学品等危险物品的生产、经营（带储存设施的，下同）、储存、运输单位，矿山、金属冶炼、城市轨道交通运营、建筑施工单位，以及宾馆、商场、娱乐场所、旅游景区等人员密集场所经营单位，应当按照分级属地原则，向县级以上人民政府应急管理部门和其他负有安全生产监督管理职责的部门进行备案。

（2）前款所列单位属于中央企业的，其总部（上市公司）的应急预案，报国务院主管的负有安全生产监督管理职责的部门备案，并抄送应急管理部；其所属单位的应急预案报所在地的省、自治区、直辖市或者设区的市级人民政府主管的负有安全生产监督管理职责的部门备案，并抄送同级人民政府应急管理部门。

（3）油气输送管道运营单位的应急预案，除按照本条第（1）款、第（2）款的规定备案外，还应当抄送所经行政区域的县级人民政府应急管理部门。

（4）海洋石油开采企业的应急预案，除按照本条第（1）款、第（2）款的规定备案外，还应当抄送所经行政区域的县级人民政府应急管理部门和海洋石油安全监管机构。

（二）应急预案的编制

（1）生产经营单位主要负责人负责组织编制和实施本单位的应急预案，编制应急预案应当成立编制工作小组，由本单位有关负责人任组长，吸收与应急预案有关的职能部门和单位的人员，以及有现场处置经验的人员参加。

（2）编制应急预案前，编制单位应当进行事故风险辨识、评估和应急资源调查。

（3）应急预案的编制应当符合下列基本要求：

①有关法律、法规、规章和标准的规定；

②本地区、本部门、本单位的安全生产实际情况；

③本地区、本部门、本单位的危险性分析情况；

④应急组织和人员的职责分工明确，并有具体的落实措施；

⑤有明确、具体的应急程序和处置措施，并与其应急能力相适应；

⑥有明确的应急保障措施，满足本地区、本部门、本单位的应急工作需要；

⑦应急预案基本要素齐全、完整，应急预案附件提供的信息准确；

⑧应急预案内容与相关应急预案相互衔接。

应急预案应当包括向上级应急管理机构报告的内容、应急组织机构和人员的联系方式、应急物资储备清单等附件信息。附件信息发生变化时，应当及时更新，确保准确有效。

（4）生产经营单位风险种类多、可能发生多种类型事故的，应当组织编制综合应急预案；对于某一种或者多种类型的事故风险，生产经营单位可以编制相应的专项应急预案，或将专项应急预案并入综合应急预案；对于危险性较大的场所、装置或者设施，生产经营单位应当编制现场处置方案。

（5）生产经营单位编制的各类应急预案之间应当相互衔接，并与相关人民政府及其部门、应急救援队伍和涉及的其他单位的应急预案相衔接。

（三）应急预案的评审、公布

（1）矿山、金属冶炼企业和易燃易爆物品、危险化学品的生产、经营、储存、运输企业，以及使用危险化学品达到国家规定数量的化工企业、烟花爆竹生产、批发经营企业和中型规模以上的其他生产经营单位，应当对本单位编制的应急预案进行评审，并形成书面评审纪要。

前款规定以外的其他生产经营单位可以根据自身需要，对本单位编制的应急预案进行论证。

（2）参加应急预案评审的人员应当包括有关安全生产及应急管理方面的专家，评审人员与所评审应急预案的生产经营单位有利害关系的，应当回避。

（3）生产经营单位的应急预案经评审或者论证后，由本单位主要负责人签署，向本单位从业人员公布，并及时发放到本单位有关部门、岗位和相关应急救援队伍。

事故风险可能影响周边其他单位、人员的，生产经营单位应当将有关事故风险的性质、影响范围和应急防范措施告知周边的其他单位和人员。

（四）应急预案的备案

（1）易燃易爆物品、危险化学品等危险物品的生产、经营、储存、运输单位，矿山、金属冶炼、城市轨道交通运营、建筑施工单位，以及宾馆、商场、娱乐场所、旅游景区等人员密集场所经营单位，应当在应急预案公布之日起20个工作日内，按照分级属地原则，向县级以上人民政府应急管理部门和其他负有安全生产监督管理职责的部门进行备案，并依法向社会公布。

前款所列单位属于中央企业的，其总部（上市公司）的应急预案，报国务院主管的负有安全生产监督管理职责的部门备案，并抄送应急管理部；其所属单位的应急预案报所在地的省、自治区、直辖市或者设区的市级人民政府主管的负有安全生产监督管理职责的部门备案，并抄送同级人民政府应急管理部门。

前款所列单位不属于中央企业的，其中非煤矿山、金属冶炼和危险化学品生产、经营、储存、运输企业，以及使用危险化学品达到国家规定数量的化工企业、烟花爆竹生产、批发经营企业的应急预案，按照隶属关系报所在地县级以上地方人民政府应急管理部门备案；本款前述单位以外的其他生产经营单位应急预案的备案，由省、自治区、直辖市人民政府负有安全生产监督管理职责的部门确定。

油气输送管道运营单位的应急预案，除按照上述规定备案外，还应当抄送所经行政区域的县级人民政府应急管理部门。

海洋石油开采企业的应急预案，除按照上述规定备案外，还应当抄送所经行政区域的县级人民政府应急管理部门和海洋石油安全监管机构。

（2）生产经营单位申报应急预案备案，应当提交下列材料：

①应急预案备案申报表；
②需进行急预案评审的项目，应当提供应急预案评审意见；
③应急预案电子文档；
④风险评估结果和应急资源调查清单。

（3）受理备案登记的负有安全生产监督管理职责的部门应当在5个工作日内对应急预案材料进行核对，材料齐全的，应当予以备案并出具应急预案备案登记表；材料不齐全的，不予备案并一次性告知需要补齐的材料。逾期不予备案又不说明理由的，视为已经备案。

（4）对于实行安全生产许可的生产经营单位，已经进行应急预案备案的，在申请安全生产许可证时，可以不提供相应的应急预案，仅提供应急预案备案登记表。

（五）相关法律法规及规章制度

（1）《生产安全事故应急预案管理办法》（2016年6月3日国家安全生产监督管理总局令第88号公布，自2016年7月1日起施行；2019年7月11日修正）；

（2）《生产经营单位生产安全事故应急预案编制导则》（GB/T 29639—2020）。

四、环境应急预案备案

环境应急预案,是指企业为了在应对各类事故、自然灾害时,采取紧急措施,避免或最大程度减少污染物或其他有毒有害物质进入厂界外大气、水体、土壤等环境介质,而预先制定的工作方案。

(一)环境应急预案备案范围

根据《企业事业单位突发环境事件应急预案备案管理办法(试行)》(环发〔2015〕4号),环境应急预案备案的范围如下:

(1)可能发生突发环境事件的污染物排放企业,包括污水、生活垃圾集中处理设施的运营企业;

(2)生产、储存、运输、使用危险化学品的企业;

(3)产生、收集、贮存、运输、利用、处置危险废物的企业;

(4)尾矿库企业,包括湿式堆存工业废渣库、电厂灰渣库企业;

(5)其他应当纳入适用范围的企业。

省级环境保护主管部门可以根据实际情况,发布应当依法进行环境应急预案备案的企业名录。

鼓励其他企业制定单独的环境应急预案,或在突发事件应急预案中制定环境应急预案专章,并备案。

鼓励可能造成突发环境事件的工程建设、影视拍摄和文化体育等群众性集会活动主办企业,制定单独的环境应急预案,或在突发事件应急预案中制定环境应急预案专章,并备案。

(二)环境应急预案编制和评审

(1)跨县级以上行政区域的企业,编制分县域或者分管理单元的环境应急预案。

(2)企业按照以下步骤制定环境应急预案:

①成立环境应急预案编制组,明确编制组组长和成员组成、工作任务、编制计划和经费预算。

②开展环境风险评估和应急资源调查。环境风险评估包括但不限于:分析各类事故衍化规律、自然灾害影响程度,识别环境危害因素,分析与周边可能受影响的居民、单位、区域环境的关系,构建突发环境事件及其后果情景,确定环境风险等级。应急资源调查包括但不限于:调查企业第一时间可调用的环境应急队伍、装备、物资、场所等应急资源状况和可请求援助或协议援助的应急资源状况。

③编制环境应急预案。按照《企业事业单位突发环境事件应急预案备案管理办法(试行)》(环发〔2015〕4号)第九条要求,合理选择类别,确定内容,重点说明可能的突发环境事件情景下需要采取的处置措施、向可能受影响的居民和单位通报的内容与方式、向环境保护主管部门和有关部门报告的内容与方式,以及与政府预案的衔接方式,形成环境应急预案。编制过程中,应征求员工和可能受影响的居民和单位代表的意见。

④评审和演练环境应急预案。企业组织专家和可能受影响的居民、单位代表对环境应急预案进行评审,开展演练进行检验。评审专家一般应包括环境应急预案涉及的相关政府管理部门人员、相关行业协会代表、具有相关领域经验的人员等。

⑤签署发布环境应急预案。环境应急预案经企业有关会议审议，由企业主要负责人签署发布。

（3）企业根据有关要求，结合实际情况，开展环境应急预案的培训、宣传和必要的应急演练，发生或者可能发生突发环境事件时及时启动环境应急预案。

（三）环境应急预案备案

（1）企业环境应急预案应当在环境应急预案签署发布之日起20个工作日内，向企业所在地县级环境保护主管部门备案。建设单位制定的环境应急预案或者修订的企业环境应急预案，应当在建设项目投入生产或者使用前，向建设项目所在地受理部门备案。

县级环境保护主管部门应当在备案之日起5个工作日内将较大和重大环境风险企业的环境应急预案备案文件，报送市级环境保护主管部门，重大的同时报送省级环境保护主管部门。

（2）跨县级以上行政区域的企业环境应急预案，应当向沿线或跨域涉及的县级环境保护主管部门备案。县级环境保护主管部门应当将备案的跨县级以上行政区域企业的环境应急预案备案文件，报送市级环境保护主管部门，跨市级以上行政区域的同时报送省级环境保护主管部门。

省级环境保护主管部门可以根据实际情况，将受理部门统一调整到市级环境保护主管部门。受理部门应及时将企业环境应急预案备案文件报送有关环境保护主管部门。

（3）企业环境应急预案首次备案，现场办理时应当提交下列文件：

①突发环境事件应急预案备案表。

②环境应急预案及编制说明的纸质文件和电子文件，环境应急预案包括环境应急预案的签署发布文件、环境应急预案文本；编制说明包括编制过程概述、重点内容说明、征求意见及采纳情况说明、评审情况说明。

③环境风险评估报告的纸质文件和电子文件。

④环境应急资源调查报告的纸质文件和电子文件。

⑤环境应急预案评审意见的纸质文件和电子文件。

（4）受理部门收到企业提交的环境应急预案备案文件后，应当在5个工作日内进行核对。文件齐全的，出具加盖行政机关印章的突发环境事件应急预案备案表。

提交的环境应急预案备案文件不齐全的，受理部门应当责令企业补齐相关文件，并按期再次备案。再次备案的期限，由受理部门根据实际情况确定。

受理部门应当一次性告知需要补齐的文件。

（5）企业环境应急预案有重大修订的，应当在发布之日起20个工作日内向原受理部门变更备案。

环境应急预案个别内容进行调整、需要告知环境保护主管部门的，应当在发布之日起20个工作日内以文件形式告知原受理部门。

（6）办理结果：《突发环境事件应急预案备案表》。

（四）相关法律法规及规章制度

《企业事业单位突发环境事件应急预案备案管理办法（试行）》（2015年1月9日环发〔2015〕4号公布）。

五、安全防范系统验收

《安全防范工程技术标准》（GB 50348—2018）第 3.0.7 条规定，安全防范工程竣工后，应进行独立验收或专项验收。

（一）安全防范系统的试运行

（1）工程质量及系统功能性能经施工单位自检满足工程合同和设计文件要求后，项目管理机构、设计单位及施工单位应共同对工程进行初步验收，形成初步验收报告。

（2）初步验收通过、项目整改及复验完成后，安全防范系统至少应试运行 30 天。试运行期间，施工单位应配合项目管理机构建立系统的运行、操作和维护等管理制度。

（3）系统经试运行达到合同和设计文件要求，项目管理机构应依据试运行期间系统的运行情况及试运行记录，出具试运行报告。

（二）安全防范系统的验收

（1）安全防范工程建设完成，经试运行达到工程合同和设计文件要求后，施工单位应编制竣工报告。

（2）高风险保护对象以及按照相关法律法规、工程合同等要求需进行工程检验的安全防范工程，应在工程验收前，由符合条件的检验机构对安全防范工程的系统架构、实体和电子防护的功能性能、系统安全性、电磁兼容性、防雷与接地、系统供电、信号传输、设备安装及监控中心等项目进行检验，并出具检验报告。

（3）工程检验完成、项目整改复验合格后，建设单位应组织安全防范系统验收。验收应包括施工验收、技术验收和资料审查。竣工验收的组织、验收内容和要求、验收结论等内容。

（4）安全防范工程验收前，应由符合条件的检验机构对安全防范工程的系统架构、实体和电子防护的功能性能、系统安全性、电磁兼容性、防雷与接地、系统供电、信号传输、设备安装及监控中心等项目进行检验。

（5）工程验收时，应组成工程验收组。工程验收组可根据实际情况下设施工验收组、技术验收组和资料审查组。

建设单位应根据项目的性质、特点和管理要求与相关部门协商确定验收组成员，并由验收组推荐组长。

验收组中技术专家的人数不应低于验收组总人数的 50%，不利于验收公正性的人员不得参加工程验收组。

全国一些地方提出了公安机关参加安全防范工程验收工作的要求，工程实践中安全防范系统验收还需与当地公安部门相结合，按当地的政策执行。

（6）验收组应对工程质量做出客观、公正的验收结论。验收结论分为通过、基本通过、不通过。验收通过的工程，验收组可在验收结论中提出建议或整改意见；验收基本通过或不通过的工程，验收组应在验收结论中明确指出发现的问题和整改要求。

（7）验收不通过的工程不得正式交付使用。施工单位、设计单位、建设（使用）单位等应根据验收组提出的意见与要求，落实整改措施后方可再次组织验收；工程复验时，对原不通过部分的抽样比例应加倍。

（8）验收通过或基本通过的工程，施工单位、设计单位、建设（使用）单位等应根据验收组提出的建议与要求，落实整改措施。施工单位、设计单位的整改落实后应提交书面报告并经建设（使用）单位确认。

（9）从各地对安全防范的要求来看，有些地方提出了技防系统验收应由公安机关组织或公安机关参加验收的要求。工程实践中安全防范系统验收还需与当地公安部门相结合，按当地的政策执行。

（三）相关法律法规及规章制度

（1）《中华人民共和国反恐怖主义法》（2015年12月27日通过，2018年4月27日修正）之第三十二条；

（2）《安全防范工程技术标准》（GB 50348—2018）。

六、工程试运行安全报备

根据《建设项目职业病防护设施"三同时"监督管理办法》（国家安全生产监督管理总局令第90号），在可行性研究时需要进行安全预评价的项目竣工后，需要试运行的，应当在正式投入生产或者使用前进行试运行。生产、储存危险化学品的建设项目和化工建设项目，应当在建设项目试运行前将试运行方案报负责建设项目安全许可的安全生产监督管理部门备案。

（一）工程程试运行（试生产）安全报备项目范围

生产、储存危险化学品的建设项目和化工建设项目。

（二）试运行（试生产）方案编制

1. 试运投产安全条件

（1）工程条件。

①工程在试运投产前，设备、管道、电气、仪表等所有的施工项目应全部完成，各单位工程已机械竣工并取得机械竣工证书。

②有流向要求和/或机械联锁的阀门安装正确；临时或开工不用的管线已进行隔离或拆除；盲板撤除或安装位置已明确标识，有齐全的盲板状态清单表。

③为试运投产所准备的临时管线和阀门等物资，按设计要求采购完成，在适当的时间安装完毕。

④单台仪表已校准和联调，所有仪表接线回路已测试完毕，联锁逻辑功能测试完成，成套设备、罐表系统测试完毕并与控制系统的通信正常，联锁控制正常。

⑤仪表自控系统受电完毕，不间断电源充放电测试完毕，硬件功能测试正常，画面正确，报警及联锁功能正常。

⑥通信系统安装调试完毕，具备使用条件。开车期间需额外配备的临时及应急通信手段到位。

⑦按照地方政府要求完成特殊工程消防验收、防雷验收、安全应急预案备案、环保应急预案备案等相关合法合规手续。

⑧试运投产前职业病防护设施、环保设施、消防设施已完成施工，通过建设单位预验收。

⑨试运投产前接收站公用工程系统投入正常运行。

⑩试运投产前应完成原料、化学品、备品备件、专用工器具、应急物资等各项物资准

备工作。

（2）外部条件。

①试运投产前必须完成建设的法律法规要求的各类手续，主要包括以下内容：

a. 试运投产前消防设施已完成施工，应按要求完成政府审批手续，通过住房和城乡建设主管部门的验收。水土保持完成备案，防雷接地首次检测已经完成。

b. 试运投产前应完成安全阀试压、调校、定压、铅封等工作，并获得相关质量技术监督部门的确认及相关安全阀校验报告；试运投产前应完成压力表校验工作，并取得检定合格证书。

c. 完成储罐的容积标定工作，并获得质量技术监督部门的确认及储罐的容积标定证书。

d. 在质量技术监督部门完成压力容器、压力管道、锅炉、电梯、各种起重设备等特种设备的告知登记手续及使用登记手续。

②与外部签订供水、供汽、供电、通信等协议，并按照试运投产方案要求，落实开通时间、使用数量、技术参数等。

③跟踪落实场外的公路、铁路、码头、中转站、防排洪设施、工业污水处理等工程项目进度，及时与有关管理部门衔接，在试运前开通。

④落实需依托社会的机械、电气和仪表维修维护力量及社会公共服务设施。

⑤按照要求对应急预案进行备案，并与当地应急管理主管部门、公安、海事、医疗急救等部门取得联系，落实应急响应方案及各项措施，试运投产期间所需的救护车、消防车、抢险车等在指定位置待命。

⑥在试运投产前与当地海事、气象部门建立沟通和应急响应机制。

⑦在试运投产前应完成通航准备工作，包括港口设施确认，以及与海事、海关、地方检验检疫、边防检查、气象等部门协调工作。

2. 试运行方案内容

（1）工程概况。包括工程简要说明、总流程图，生产装置（或主要单元）、公用工程及辅助设施的规模、工艺流程简要说明及建设情况，原料、燃料、动力供应及产品流向。

（2）总体试车方案编制依据与编制原则。

（3）试车指导思想和应达到的标准，明确试生产（使用）起止日期。

（4）试车应具备的条件。包括建设项目设备及管道试压、吹扫、气密、单机试车、仪表调校、联动试车等生产准备的完成情况。

（5）试车组织与指挥系统。包括试车组织机构与指挥、专家组和开车队、试车保运体系、安全及专业管理职责分工。

（6）操作人员配备及培训。

（7）技术文件、规章制度和试车方案准备。包括工艺技术资料、规章制度、事故预案、试车方案等准备情况。

（8）试车方案与进度。包括公用工程投用、预试车、联动试车和投料试车方案简介；试车进度及其安排原则、投料与产出合格产品时间，试车程序、主要控制点、装置考核与试生产时间安排，总体试车统筹进度关联图。

（9）物料平衡。

①开车物料需求计划，包括种类、数量、时间、来源、主要流程及质量要求。

②投料试车负荷安排,各主要物料的分阶段平衡情况,主要产品产量汇总表,主要经济技术指标。

③装置投料试车相关物料的引进、外送安排。

(10)燃料、动力平衡。包括公用工程消耗,燃料、水、电、汽、风、氮气、氢气的平衡。

(11)试车物资。包括三剂、备品配件、生产工具、劳动防护、应急物资等需求计划。

(12)环境保护。包括环境保护策略及环境保护总体目标、环境保护遵循的原则、试车环境保护要求、环境管理组织网络、试车环境保护工作进度、环保监测及"污染防治"处理、"污染防治"处理的措施、方法及标准、"污染防治"排放及处理一览表。

(13)安全、消防及职业卫生。按照国家有关要求进行编写;制定试生产前所须办理的合法合规手续清单及工作计划;编制试车期间安全、消防、职业病防护方面主要管理措施;建设项目周边环境与建设项目安全试生产(使用)相互影响的确认情况;危险化学品重大危险源监控措施的落实情况。

(14)试车重难点及对策。试车程序、开工统筹、投料试车、试车负荷、物料平衡、特殊工艺等方面的重难点分析及相应的对策,试生产(使用)过程中可能出现的安全问题、对策及应急预案。

(15)试车费用测算说明。

(16)事故应急响应和处理预案。对试车过程可能出现的安全(含公共安全)、环保问题及系统性风险制定针对性的应急处理预案。

(17)产品销售预案。

(18)其他需要说明和解决的问题。

(三)试运行及方案报备要求

(1)《建设项目职业病防护设施"三同时"监督管理办法》(国家安全生产监督管理总局令第90号)要求试运行时间应当不少于30日,最长不得超过180日,国家有关部门有规定或者特殊要求的行业除外。

(2)生产、储存危险化学品的建设项目和化工建设项目,应当在建设项目试运行前将试运行方案报负责建设项目安全许可的安全生产监督管理部门备案。

(四)相关法律法规及规章制度

(1)《建设项目职业病防护设施"三同时"监督管理办法》(2010年12月14日国家安全监管总局令第36号公布,2015年4月2日修正)之第二十一条;

(2)《危险化学品建设项目安全监督管理办法》(2012年1月30日国家安全监管总局令第45号公布,2015年5月27日修正)之第二十二条、第二十三条。

第五章　项目验收阶段合规管理

第一节　安全设施竣工验收

一、安全验收评价

（一）需进行验收评价的建设项目

下列建设项目试生产期间，建设单位应当委托具有相应资质的安全评价机构对安全设施进行验收评价，并编制建设项目安全验收评价报告。但不得委托在可行性研究阶段进行安全评价的同一安全评价机构。

（1）非煤矿矿山建设项目；
（2）生产、储存危险化学品（包括使用长输管道输送危险化学品）的建设项目；
（3）生产、储存烟花爆竹的建设项目；
（4）金属冶炼建设项目；
（5）使用危险化学品从事生产并且使用量达到规定数量的化工建设项目（属于危险化学品生产的除外）；
（6）海洋石油建设项目；
（7）法律、行政法规和国务院规定的其他建设项目。

（二）危险化学品建设项目安全设施竣工验收安全评价工作程序

根据《危险化学品建设项目安全评价细则（试行）》（安监总危化〔2007〕255号），安全设施竣工验收安全评价工作程序为：

（1）建设项目概况。
（2）辨识危险、有害因素和固有的危险、有害程度。
（3）安全设施的施工、检验、检测和调试情况。
（4）安全生产条件：
①划分评价单元；
②确定安全评价方法；
③分析安全生产条件。
（5）可能发生的危险化学品事故及后果、对策。
（6）事故应急救援预案。
（7）结论和建议。
（8）与建设单位交换意见。
（9）编制安全评价报告。

（三）安全评价报告主要内容

（1）安全评价工作经过。包括建设安全评价和前期准备情况、对象及范围、工作经过和程序。

（2）建设项目概况。包括建设项目的投资单位组成及出资比例、建设项目所在单位基本情况和建设项目概况。

（3）危险、有害因素的辨识结果及依据说明。

（4）安全评价单元的划分结果及理由说明。

（5）采用的安全评价方法及理由说明。

（6）定性、定量分析危险、有害程度的结果。包括固有危险程度和风险程度的定性、定量分析结果。

（7）安全条件和安全生产条件的分析结果。包括安全条件、安全生产条件的分析结果和事故案例的后果、原因。

（8）安全对策与建议和结论。

（9）与建设单位交换意见的情况结果。

（10）安全评价报告附件。

①平面布置图、流程简图、装置防爆区域划分图及安全评价过程制作的图表。

②选用的安全评价方法简介。

③定性、定量分析危险、有害程度的过程。

④安全评价依据的国家现行有关安全生产法律、法规和部门规章及标准的目录。

⑤收集的文件、资料目录。

⑥法定检测、检验情况的汇总表（建设项目竣工验收的安全评价报告附件）。

二、安全设施竣工验收

（1）建设项目投入生产和使用前，建设单位应当组织人员进行安全设施竣工验收，作出建设项目安全设施竣工验收是否通过的结论，并形成书面报告备查。参加验收人员的专业能力应当涵盖建设项目涉及的所有专业内容。

（2）建设单位应当向参加验收人员提供下列文件、资料，并组织进行现场检查：

①建设项目安全设施施工、监理情况报告；

②建设项目安全验收评价报告；

③试生产（使用）期间是否发生事故、采取的防范措施及整改情况报告；

④建设项目施工、监理单位资质证书（复制件）；

⑤主要负责人、安全生产管理人员、注册安全工程师资格证书（复制件），以及特种作业人员名单；

⑥从业人员安全教育、培训合格的证明材料；

⑦劳动防护用品配备情况说明；

⑧安全生产责任制文件，安全生产规章制度清单、岗位操作安全规程清单；

⑨设置安全生产管理机构和配备专职安全生产管理人员的文件（复制件）；

⑩为从业人员缴纳工伤保险费的证明材料（复制件）。

（3）建设项目安全设施有下列情形之一的，建设项目安全设施竣工验收不予通过：

①未委托具备相应资质的施工单位施工的；

②未按照已经通过审查的建设项目安全设施设计施工或者施工质量未达到建设项目安全设施设计文件要求的；

③建设项目安全设施的施工不符合国家标准、行业标准的规定的；

④建设项目安全设施竣工后未按照本办法的规定进行检验、检测，或者经检验、检测不合格的；

⑤未委托具备相应资质的安全评价机构进行安全验收评价的；

⑥安全设施和安全生产条件不符合或者未达到有关安全生产法律、法规、规章和国家标准、行业标准的规定的；

⑦安全验收评价报告存在重大缺陷、漏项，包括建设项目主要危险、有害因素辨识和评价不正确的；

⑧隐瞒有关情况或者提供虚假文件、资料的；

⑨未按照本办法规定向参加验收人员提供文件、材料，并组织现场检查的。

建设项目安全设施竣工验收未通过的，建设单位经过整改后可以再次组织建设项目安全设施竣工验收。

（4）安全设施竣工验收合格后，方可投入生产和使用。

三、安全监管部门监督核查

（1）安全监管部门对以下四类项目竣工验收活动和验收结果的监督核查：

①非煤矿矿山建设项目；

②生产、储存危险化学品（包括使用长输管道输送危险化学品）的建设项目；

③生产、储存烟花爆竹的建设项目；

④金属冶炼建设项目。

（2）安全监管部门按照下列方式之一对前款四类项目竣工验收活动和验收结果的监督核查：

①对安全设施竣工验收报告按照不少于总数10%的比例进行随机抽查；

②在实施有关安全许可时，对建设项目安全设施竣工验收报告进行审查。

抽查和审查以书面方式为主。对竣工验收报告的实质内容存在疑问，需要到现场核查的，安全监管部门应当指派两名以上工作人员对有关内容进行现场核查。工作人员应当提出现场核查意见，并如实记录在案。

四、相关法律法规及规章制度

（1）《建设项目安全设施"三同时"监督管理办法》（2010年12月14日国家安全监管总局令第36号公布，2015年4月2日国家安全监管总局令第77号修正）之第二十二条至第二十六条；

（2）《危险化学品建设项目安全监督管理办法》（2012年1月30日国家安监总局令第45号公布，2015年5月27日国家安监总局令第79号修正）之第二十四条至第二十八条；

（3）《危险化学品建设项目安全评价细则（试行）》（2007年12月12日安监总危化〔2007〕255号公布，2008年1月1日试行）。

第二节 环境保护设施竣工验收

一、环境保护设施竣工验收

环境保护设施是指防治环境污染和生态破坏及开展环境监测所需的装置、设备和工程设施等。

（一）环境保护设施竣工验收项目范围

《建设项目环境保护管理条例》第十七条规定，编制环境影响报告书、环境影响报告表的建设项目竣工后，建设单位应当按照国务院环境保护行政主管部门规定的标准和程序，对配套建设的环境保护设施进行验收，编制验收报告。

石油天然气相关编制环境影响报告书（表）的项目分类名录见表3-2。

（二）环境保护设施竣工验收报告编制

（1）建设单位是建设项目竣工环境保护验收的责任主体，建设项目竣工后，建设单位应当如实查验、监测、记载建设项目环境保护设施的建设和调试情况，编制验收监测（调查）报告。

（2）建设单位不具备编制验收监测（调查）报告能力的，可以委托有能力的技术机构编制。建设单位对受委托的技术机构编制的验收监测（调查）报告结论负责。建设单位与受委托的技术机构之间的权利义务关系，以及受委托的技术机构应当承担的责任，可以通过合同形式约定。

（3）验收报告分为验收监测（调查）报告、验收意见和其他需要说明的事项等三项内容。

验收监测（调查）报告内容应包括但不限于以下内容：建设项目概况、验收依据、项目建设情况、环境保护设施、环境影响报告书（表）主要结论与建议及审批部门审批决定、验收执行标准、验收监测内容、质量保证和质量控制、验收监测结果、验收监测结论、建设项目环境保护"三同时"竣工验收登记表等。

编制环境影响报告书的建设项目应编制建设项目竣工环境保护验收监测（调查）报告，编制环境影响报告表的建设项目可视情况自行决定编制建设项目竣工环境保护验收监测（调查）报告书（表）。

（4）需要对建设项目配套建设的环境保护设施进行调试的，建设单位应当确保调试期间污染物排放符合国家和地方有关污染物排放标准和排污许可等相关管理规定。环境保护设施未与主体工程同时建成的，或者应当取得排污许可证但未取得的，建设单位不得对该建设项目环境保护设施进行调试。

调试期间，建设单位应当对环境保护设施运行情况和建设项目对环境的影响进行监测。验收监测应当在确保主体工程调试工况稳定、环境保护设施运行正常的情况下进行，并如实记录监测时的实际工况。国家和地方有关污染物排放标准或者行业验收技术规范对工况和生产负荷另有规定的，按其规定执行。建设单位开展验收监测活动，可根据自身条件和能力，利用自有人员、场所和设备自行监测；也可以委托其他有能力的监测机构开展监测。

（5）验收监测应当在确保主体工程工况稳定、环境保护设施运行正常的情况下进行，并如实记录监测时的实际工况以及决定或影响工况的关键参数,如实记录能够反映环境保护设施运行状态的主要指标。

(三)环境保护设施竣工验收程序和内容

(1)建设项目环境保护设施存在下列情形之一的,建设单位不得提出验收合格的意见:

①未按环境影响报告书(表)及其审批部门审批决定要求建成环境保护设施,或者环境保护设施不能与主体工程同时投产或者使用的;

②污染物排放不符合国家和地方相关标准、环境影响报告书(表)及其审批部门审批决定或者重点污染物排放总量控制指标要求的;

③环境影响报告书(表)经批准后,该建设项目的性质、规模、地点、采用的生产工艺或者防治污染、防止生态破坏的措施发生重大变动,建设单位未重新报批环境影响报告书(表)或者环境影响报告书(表)未经批准的;

④建设过程中造成重大环境污染未治理完成,或者造成重大生态破坏未恢复的;

⑤纳入排污许可管理的建设项目,无证排污或者不按证排污的;

⑥分期建设、分期投入生产或者使用依法应当分期验收的建设项目,其分期建设、分期投入生产或者使用的环境保护设施防治环境污染和生态破坏的能力不能满足其相应主体工程需要的;

⑦建设单位因该建设项目违反国家和地方环境保护法律法规受到处罚,被责令改正,尚未改正完成的;

⑧验收报告的基础资料数据明显不实,内容存在重大缺项、遗漏,或者验收结论不明确、不合理的;

⑨其他环境保护法律法规规章等规定不得通过环境保护验收的。

(2)验收监测(调查)报告编制完成后,建设单位应当根据验收监测(调查)报告结论,逐一检查是否存在前款所列验收不合格的情形,提出验收意见。存在问题的,建设单位应当进行整改,整改完成后方可提出验收意见。

(3)验收意见包括工程建设基本情况、工程变动情况、环境保护设施落实情况、环境保护设施调试效果、工程建设对环境的影响、验收结论和后续要求等内容,验收结论应当明确该建设项目环境保护设施是否验收合格。

(4)建设项目配套建设的环境保护设施经验收合格后,其主体工程方可投入生产或者使用;未经验收或者验收不合格的,不得投入生产或者使用。

分期建设、分期投入生产或者使用的建设项目,其相应的环境保护设施应当分期验收。

(5)为提高验收的有效性,在提出验收意见的过程中,建设单位可以组织成立验收工作组,采取现场检查、资料查阅、召开验收会议等方式,协助开展验收工作。验收工作组可以由设计单位、施工单位、环境影响报告书(表)编制机构、验收监测(调查)报告编制机构等单位代表以及专业技术专家等组成,代表范围和人数自定。

(6)建设单位在"其他需要说明的事项"中应当如实记载环境保护设施设计、施工和验收过程简况、环境影响报告书(表)及其审批部门审批决定中提出的除环境保护设施外的其他环境保护对策措施的实施情况,以及整改工作情况等。

相关地方政府或者政府部门承诺负责实施与项目建设配套的防护距离内居民搬迁、功能置换、栖息地保护等环境保护对策措施的,建设单位应当积极配合地方政府或部门在所承诺的时限内完成，并在"其他需要说明的事项"中如实记载前述环境保护对策措施的实施情况。

（7）除按照国家需要保密的情形外，建设单位应当通过其网站或其他便于公众知晓的方式，向社会公开下列信息：

①建设项目配套建设的环境保护设施竣工后，公开竣工日期；

②对建设项目配套建设的环境保护设施进行调试前，公开调试的起止日期；

③验收报告编制完成后5个工作日内，公开验收报告，公示的期限不得少于20个工作日。

建设单位公开上述信息的同时应当向所在地县级以上环境保护主管部门报送相关信息，并接受监督检查。

（8）除需要取得排污许可证的水和大气污染防治设施外，其他环境保护设施的验收期限一般不超过3个月；需要对该类环境保护设施进行调试或者整改的，验收期限可以适当延期，但最长不超过12个月。

验收期限是指自建设项目环境保护设施竣工之日起至建设单位向社会公开验收报告之日止的时间。

（9）验收报告公示期满后5个工作日内，建设单位应当登录全国建设项目竣工环境保护验收信息平台，填报建设项目基本信息、环境保护设施验收情况等相关信息，环境保护主管部门对上述信息予以公开。

建设单位应当将验收报告及其他档案资料存档备查。

（10）纳入排污许可管理的建设项目，排污单位应当在项目产生实际污染物排放之前，按照国家排污许可有关管理规定要求，申请排污许可证，不得无证排污或不按证排污。建设项目验收报告中与污染物排放相关的主要内容应当纳入该项目验收完成当年排污许可证执行年报。

（四）相关法律法规及规章制度

（1）《建设项目环境保护管理条例》（1998年11月29日国务院令第253号公布，2017年7月16日修订）之第十七条、第十八条；

（2）《建设项目竣工环境保护验收暂行办法》（2017年11月20日国环规环评〔2017〕4号公布）；

（3）《建设项目竣工环境保护验收技术指南 污染影响类》（2018年5月15日生态环境部公告2018年第9号公布）。

二、海洋工程建设项目环境保护设施竣工验收

《中华人民共和国海洋环境保护法》四十八条规定，海洋工程建设项目的环境保护设施未经海洋行政主管部门验收，或者经验收不合格的，建设项目不得投入生产或者使用。海洋工程建设项目环境保护设施竣工验收为行政许可事项。

（一）环境保护设施竣工验收项目范围

新建、改建、扩建海岸工程建设项目和海洋工程建设项目。

（二）办理材料及前置条件

1. 前置条件

（1）建设前期环境审批手续齐全；

（2）环境保护设施已按批准的环境影响报告书（表）及批复文件要求建成或落实，环境保护设施安装质量符合国家和有关部门颁发的专业工程验收规范、规程和检验评定标准，经负荷试车检测合格，其污染防治能力适应环境保护需要；

（3）环境保护设施具备正常运作的条件，包括经培训合格的操作人员、健全的岗位操作规程及相应的规章制度，原料、动力供应落实，符合交付使用的其他要求；

（4）污染物排放符合污染物排放总量控制要求和相应排放标准；

（5）按要求落实了海洋环境影响跟踪监测工作；

（6）防治海洋环境污染应急设施配备齐全，可随时投入使用。

（7）应急预案完善。

2. 办理材料

（1）海洋工程建设项目环境保护设施竣工验收申请表；

（2）竣工验收监测报告（表）。

（三）行政许可事项审批

（1）建设单位应当在海洋工程投入运行之日30个工作日前，向原核准该工程环境影响报告书的海洋主管部门申请环境保护设施的验收；海洋工程投入试运行的，应当自该工程投入试运行之日起60个工作日内，向原核准该工程环境影响报告书的生态环境主管部门申请环境保护设施的验收。

（2）生态环境主管部门应当自收到环境保护设施验收申请之日起30个工作日内完成验收；验收不合格的，应当限期整改。

海洋工程需要配套建设的环境保护设施未经生态环境主管部门验收或者经验收不合格的，该工程不得投入运行。

（3）建设单位不得擅自拆除或者闲置海洋工程的环境保护设施。

（4）办理结果：《海洋工程建设项目的环境保护设施验收意见》。

（四）相关法律法规及规章制度

（1）《中华人民共和国海洋环境保护法》（1982年8月23日通过，1999年12月25日修订，2017年11月4日第三次修正）之第第四十八条；

（2）《防治海洋工程建设项目污染损害海洋环境管理条例》（2006年9月19日国务院令第475号公布，2018年3月19日第二次修订）之第十七条、第十八条。

第三节　职业病防护设施验收

职业病防护设施是指消除或者降低工作场所的职业病危害因素的浓度或者强度，预防和减少职业病危害因素对劳动者健康的损害或者影响，保护劳动者健康的设备、设施、装置、构（建）筑物等的总称。

一、职业病防护设施验收项目范围

《中华人民共和国职业病防治法》第十八条规定，除医疗机构可能产生放射性职业病危害的建设项目以外的其他建设项目职业病防护设施应当由建设单位负责依法组织验收。

《建设项目职业病防护设施"三同时"监督管理办法》明确，可能产生职业病危害的建设项目是指存在或者产生职业病危害因素分类目录所列职业病危害因素的建设项目。2015年11月，国家卫生计生委、人力资源社会保障部、安全监管总局、全国总工会联合发布了《职业病危害因素分类目录》（国卫疾控发〔2015〕92号）。

二、职业病危害控制效果评价

（1）《建设项目职业病防护设施"三同时"监督管理办法》（国家安全生产监督管理总局令第90号）第四条规定，建设项目职业病防护设施"三同时"工作可以与安全设施"三同时"工作一并进行。建设单位可以将建设项目职业病危害预评价和安全预评价、职业病防护设施设计和安全设施设计、职业病危害控制效果评价和安全验收评价合并出具报告或者设计，并对职业病防护设施与安全设施一并组织验收。

（2）建设项目投入生产或者使用前，建设单位应当依照职业病防治有关法律、法规、规章和标准要求，采取下列职业病危害防治管理措施：

①设置或者指定职业卫生管理机构，配备专职或者兼职的职业卫生管理人员。

②制定职业病防治计划和实施方案。

③建立、健全职业卫生管理制度和操作规程。

④建立、健全职业卫生档案和劳动者健康监护档案。

⑤实施由专人负责的职业病危害因素日常监测，并确保监测系统处于正常运行状态。

⑥对工作场所进行职业病危害因素检测、评价。

⑦建设单位的主要负责人和职业卫生管理人员应当接受职业卫生培训，并组织劳动者进行上岗前的职业卫生培训。

⑧按照规定组织从事接触职业病危害作业的劳动者进行上岗前职业健康检查，并将检查结果书面告知劳动者。

⑨在醒目位置设置公告栏，公布有关职业病危害防治的规章制度、操作规程、职业病危害事故应急救援措施和工作场所职业病危害因素检测结果。对产生严重职业病危害的作业岗位，应当在其醒目位置，设置警示标识和中文警示说明。

⑩为劳动者个人提供符合要求的职业病防护用品。

⑪建立、健全职业病危害事故应急救援预案。

⑫职业病防治有关法律、法规、规章和标准要求的其他管理措施。

（3）建设项目完工后，需要进行试运行的，其配套建设的职业病防护设施必须与主体工程同时投入试运行。

试运行时间应当不少于30日，最长不得超过180日，国家有关部门另有规定或者特殊要求的行业除外。

（4）建设项目在竣工验收前或者试运行期间，建设单位应当进行职业病危害控制效果评价，编制评价报告。建设项目职业病危害控制效果评价报告应当符合职业病防治有关法律、法规、规章和标准的要求，包括下列主要内容：

①建设项目概况；

②职业病防护设施设计执行情况分析、评价；

③职业病防护设施检测和运行情况分析、评价；

④工作场所职业病危害因素检测分析、评价；

⑤工作场所职业病危害因素日常监测情况分析、评价;
⑥职业病危害因素对劳动者健康危害程度分析、评价;
⑦职业病危害防治管理措施分析、评价;
⑧职业健康监护状况分析、评价;
⑨职业病危害事故应急救援和控制措施分析、评价;
⑩正常生产后建设项目职业病防治效果预期分析、评价;
⑪职业病危害防护补充措施及建议;
⑫评价结论,明确建设项目的职业病危害风险类别,以及采取控制效果评价报告所提对策建议后,职业病防护设施和防护措施是否符合职业病防治有关法律、法规、规章和标准的要求。

三、职业病防护设施验收程序及内容

(1)建设单位在职业病防护设施验收前,应当编制验收方案。验收方案应当包括下列内容:
①建设项目概况和风险类别,以及职业病危害预评价、职业病防护设施设计执行情况;
②参与验收的人员及其工作内容、责任;
③验收工作时间安排、程序等。
建设单位应当在职业病防护设施验收前20日将验收方案向管辖该建设项目的安全生产监督管理部门进行书面报告。

(2)属于职业病危害一般的建设项目,其建设单位主要负责人或其指定的负责人应当组织职业卫生专业技术人员对职业病危害控制效果评价报告进行评审及对职业病防护设施进行验收,并形成是否符合职业病防治有关法律、法规、规章和标准要求的评审意见和验收意见。

属于职业病危害严重的建设项目,其建设单位主要负责人或其指定的负责人应当组织外单位职业卫生专业技术人员参加评审和验收工作,并形成评审和验收意见。

(3)建设单位应当按照评审与验收意见对职业病危害控制效果评价报告和职业病防护设施进行整改完善,并对最终的职业病危害控制效果评价报告和职业病防护设施验收结果的真实性、合规性和有效性负责。

(4)建设单位应当将职业病危害控制效果评价和职业病防护设施验收工作过程形成书面报告备查,其中职业病危害严重的建设项目应当在验收完成之日起20日内向管辖该建设项目的安全生产监督管理部门提交书面报告。

(5)有下列情形之一的,建设项目职业病危害控制效果评价报告不得通过评审、职业病防护设施不得通过验收:
①评价报告内容不符合要求的;
②评价报告未按照评审意见整改的;
③未按照建设项目职业病防护设施设计组织施工,且未充分论证说明的;
④职业病危害防治管理措施不符合要求的;
⑤职业病防护设施未按照验收意见整改的;
⑥不符合职业病防治有关法律、法规、规章和标准规定的其他情形的。

（6）分期建设、分期投入生产或者使用的建设项目，其配套的职业病防护设施应当分期与建设项目同步进行验收。

（7）建设项目职业病防护设施未按照规定验收合格的，不得投入生产或者使用。

四、相关法律法规及规章制度

（1）《中华人民共和国职业病防治法》（2001年10月27日通过，2018年12月29日第四次修正）之第十八条；

（2）《建设项目职业病防护设施"三同时"监督管理办法》（2017年3月9日国家安全生产监督管理总局令第90号公布，2017年5月1日起施行）之第二十一条至第二十九条；

（3）《职业病危害因素分类目录》（2015年11月17日国卫疾控发〔2015〕92号公布）；

（4）《建设项目职业病危害风险分类管理目录》（2021年3月12日国卫办职健发〔2021〕5号公布）。

第四节　水土保持设施验收

2017年9月，《国务院关于取消一批行政许可事项的决定》（国发〔2017〕46号）取消了各级水行政主管部门实施的生产建设项目水土保持设施验收审批行政许可事项，转为生产建设单位按照有关要求自主开展水土保持设施验收。

一、水土保持设施验收项目范围

《中华人民共和国水土保持法》第二十七条规定，依法应当编制水土保持方案的生产建设项目中的水土保持设施，应当与主体工程同时设计、同时施工、同时投产使用；生产建设项目竣工验收，应当验收水土保持设施；水土保持设施未经验收或者验收不合格的，生产建设项目不得投产使用。

二、自主验收基本要求

2017年9月，《国务院关于取消一批行政许可事项的决定》（国发〔2017〕46号）取消了各级水行政主管部门实施的生产建设项目水土保持设施验收审批行政许可事项，转为生产建设单位按照有关要求自主开展水土保持设施验收。

生产建设项目水土保持设施自主验收包括水土保持设施验收报告编制和竣工验收两个阶段。

（1）自主验收应包括以下主要内容：

①水土保持设施建设完成情况；

②水土保持设施质量；

③水土流失防治效果；

④水土保持设施的运行、管理及维护情况。

（2）自主验收合格应具备下列条件：

①水土保持方案（含变更）编报、初步设计和施工图设计等手续完备；

②水土保持监测资料齐全，成果可靠；

③水土保持监理资料齐全，成果可靠；

④水土保持设施按经批准的水土保持方案（含变更）、初步设计和施工图设计建成，符合国家、地方、行业的标准、规范、规程的规定；

⑤水土流失防治指标达到了水土保持方案批复的要求；

⑥重要防护对象不存在严重水土流失危害隐患；

⑦水土保持设施具备正常运行条件，满足交付使用要求，且运行、管理及维护责任得到落实。

三、水土保持设施验收报告编制

（1）依法编制水土保持方案报告书的生产建设项目投产使用前，生产建设单位应当根据水土保持方案及其审批决定等，组织第三方机构编制水土保持设施验收报告（水土保持设施验收报告示范文本见附件1）。第三方机构是指具有独立承担民事责任能力且具有相应水土保持技术条件的企业法人、事业单位法人或其他组织。各级水行政主管部门和流域管理机构不得以任何形式推荐、建议和要求生产建设单位委托特定第三方机构提供水土保持设施验收报告编制服务。

（2）第三方编制水土保持设施验收报告，对项目法人法定义务履行情况、水土流失防治任务完成情况、防治效果情况和组织管理情况等进行评价，作出水土保持设施是否符合验收合格条件的结论，并对结论负责。

（3）第三方开展评价工作应采用资料查阅、走访、现场核查等方法，其中涉及重要防护对象的应全部核查。

四、水土保持设施竣工验收

（1）竣工验收应在第三方提交水土保持设施验收报告后，生产建设项目投产运行前完成。

（2）竣工验收应由项目法人组织，一般包括现场查看、资料查阅、验收会议等环节。

（3）验收组工作。

①竣工验收应成立验收组，验收组由项目法人和水土保持设施验收报告编制、水土保持监测、监理、方案编制、施工等有关单位代表组成。项目法人可根据生产建设项目的规模、性质、复杂程度等情况邀请水土保持专家参加验收组。

②验收结论应经2/3以上验收组成员同意。

③验收组应从水土保持设施竣工图中选择有代表性、典型性的水土保持设施进行查看，有重要防护对象的应重点查看。

④验收组应对验收资料进行重点抽查，并对抽查资料的完整性、合规性提出意见。

（4）验收会议。

①水土保持方案编制、监测、监理等单位汇报相应工作及成果。

②第三方汇报验收报告编制工作及成果

③验收组成员质询、讨论，并发表个人意见。

④讨论形成验收意见和结论。

⑤验收组成员对验收结论持有异议的，应将不同意见明确记载并签字。

（5）项目法人按规范格式制发水土保持设施验收鉴定书，明确水土保持设施验收结论。水土保持设施验收合格后，生产建设项目方可通过竣工验收和投产使用。

（6）公开验收情况。除按照国家规定需要保密的情形外，生产建设单位应当在水土保持设施验收合格后，通过其官方网站或者其他便于公众知悉的方式向社会公开水土保持设施验收鉴定书、水土保持设施验收报告和水土保持监测总结报告。对于公众反映的主要问题和意见，生产建设单位应当及时给予处理或者回应。

（7）报备验收材料。生产建设单位应在向社会公开水土保持设施验收材料后、生产建设项目投产使用前，向水土保持方案审批机关报备水土保持设施验收材料。报备材料包括水土保持设施验收鉴定书、水土保持设施验收报告和水土保持监测总结报告。生产建设单位、第三方机构和水土保持监测机构分别对水土保持设施验收鉴定书、水土保持设施验收报告和水土保持监测总结报告等材料的真实性负责。

五、相关法律法规及规章制度

（1）《中华人民共和国水土保持法》（1991年6月29日通过，2010年12月25日修订）之第二十七条；

（2）《水利部关于加强事中事后监管规范生产建设项目水土保持设施自主验收的通知》（2017年11月13日水保〔2017〕365号公布）；

（3）《生产建设项目水土保持设施自主验收规程（试行）》（2018年7月10日办水保〔2018〕133号公布）。

第五节　档案验收

项目档案是项目建设、管理过程中形成的，具有保存价值的各种形式的历史记录。项目档案验收是项目竣工验收的重要组成部分。集团公司项目档案验收执行《中国石油天然气集团有限公司工程建设项目档案管理办法》（中油综管〔2021〕119号）。

一、项目档案的组织

项目档案验收组织要求如下：

（1）由国家发展和改革委员会组织竣工验收的项目，项目档案验收由国家档案局组织或委托组织；验收组按国家规定组成。

（2）由集团公司或专业公司组织竣工验收的项目，项目档案验收由综合管理部组织或委托组织；验收组由综合管理部、项目所在地省级档案行政管理部门等单位组成。

（3）由地区公司组织竣工验收的项目，项目档案验收由地区公司档案管理机构负责组织。验收组由地区公司档案管理机构、项目主管部门等单位组成。

建设单位档案管理机构应当加强项目档案验收前的指导与检查，一类项目和重点二类项目应组织预验收。

项目档案验收组人数为不少于5人的单数，组长由验收组织单位人员担任。专业性强的项目应邀请有关专业人员参加验收组。

二、项目档案验收前的准备工作

（1）档案验收前，建设单位应组织项目管理、勘察、设计、监理、总承包、施工、检测、监造、供货等方面负责人和有关人员，依照《集团公司建设项目文件归档范围和保管期限表》和《建设项目档案验收内容及要求》进行全面自检，并形成项目档案自检报告。

项目档案自检报告应当包括以下主要内容：
①项目基本情况及项目档案管理概况。
②保证项目档案的完整、准确、系统所采取的控制措施。
③项目文件材料的形成、收集、整理与归档情况，竣工图的编制情况及质量状况。
④项目文件归档违约条款评价。
⑤档案在项目建设、管理、试运行中的作用。
⑥存在的问题及解决措施。

（2）建设单位应当在验收前准备以下材料：
①项目档案工作方案、档案管理制度、施工管理、监理和竣工验收规范。
②项目单项单位工程划分表。
③档案统计台账、合同台账、主要设备台账。
④项目文件归档违约条款评价表、档案交接文据、企业档案目录。

三、档案验收申报流程及前置条件

（一）申请项目档案验收应当具备的条件

（1）项目主体工程和辅助设施已按照设计建成，能满足生产或使用的需要。
（2）项目试运行指标考核合格或者达到设计能力。
（3）完成了项目建设全过程文件材料的收集、整理与归档工作。
（4）合同承办或实施部门完成《项目文件归档违约条款评价表》。

（二）档案验收办理流程

（1）项目档案验收应当在项目竣工验收3个月之前完成。
（2）建设单位应以正式文件于验收前1个月内向项目档案验收组织单位报送项目档案验收申请报告，并附项目档案自检报告，填报《建设项目档案验收申请表》。
（3）项目档案验收组织单位应在收到申请报告的10个工作日内作出答复。

四、档案验收

（1）项目档案验收以验收组织单位召集验收会议的形式进行。项目档案验收组全体成员参加项目档案验收会议，建设单位、设计、总承包、施工、监理等参建单位和生产运行管理或使用单位的有关负责人或专业人员列席会议。

（2）项目档案验收会议主要议程包括：
①建设单位负责人或档案管理机构汇报项目建设概况、项目档案工作情况。
②建设单位工程管理部门汇报项目文件管理和归档保证及违约条款执行情况。
③总承包单位汇报工程技术文件、设备随机文件和竣工图管理编制情况。
④监理单位汇报竣工文件质量的审核情况。

⑤项目档案验收组检查项目文件及档案管理情况。

⑥项目档案验收组汇总项目档案检查情况，对项目档案质量进行综合评价，并形成项目档案验收意见。

⑦项目档案验收组宣布项目档案验收意见。

（3）检查项目档案，采用质询、现场查验、抽查案卷的方式，对项目档案管理情况进行全面检查，抽查内容应该覆盖建设项目各个阶段，抽查档案的数量比例应不少于30%。抽查重点为项目前期管理性文件、监理文件、监造文件、隐蔽工程文件、设备随机文件、竣工图、质检文件、重要合同与协议等项目文件。项目各总承包单位和分包单位移交案卷应全部抽取检查。

（4）项目档案验收应当根据集团公司项目档案验收相关标准，对项目档案工作开展情况及项目档案质量进行量化赋分，存在下列情况之一，项目档案验收不予通过：

①综合量化赋分低于70分（不含70分）。

②没有制定项目文件和档案工作方案，没有将文件与档案管理要求纳入项目建设总体部署和项目管理手册并同步实施的。

③工程技术文件和监理文件不符合施工管理、项目管理和监理规范要求，存在造假或疑似造假记录。

④合同承办或实施部门未形成《项目文件归档违约条款评价表》，或存在违约事实但未落实项目文件归档违约条款。

（5）项目档案验收合格的项目，由项目档案验收组织单位以文件形式印发项目档案验收意见。项目档案验收意见应当包括以下主要内容：

①项目建设概况。

②项目档案管理情况，包括项目档案工作的基础管理工作，项目文件的形成、收集、整理与归档情况，竣工图的编制情况及质量，档案的种类、数量，档案的完整性、准确性、系统性及安全性评价，项目文件归档违约条款评价，档案验收结论性意见。

③存在问题、整改要求与建议。

（6）项目档案验收不合格的项目，由项目档案验收组提出整改意见，要求由建设单位项目责任部门负责组织相关单位举一反三全面落实整改后，重新申请档案验收。验收仍不合格的，不得进行竣工验收。

五、相关法律法规及规章制度

（1）《重大建设项目档案验收办法》（2006年6月14日档发〔2006〕2号公布）；

（2）《中国石油天然气集团有限公司工程建设项目档案管理办法》（2021年8月17日中油综管〔2021〕119号发布）。

第六节　其他单项验收

一、节能验收

（一）节能验收项目范围

《固定资产投资项目节能审查办法》（国家发展改革委令第2号）第十七条规定，固定资产投资项目投入生产、使用前，应对项目节能报告中的生产工艺、用能设备、节能技术采用情况以及节能审查意见落实情况进行验收，并编制节能验收报告。

（二）节能验收

（1）固定资产投资项目投入生产、使用前，建设单位需按照地方人民政府节能审查机关要求组织验收，编制节能验收报告。

（2）实行告知承诺管理的项目，应对项目承诺内容及区域节能审查意见落实情况进行验收。分期建设、投入生产使用的项目，应分期进行节能验收。

（3）节能验收报告应由项目建设单位或委托中介服务机构完成，主要内容包括下列内容：

①基本情况。包括项目基本情况和验收基本情况。

②节能验收情况。

a. 建设方案；

b. 用能设备；

c. 节能技术和管理措施；

d. 能源计量器具；

e. 能效水平；

f. 能源消费量；

g. 其他相关内容。

③节能验收意见。

（4）建设单位节能验收存在下列情形之一的，建设单位不得提出验收合格的意见：

①未落实节能审查意见要求的强制性节能措施；

②建设单位提供虚假验收资料，存在故意隐瞒、数据作假等情况；

③与国家节能法律法规、规章标准的强制性要求不符的情况。

（5）未经节能验收或验收不合格的项目，不得投入生产、使用。

（6）节能验收报告应在节能审查机关存档备查。

（三）相关法律法规及规章制度

《固定资产投资项目节能审查办法》（2023年3月28日国家发展改革委令第2号公布，2023年6月1日施行）之第十七条。

二、防洪工程设施验收

《中华人民共和国防洪法》第三十三条规定，在蓄滞洪区内建设的油田、铁路、公路、矿山、电厂、电信设施和管道，其洪水影响评价报告应当包括建设单位自行安排的防洪避洪方案。建设项目投入生产或者使用时，其防洪工程设施应当经水行政主管部门验收。

实践中很多省、自治区、直辖市出台了《实施〈中华人民共和国防洪法〉办法》，各地对防洪工程设施验收的要求不尽相同，以陕西省为例，对相关要求展开叙述。

（一）申请验收条件

申请人应当就洪水对建设项目可能产生的影响和建设项目对洪水可能产生的影响作出评价，编制洪水影响评价报告，提出防御措施。

（二）办理材料

（1）防洪工程验收申请书；

（2）设区市水行政主管部门的初审意见；

（3）项目依据的文件；

（4）项目概况和平面布置图；

（5）项目涉及河道与防洪部分的方案；

（6）防洪评价报告；

（7）建设项目防洪工程验收的有关材料。

（三）办理流程

（1）申请人向省三管局提出申请；

（2）省三管局征求项目所在地设区市水行政主管部门意见；

（3）省三管局审查、验收或签署初审意见；

（4）报省水利厅审查、验收。

（四）相关法律法规及规章制度

《中华人民共和国防洪法》（1997年8月29日通过，2016年7月2日第三次修正）之第三十三条。

三、地质灾害治理工程验收

（一）实施地质灾害治理工程范围

《地质灾害防治条例》第二十四条规定，对经评估认为可能引发地质灾害或者可能遭受地质灾害危害的建设工程，应当配套建设地质灾害治理工程。

配套的地质灾害治理工程未经验收或者经验收不合格的，主体工程不得投入生产或者使用。

（二）地质灾害治理工程责任主体

《地质灾害防治条例》第三十五条规定，因工程建设等人为活动引发的地质灾害，由责任单位承担治理责任。责任单位由地质灾害发生地的县级以上人民政府国土资源主管部门负责组织专家对地质灾害的成因进行分析论证后认定。

（三）地质灾害治理工程验收实施

（1）《地质灾害防治条例》第三十八条规定，政府投资的地质灾害治理工程竣工后，由县级以上人民政府国土资源主管部门组织竣工验收。其他地质灾害治理工程竣工后，由责任单位组织竣工验收；竣工验收时，应当有国土资源主管部门参加。

（2）《地质灾害防治条例》第三十九条规定，政府投资的地质灾害治理工程经竣工验收合格后，由县级以上人民政府国土资源主管部门指定的单位负责管理和维护；其他地质灾害治理工程经竣工验收合格后，由负责治理的责任单位负责管理和维护。

（3）目前自然资源部尚未发布统一的地质灾害治理工程验收制度，实践中部分省、自治区、直辖市出台了地质灾害治理工程验收或项目管理的相关规定，对地质灾害治理工程验收提出了要求。具体实践中应执行工程所在地的地质灾害治理工程验收相关要求。

（四）相关法律法规及规章制度

《地质灾害防治条例》（2003年11月24日国务院令第394号公布，自2004年3月1日起施行）之第二十四条、第三十五条、第三十八条、第三十九条。

四、建设工程规划条件核实和建设用地检查核验

建设工程规划条件核实和建设用地检查核验是指建设工程竣工后,建设单位或个人向城乡规划主管部门提交竣工测绘成果等资料申请规划核实和用地核验,城乡规划主管部门以《建设工程规划许可证》及其附图、附件为依据,通过资料审查及现场踏勘,对建设工程是否符合规划条件和规划许可内容,是否依法用地和履行土地出让合同、划拨决定书的情况进行核查和确认,属于事后监管的行政确认行为,非行政许可事项。

《中华人民共和国城乡规划法》第四十五条规定,县级以上地方人民政府城乡规划主管部门按照国务院规定对建设工程是否符合规划条件予以核实。未经核实或者经核实不符合规划条件的,建设单位不得组织竣工验收。建设单位应当在竣工验收后6个月内向城乡规划主管部门报送有关竣工验收资料。

《国务院关于促进节约集约用地的通知》(国发〔2008〕3号)第二十条规定,完善建设项目竣工验收制度,要将建设项目依法用地和履行土地出让合同、划拨决定书的情况,作为建设项目竣工验收的一项内容。没有国土资源部门的检查核验意见,或者检查核验不合格的,不得通过竣工验收。

根据《自然资源部关于以"多规合一"为基础推进规划用地"多审合一、多证合一"改革的通知》(自然资规〔2019〕2号),推进多测整合、多验合一,在建设项目竣工验收阶段,将自然资源主管部门负责的规划核实、土地核验、不动产测绘等合并为一个验收事项。

(一)建设工程规划条件核实和建设用地检查项目范围

申领《建设工程规划许可证》并按要求完成建设的建设工程。

(二)办理流程和前置条件

(1)前置条件。

①已按《建设工程规划许可证》及其附图、附件的内容建设竣工;

②土地出让合同约定或划拨决定书规定的内容已完成;

③规定拆除的建筑物、构筑物和临时建筑及设施均已拆除,施工场地(包括临时借用红线外的部分)清理完毕,破坏的市政公共设施已按规定恢复;

④涉及有违法建设、违法用地的,已依法处理并结案。

(2)建设工程竣工后,建设单位报原审批的国土规划主管部门进行规划条件核实和建设用地检查。

(3)办理材料。

①《建设工程竣工规划条件核实和建设用地检查核验申请表》;

②《建设工程规划许可证》《不动产权证书》及出让合同(划拨决定书)、土地出让价款交纳凭证;

③竣工图和建设工程放线测量记录册;

④具有相应资质和资格的测量单位出具的建设工程规划条件核实测量成果;

⑤涉及违法建设的,提交违法建设依法处理意见。

(三)实施建设工程规划条件核实和建设用地检查

根据《自然资源部办公厅关于加强国土空间规划监督管理的通知》(自然资办发〔2020〕27号),相关规定如下:

（1）规划核实必须两人以上现场审核并全过程记录。

（2）核实结果应及时公开，接受社会监督。

（3）无规划许可或违反规划许可以及建（构）筑物、竣工用地规模超用地红线的建设项目不得通过规划核实和用地检查，不得组织竣工验收。

（4）办理结果：《建设工程竣工规划和土地核验合格证》《关于暂不同意通过工程竣工规划和土地核验的函》。

（四）相关法律法规及规章制度

（1）《中华人民共和国城乡规划法》（2007年10月28日通过，2019年4月23日第二次修正）之第四十五条；

（2）《国务院关于促进节约集约用地的通知》（2008年01月07日国发〔2008〕3号公布）；

（3）《自然资源部办公厅关于加强国土空间规划监督管理的通知》（2020年5月22日自然资办发〔2020〕27号公布）；

（4）《自然资源部关于以"多规合一"为基础推进规划用地"多审合一、多证合一"改革的通知》（2019年09月17日自然资规〔2019〕2号公布）。

五、竣工决算审计

竣工决算是正确核定新增固定资产价值、综合反映竣工建设项目建设成果和财务情况的总结性文件，是办理固定资产交付手续的依据。建设单位及时、正确地编报竣工决算，对于总结分析建设过程中的经验教训、提高工程造价管理水平及积累技术经济资料等方面，都具有重要意义。

工程建设项目审计类型包括工程结算审计、竣工决算审计、跟踪审计、建设管理审计和专项审计，竣工决算审计是工程建设项目审计的一种形式。竣工决算审计是指审计机构依据国家及地方有关法律、法规和集团公司有关规定，对工程建设项目竣工决算的真实性、完整性、合法性和实现的经济效益、社会效益及环境效益进行的检查、评价和鉴证，是工程建设项目竣工验收前进行的一项制度性审计工作。其主要目的是提高竣工决算质量、保障建设资金合理、合法使用，正确评价投资效益，促进总结建设经验，提高项目管理水平。

（一）竣工决算审计内容

竣工决算审计重点关注投资完成情况和资产交付使用情况、竣工验收条件具备情况、建设程序履行和建设管理情况、投资效益效果，为竣工验收提供依据。

（二）竣工决算审计机构

（1）集团公司审计部负责一类、二类工程建设项目竣工决算审计；

（2）所属企业审计机构负责本企业三类、四类工程建设项目竣工决算审计，对投资较小的四类工程建设项目可简化审计内容，只对投资进行确认。

（三）审计内容

审计的主要内容包括：

（1）竣工决算报表和竣工决算说明书的真实、合法情况；

（2）项目建设规模及总投资控制情况；资金到位和未到位情况及对项目的影响程度；

（3）征地、拆迁费用支出和管理情况；

（4）建设资金使用的真实合法情况，有无转移、侵占、挪用建设资金和违法集资、摊派、收费情况；

（5）项目建筑安装工程核算、设备投资核算、待摊投资的列支内容和分摊及其他投资列支的真实、合法情况；

（6）交付使用资产的真实、合法、完整性；

（7）项目基建收入的来源、分配、上缴和留成使用的真实、合法性；

（8）项目投资包干指标完成的真实性和包干结余资金分配的合法性；

（9）项目尾工工程未完工程量和预留投资资金的真实性；

（10）法律、法规、规章规定需要审计的其他事项。

（四）审计程序

（1）工程项目审计一般遵循以下程序：提出年度审计计划，下达审计通知书，审前准备，审计实施，审计审理，下达审计意见书（决定），审计档案资料存档等。

（2）根据《中国石油天然气集团有限公司工程建设项目竣工验收管理办法》（中油物装〔2021〕192号）第二十三条，一类、二类项目，所属企业应在试生产之日起12个月内编制完成竣工决算书，具备竣工决算审计条件。集团公司主管部门应按批准的竣工决算审计计划完成一类、二类项目审计。三类、四类项目，所属企业应在试生产之日起9个月内完成竣工决算审计。

建设单位应当在编制竣工决算报告后向审计机关提交决算报告，接受审计机关的竣工决算审计。

（3）审计机构一般应在实施审计3日前送达审计通知书，必要时抄送与工程有关的单位。被审计单位接到审计通知书后，应按审计要求做好各项准备。

（4）审计结果的表达采用以下方式：

①审计报告（含综合审计报告）；

②审计意见书；

③审计决定；

④审计机构规定的其他方式。

审计机构对正式立项的审计项目，应依照法规制度对审计事项做出评价，出具审计报告，对需要给予处理的，下达审计意见书（决定），向有关单位和部门、专业公司提出处理意见和建议。对工程建设项目审计中发现的重大事项、建设管理中存在的共性问题或较大风险，以及其他需要引起公司领导关注的重大问题，应及时形成综合审计报告上报。

（五）相关法律法规及规章制度

（1）《基本建设项目竣工财务决算管理暂行办法》（2016年08月18日财建〔2016〕503号公布，2016年9月1日起施行）；

（2）《中国石油天然气集团有限公司工程建设项目审计管理办法》（2018年5月28日中油审〔2018〕235号发布）；

（3）《中国石油天然气集团有限公司工程建设项目竣工验收管理办法》（2021年11月10日中油物装〔2021〕192号发布）

第七节　水运建设项目竣工验收

根据《中华人民共和国港口法》第十九条规定和《港口工程建设管理规定》(交通运输部令 2018 年第 2 号)第三十八条，港口工程建设项目应当按照法规和国家有关规定及时组织竣工验收，经竣工验收合格后方可正式投入使用。港口、码头等水运建设项目竣工验收属于行政许可事项。

一、竣工验收主体

(1)国家重点水运工程建设项目由项目单位向省级交通运输主管部门申请竣工验收。

(2)前款规定以外的港口工程建设项目，属于政府投资的，由项目单位向所在地港口行政管理部门申请竣工验收；属于企业投资的，由项目单位组织竣工验收。

二、竣工验收办理流程及前置条件

(1)港口工程建设项目竣工验收应当具备以下条件：

①已按照批准的工程设计和有关合同约定的各项内容建设完成，各合同段交工验收合格；建设项目有尾留工程的，尾留工程不得影响建设项目的投产使用，尾留工程投资额可以根据实际测算投资额或者按照工程概算所列的投资额列入竣工决算报告，但不超过工程总投资的 5%；

②主要工艺设备或者设施通过调试具备生产条件；

③环境保护设施、安全设施、职业病防护设施、消防设施已按照有关规定通过验收或者备案；航标设施及其他辅助性设施已按照《中华人民共和国港口法》的规定，与港口工程同时建设，并保证按期投入使用；

④竣工档案资料齐全，并通过专项验收；

⑤竣工决算报告编制完成，按照国家有关规定需要审计的，已完成审计；

⑥廉政建设合同已履行。

(2)申请或者组织竣工验收前，项目单位应当组织编制竣工验收报告，竣工验收报告应当包括以下内容：

①项目单位工作报告；

②设计、施工、监理等单位的工作报告；

③质量监督机构出具的交工质量核验意见；

④竣工决算报告(按照国家有关规定需要审计的，应当包括竣工决算审计报告)；

⑤环境保护设施、安全设施、职业病防护设施、消防设施已按照有关部门规定通过验收或者备案的相关文件；

⑥有关批准文件。

(3)项目单位向所在地港口行政管理部门申请竣工验收，应当提交以下材料：

①申请文件；

②竣工验收报告。

三、竣工验收

（一）竣工验收主要内容

港口工程建设项目竣工验收的主要内容：

（1）检查工程执行有关部门批准文件情况；

（2）检查工程实体建设情况，核查质量监督机构出具的交工质量核验意见；

（3）检查工程合同履约情况；

（4）检查工程执行强制性标准情况；

（5）检查环境保护设施、安全设施、职业病防护设施、消防设施、档案等验收或者备案情况；

（6）检查竣工验收报告编制情况；

（7）检查廉政建设合同执行情况；

（8）对存在问题和尾留工程提出处理意见；

（9）对港口工程建设、设计、施工、监理等单位的工作作出综合评价；

（10）对工程竣工验收是否合格作出结论，出具竣工验收现场核查报告。

（二）成立竣工验收现场核查组

（1）港口工程建设项目竣工验收应当成立竣工验收现场核查组对工程进行现场核查。竣工验收现场核查组应当由验收组织部门或者单位、所在地港口行政管理部门、质量监督机构、项目单位人员和专家等组成，并应当邀请海事管理机构等其他依法对项目负有监督管理职责的相关部门参加。工程设计、施工、监理、试验检测等单位人员应当参加现场核查。

（2）竣工验收现场核查组成员应当为 9 人以上单数，其中专家不少于 5 人；竣工验收现场核查组组长由负责组织竣工验收的部门或者单位人员担任。

对于建设内容简单、投资规模较小的备案项目，竣工验收现场核查组可以由 7 人以上单数组成，其中专家不少于 4 人。

（3）竣工验收专家应当具有一定的水运工程建设和管理经验，具备良好的职业道德，具有高级专业技术职称，且不得与项目单位以及勘察、设计、施工、监理、试验检测等单位有直接利害关系。

（三）竣工验收现场核查

（1）竣工验收现场核查组应当对照港口工程竣工验收主要内容，客观公正、实事求是地对工程进行现场核查，形成竣工验收现场核查报告。

（2）竣工验收现场核查报告应当全面反映竣工验收现场核查工作开展情况和工程建设实际情况，并明确作出竣工验收合格或者不合格的核查结论。

（3）竣工验收现场核查报告由竣工验收现场核查组全体成员签字。

竣工验收现场核查组成员对核查结论有不同意见的，应当以书面形式说明其不同意见和理由，竣工验收现场核查报告应当注明不同意见。竣工验收现场核查组组长应当组织全体成员对不同意见进行研究，提出竣工验收是否合格的核查结论。

竣工验收现场核查组成员拒绝在核查报告上签字，又不书面说明其不同意见和理由的，视为同意核查结论。

（4）竣工验收现场核查报告明确竣工验收合格但提出整改要求的，项目单位应当进行整改，将整改情况形成书面材料存档；竣工验收现场核查报告明确竣工验收不合格的，项目单位整改后应当重新申请或者组织竣工验收。

（四）信息报送

（1）港口工程建设项目竣工验收合格后15日内，由项目单位负责组织竣工验收的，项目单位应当将修改完善的竣工验收报告和竣工验收现场核查报告报所在地港口行政管理部门。由省级交通运输主管部门或者所在地港口行政管理部门负责组织竣工验收的，省级交通运输主管部门或者所在地港口行政管理部门应当按照要求将竣工验收报告和竣工验收现场核查报告报上一级交通运输主管部门。

（2）省级交通运输主管部门、所在地港口行政管理部门应当在港口工程建设项目竣工验收后30日内向海事管理机构通报通航技术尺度等信息。

（3）港口工程建设项目竣工验收合格后，项目单位应当按照要求及时登录在线平台填报竣工基本信息。

（4）交通运输主管部门、所在地港口行政管理部门应当通过市场检查、专项督查等方式对项目单位组织的竣工验收工作进行监督检查。上级交通运输主管部门应当对省级交通运输主管部门或者所在地港口行政管理部门组织的竣工验收工作进行监督检查。

（五）分期验收及尾项工程

（1）对于一次设计、分期建成的港口工程建设项目，可以对已建成具有独立使用功能并符合竣工验收条件的部分港口工程建设项目进行分期竣工验收。企业投资的港口工程建设项目的分期竣工验收方案应当报所在地港口行政管理部门。

（2）港口工程建设项目有尾留工程的，项目单位应当落实竣工验收现场核查报告对尾留工程的处理意见。尾留工程完工并符合交工验收条件后，项目单位应当组织尾留工程验收，验收通过后将相关资料报所在地港口行政管理部门。

港口工程建设项目竣工验收合格后，项目单位应当按照国家有关规定办理档案、固定资产交付使用等相关手续；需要进行港口经营的，应当按照《港口经营管理规定》的要求办理相关手续。

四、相关法律法规及规章制度

（1）《中华人民共和国港口法》（2003年6月28日通过，2017年11月4日第二次修正）之第十九条；

（2）《港口工程建设管理规定》（2018年1月15日交通运输部令第2号发布，2019年11月28日第二次修正）之第四十六条至第六十二条。

第八节 房屋建筑和市政基础设施工程竣工验收备案

一、房屋建筑和市政基础设施工程竣工验收

（一）竣工验收实施主体

工程竣工验收由建设单位负责组织实施。

第五章　项目验收阶段合规管理

（二）竣工验收前置条件
（1）完成工程设计和合同约定的各项内容。

（2）施工单位在工程完工后对工程质量进行了检查，确认工程质量符合有关法律、法规和工程建设强制性标准，符合设计文件及合同要求，并提出工程竣工报告。工程竣工报告应经项目经理和施工单位有关负责人审核签字。

（3）对于委托监理的工程项目，监理单位对工程进行了质量评估，具有完整的监理资料，并提出工程质量评估报告。工程质量评估报告应经总监理工程师和监理单位有关负责人审核签字。

（4）勘察、设计单位对勘察、设计文件及施工过程中由设计单位签署的设计变更通知书进行了检查，并提出质量检查报告。质量检查报告应经该项目勘察、设计负责人和勘察、设计单位有关负责人审核签字。

（5）有完整的技术档案和施工管理资料。

（6）有工程使用的主要建筑材料、建筑构配件和设备的进场试验报告，以及工程质量检测和功能性试验资料。

（7）建设单位已按合同约定支付工程款。

（8）有施工单位签署的工程质量保修书。

（9）对于住宅工程，进行分户验收并验收合格，建设单位按户出具《住宅工程质量分户验收表》。

（10）建设主管部门及工程质量监督机构责令整改的问题全部整改完毕。

（11）法律、法规规定的其他条件。

（三）工程竣工验收程序
（1）工程完工后，施工单位向建设单位提交工程竣工报告，申请工程竣工验收。实行监理的工程，工程竣工报告须经总监理工程师签署意见。

（2）建设单位收到工程竣工报告后，对符合竣工验收要求的工程，组织勘察、设计、施工、监理等单位组成验收组，制定验收方案。对于重大工程和技术复杂工程，根据需要可邀请有关专家参加验收组。

（3）建设单位应当在工程竣工验收7个工作日前将验收的时间、地点及验收组名单书面通知负责监督该工程的工程质量监督机构。

（4）建设单位组织工程竣工验收。

①建设、勘察、设计、施工、监理单位分别汇报工程合同履约情况和在工程建设各个环节执行法律、法规和工程建设强制性标准的情况；

②审阅建设、勘察、设计、施工、监理单位的工程档案资料；

③实地查验工程质量；

④对工程勘察、设计、施工、设备安装质量和各管理环节等方面作出全面评价，形成经验收组人员签署的工程竣工验收意见。

参与工程竣工验收的建设、勘察、设计、施工、监理等各方不能形成一致意见时，应当协商提出解决的方法，待意见一致后，重新组织工程竣工验收。

（四）竣工验收报告
工程竣工验收合格后，建设单位应当及时提出工程竣工验收报告。工程竣工验收报告主要包括工程概况，建设单位执行基本建设程序情况，对工程勘察、设计、施工、监理等方面的评价，工程竣工验收时间、程序、内容和组织形式，工程竣工验收意见等内容。

工程竣工验收报告还应附有下列文件：

（1）施工许可证；

（2）施工图设计文件审查意见；

（3）施工单位提出的竣工验收报告、监理单位提出的工程质量评估报告、勘察设计单位提出的质量检查报告、施工单位签署的工程质量保修书；

（4）验收组人员签署的工程竣工验收意见；

（5）法规、规章规定的其他有关文件。

（五）竣工验收监督

负责监督该工程的工程质量监督机构应当对工程竣工验收的组织形式、验收程序、执行验收标准等情况进行现场监督，发现有违反建设工程质量管理规定行为的，责令改正，并将对工程竣工验收的监督情况作为工程质量监督报告的重要内容。

二、房屋建筑和市政基础设施工程竣工验收备案

（一）备案时限

建设单位应当自工程竣工验收合格之日起15日内，向工程所在地的县级以上地方人民政府建设主管部门（以下简称备案机关）备案。

（二）竣工验收备案材料

建设单位办理工程竣工验收备案应当提交下列文件：

（1）工程竣工验收备案表；

（2）工程竣工验收报告。竣工验收报告应当包括工程报建日期，施工许可证号，施工图设计文件审查意见，勘察、设计、施工、工程监理等单位分别签署的质量合格文件及验收人员签署的竣工验收原始文件，市政基础设施的有关质量检测和功能性试验资料及备案机关认为需要提供的有关资料；

（3）法律、行政法规规定应当由规划、环保等部门出具的认可文件或者准许使用文件；

（4）法律规定应当由公安消防部门出具的对大型的人员密集场所和其他特殊建设工程验收合格的证明文件；

（5）施工单位签署的工程质量保修书；

（6）法规、规章规定必须提供的其他文件。

住宅工程还应当提交《住宅质量保证书》和《住宅使用说明书》。

（三）备案文件

备案机关收到建设单位报送的竣工验收备案文件，验证文件齐全后，应当在工程竣工验收备案表上签署文件收讫。

工程竣工验收备案表一式两份，一份由建设单位保存，一份留备案机关存档。

（四）工程质量监督报告

工程质量监督机构应当在工程竣工验收之日起5日内，向备案机关提交工程质量监督报告。

（五）竣工验收监管

备案机关发现建设单位在竣工验收过程中有违反国家有关建设工程质量管理规定行为的，应当在收讫竣工验收备案文件15日内，责令停止使用，重新组织竣工验收。

三、相关法律法规及规章制度

（1）《建设工程质量管理条例》（2000年1月30日国务院令第279号公布，2019年4月23日第二次修订）之第四十九条；

（2）《房屋建筑和市政基础设施工程竣工验收规定》（2013年12月2日建质〔2013〕171号公布）；

（3）《房屋建筑和市政工程基础设施工程竣工验收备案管理办法》（2000年4月4日建设部令第2号公布，2009年10月19日修改）。

第九节　天然气储运工程竣工验收

竣工验收是对项目是否按照国家法律法规、标准规范和设计要求建成以及能否合法、正常生产和使用等事项，进行全面检验和综合评价的活动。天然气储运工程建成后应及时进行竣工验收。竣工验收合格后，项目方可转入正常生产。

一、工程竣工验收实施主体

根据《中国石油天然气集团有限公司工程建设项目竣工验收管理办法》（中油物装〔2021〕192号）：

（1）工程和物装管理部负责组织集团公司重点工程（以下简称"重点工程"）竣工验收；

（2）专业公司负责重点工程竣工验收条件审查，参加重点工程竣工验收，组织权限范围内的项目竣工验收；

（3）所属企业负责组织管理权限外项目初步验收，并向专业公司申请竣工验收；负责管理权限范围内项目竣工验收。

二、竣工验收依据和前置条件

（一）项目竣工验收主要依据

（1）国家有关法律法规；

（2）工程建设有关标准和规范；

（3）集团公司有关规定；

（4）国家或地方政府项目核准、备案文件，项目（预）可行性研究报告、初步设计、详细设计、专项评价和项目变更等批复文件；

（5）安全设施、环境保护设施、职业病防护设施、水土保持设施、节能、安全防范系统、雷电防护装置等验收意见，消防验收合格意见或消防验收备案材料，档案验收意见，竣工决算审计意见等；

（6）其他相关文件。

（二）前置条件

（1）工程质量合格。项目工程质量符合国家有关法律、法规和工程建设强制性标准，符合设计文件和合同要求，施工单位已签署工程保修书；

（2）建成投产（运）并平稳运行。项目按批准的设计文件内容建成，试运合格，并连续平稳运行；其中，生产型项目应实现投料试车合格，并连续生产出设计文件所规定的合格产品；

（3）达到设计指标。经过连续72小时试运考核，主要经济技术指标和生产（处理）能力达到设计要求；引进国外技术的建设项目，按合同规定进行生产考核，并达到合同要求；

（4）生产组织系统建立并正常运行。生产组织、人员配备、生产物资供应、检修能力和规章制度等适应生产需要；

（5）专项验收工作完成。

三、竣工验收管理程序

（一）验收阶段

（1）一类、二类项目可分初步验收和竣工验收两个阶段，在完成初步验收后应及时组织竣工验收。

（2）其他项目直接组织竣工验收。

（3）对分期建设项目，应根据可行性研究报告或初步设计批复的分期建设内容，分期组织竣工验收。

（二）验收时限

（1）一类、二类项目应在试生产之日起，24个月内完成竣工验收。如不能按期验收，所属企业应分析原因，制定整改措施方案，并在到期前3个月提出延期申请，报送专业公司审批，但延长期不得超过6个月。

（2）三类、四类项目应在试生产之日起，12个月内完成竣工验收。如不能按期验收，所属企业应分析原因，并制定整改措施方案，但延长期不得超过3个月。

（三）专项验收

（1）建设单位应结合项目实际，按照有关规定，在规定时限内完成专项验收或获取所需专项验收合格批准文件。分期建设的项目，所属企业应按项目批复文件和规定程序分期完成专项验收或获取所需专项验收合格批准文件。

专项验收主要包括但不限于：安全设施验收、环境保护设施验收、职业病防护设施验收、水土保持设施验收、消防验收、档案验收和竣工决算审计等。

（2）安全设施、环境保护设施、职业病防护设施、水土保持设施、消防设施、节能、安全防范系统、雷电防护装置等应与主体工程同时设计、同时施工、同时投入使用。

（3）专项验收及其他相关验收不合格的，建设单位应组织承包商对提出的问题进行整改，并按有关规定重新组织验收。

（四）初步验收

（1）项目初步验收应在专项验收合格后进行。所属企业组织本单位相关部门、工程质量监督机构，以及勘察、设计、工程总承包、施工、监理、检测等承包商对项目进行初步验收，重点检查设计、施工质量，核查竣工文件，为竣工验收作好准备。

（2）项目初步验收程序可分为以下步骤：
①所属企业成立初步验收小组，确定初步验收议程；
②听取竣工验收报告；
③听取和审议项目生产准备和生产考核情况总结，以及勘察、设计、工程总承包、施工、监理、检测等单项总结；
④工程质量监督机构通报工程质量监督情况；
⑤对专项验收进行符合性审查；
⑥审查竣工文件完整性和准确性；
⑦现场查验项目建设情况；
⑧相关单位对存在问题进行落实并限期整改；
⑨对项目做出全面评价，形成统一意见，验收小组成员签署初步验收意见。

（五）竣工验收

（1）项目满足竣工验收条件或经初步验收合格并完成问题整改后，所属企业按照管理权限向专业公司申请竣工验收或自行组织竣工验收。

重点工程由所属企业报专业公司进行初审，符合条件的由专业公司向工程和物装管理部报告申请竣工验收，工程和物装管理部组织验收；非重点工程的一类项目和二类项目按照管理权限或向专业公司申请竣工验收，或由所属企业自行组织验收；三、四类项目由所属企业自行组织竣工验收。

（2）项目验收应成立竣工验收委员会，竣工验收委员会设主任委员一人，副主任委员若干人，委员若干人。工程和物装管理部、专业公司组织竣工验收的项目，竣工验收主任委员由工程和物装管理部、专业公司负责指定，委员应包含集团公司相关部门、所属企业、工程质量监督机构有关人员，必要时可邀请项目所在地行政主管部门和工艺技术、工程质量、工程造价、安全环保、档案管理、生产运行等方面专家参加。所属企业组织竣工验收的项目，根据项目实际情况可精简竣工验收委员会成员。

所属企业应组织勘察、设计、工程总承包、施工、监理和检测等承包商参加竣工验收工作。

（3）项目竣工验收程序可分为以下步骤：
①召开预备会议。成立竣工验收委员会，确定竣工验收专业分组，确定竣工验收议程；
②召开首次竣工验收会议。听取和审议项目竣工验收报告；听取和审议所属企业关于项目初步验收情况汇报，或听取和审议不需组织初步验收项目的生产准备、生产考核情况总结，以及勘察、设计、工程总承包、施工、监理、检测等单项总结；听取工程质量监督机构质量监督结论意见；对安全设施、环境保护设施、职业病防护设施、水土保持设施、消防验收、档案验收和竣工决算审计等专项验收进行符合性审查；
③现场验收。现场查验工程建设情况，重点查看相关专项验收等发现的问题整改落实情况；
④竣工验收总结会议。明确验收中发现的问题及整改时间要求；讨论形成并签署竣工验收鉴定书。

（4）项目竣工验收不合格的，所属企业应根据竣工验收意见限期组织整改，并重新履行竣工验收程序。

（5）项目竣工验收费用应按照国家和集团公司有关项目核算规定规范列支。由于设计、施工或其他原因造成额外竣工验收费用，按合同约定由相关责任单位承担。

（6）竣工验收通过后，所属企业应按照规定及时接收项目资产，参建各方应提供相关资产清单并办理资产移交手续。

四、相关法律法规及规章制度

（1）《中国石油天然气集团有限公司工程建设项目管理规定》（2021年3月11日中油物装〔2021〕41号发布）之第七十二条至第七十九条；

（2）《中国石油天然气集团有限公司工程建设项目竣工验收管理办法》（2021年11月10日中油物装〔2021〕192号发布）。

第六章 项目后评价阶段合规管理

第一节 项目后评价概念及一般要求

一、项目后评价的概念

项目后评价是指在项目竣工验收并投入使用或运营一定时间后,运用规范、科学、系统的评价方法与指标,将项目建成后所达到的实际效果与项目的可行性研究报告、初步设计(含概算)文件及其审批文件的主要内容进行对比分析,找出差距及原因,总结经验教训、提出相应对策建议,并反馈到项目参与各方,形成良性项目决策机制。

根据需要,可针对项目全过程管理中的某一环节进行专题评价,对同类的多个项目进行综合性的专项评价;也可对出现重大调整或外部环境发生重大变化的项目在竣工验收前进行阶段性的中间评价,对已开展后评价项目的效益效果情况进行后续的跟踪评价。

项目后评价是投资项目闭环管理的重要环节,是完善投资项目监管体系、改善投资决策和管理、提高投资质量和效益的重要手段,是开展投资管理与投资效益监督考核和落实责任追究的依据。

二、项目后评价的分类

项目后评价分为简化后评价和详细后评价。

(一)项目简化后评价

项目简化后评价主要是针对项目前期决策、建设实施、生产运营、投资与绩效等进行简要评价。简化后评价报告按照集团公司规定的相关模板编制。

(二)项目详细后评价

项目详细后评价是对典型项目的目标、过程管理、投资效益、持续性等进行综合分析评价,包括所属企业自我后评价(以下简称"自评价")和咨询机构独立后评价。主要评价内容有项目前期工作评价、建设实施评价、生产运营评价、投资与财务效益评价、影响与持续性评价和总体评价结论。项目后评价报告按照集团公司规定的后评价报告编制细则或大纲,应用后评价信息管理系统进行编制,具体内容可根据项目的规模、特点、委托要求和评价时点等有所区别和侧重。

三、项目后评价工作方法

(1)项目后评价分析应采用定性和定量相结合方法,主要包括调查法、对比法、逻辑框架法、项目成功度评价法等。其中,调查法包括资料查阅、现场检查、问卷调查、访谈和座谈讨论会等，对比法包括前后对比、有无对比和横向对比方法。

具体评价方法应根据项目特点和后评价要求，选择一种或多种方法对项目进行综合评价。

（2）建设单位自评价应侧重前后对比，客观真实反映项目实际情况，突出前期工作、实施、生产运营和财务效益等方面的总结与评价，对项目预期目标实现程度进行分析评价。

（3）咨询机构独立后评价应采用前后对比和横向对比相结合方式，在项目自评价工作基础上，结合项目特点，重点对项目前期工作、财务效益、影响与持续性、项目竞争力和成功度等方面进行分析评价，总结项目经验教训，针对问题提出建议及整改措施。

（4）项目后评价应借鉴项目审计、纪检监察、内控与风险管理、竣工验收等工作成果。

四、后评价咨询机构的基本条件

后评价咨询机构接受后评价业务主管部门委托开展后评价工作。后评价咨询机构应具备下列条件：

（1）具有相应专业资信且熟悉集团公司相关行业投资项目的特点；

（2）具有符合后评价业务要求的专业技术、工程经济及项目管理人员；

（3）项目负责人和骨干人员应熟悉集团公司投资管理、工程建设管理等相关制度和规定，一般应具有相关专业高级及以上技术职称和丰富的管理经验；

（4）具有良好的信誉和业绩；

（5）其他应具备的条件。

五、相关法律法规及规章制度

《中国石油天然气集团有限公司投资项目后评价管理办法》（2019年12月23日中油计〔2019〕436号发布）。

第二节　集团公司投资项目后评价

一、简化后评价

（一）简化后评价项目范围

集团公司、专业公司或所属企业批复可行性研究报告的所有项目，建成投产运行满1年均应及时开展简化后评价。

（二）简化后评价工作程序

（1）所属企业是项目简化后评价的实施主体，按照集团公司各类项目简化后评价表，应用后评价信息管理系统在3个月内完成简化后评价表填报。

（2）建成投产运行满1年，投资在1000万元以下的工程建设项目、单台（套）投资500万元以下的非安装设备购置项目，原则上不需单独填报简化后评价表，可根据实际情况将项目信息填报后评价归类汇总简表。

二、详细后评价

（一）详细后评价项目范围

（1）详细后评价主要针对典型项目开展。集团公司、专业公司和所属企业编制后评价年度计划时，应结合简化后评价成果，原则上选择一定数量的投产运行时间不少于一个完整会计年度的项目开展详细后评价，主要包括：

①对集团公司业务发展、产业结构调整有重大指导和示范意义的项目；

②对优化资源配置、完善产业布局、促进技术进步、节约资源、保护环境和提升整体效益有较大影响的项目；

③重大境外投资、重大合资合作和新业务的项目；

④采用新技术、新工艺、新设备、新材料和新型建设管理模式，以及其他具有特殊示范意义的项目；

⑤投资大或工期长、建设条件较复杂的项目；

⑥进行重大技术改造和改扩建的项目；

⑦对环境、社会产生较大影响或社会舆论普遍关注的项目。

（2）对项目建设过程中发生重大方案调整、项目投产后产品市场、原料供应条件或投资发生重大变化，以及工期超过计划1年以上或建成后1年以上不能正式投用的项目，所属企业应参照详细后评价要求开展中间评价。

（二）详细后评价工作程序

（1）集团公司发展计划部组织的详细后评价项目工作程序包括后评价计划下达、所属企业自评价、咨询单位独立后评价、反馈后评价意见、整改落实五个阶段。具体如下：

①集团公司以文件形式下达年度详细后评价计划，明确后评价范围、评价时点、重点内容、工作组织及进度要求等；

②所属企业应成立后评价工作领导小组，负责制定自评价工作计划、明确职责、报告审查与工作协调。领导小组下设工作组，由所属企业后评价业务主管部门牵头，财务、建设管理、生产运行等职能部门和建设单位参加。工作组负责填报自评价标准数据信息采集表，3个月内完成项目自评价报告。经所属企业后评价工作领导小组审查及发展计划部验收后，以函件形式报发展计划部，并将项目自评价报告上传后评价信息管理系统；

③咨询机构在接受委托后，应组建满足专业评价要求的独立后评价项目组和后评价专家组，在现场调研后2个月内完成独立后评价报告，经发展计划部验收后，以函件形式报发展计划部，并将项目独立后评价报告、后评价标准数据信息采集表和后评价专家意见表等过程文件上传后评价信息管理系统；

④发展计划部应根据所属企业自评价报告和咨询机构独立后评价报告，组织有关部门和单位进行分析和评价，形成项目后评价意见，及时将项目后评价成果和有关信息反馈到相关部门、单位和机构；

⑤所属企业应认真组织落实项目后评价意见中提出的整改要求和建议，在后评价意见下达3个月内，将落实情况以函件形式报发展计划部，同时抄送专业公司。

（2）专业公司和所属企业组织的详细后评价工作应参照实施，程序可适当简化。

（三）相关法律法规及规章制度

(1)《中央企业固定资产投资项目后评价工作指南》(2005年5月25日国资发规划〔2005〕92号发布);

(2)《中国石油天然气集团有限公司投资项目后评价管理办法》(2019年12月23日中油计〔2019〕436号发布)。

第三节　中央政府投资项目后评价

一、后评价项目范围

国家发展改革委审批可行性研究报告的中央政府投资项目。

二、项目后评价工作程序

（一）自我总结评价

(1)项目单位应在项目竣工验收并投入使用或运营1至2年时,将自我总结评价报告报送国家发展改革委。其中,中央本级项目通过项目行业主管部门报送同时抄送项目所在地省级发展改革部门,其他项目通过省级发展改革部门报送同时抄送项目行业主管部门。

(2)项目单位可委托具有相应资质的工程咨询机构编写自我总结评价报告。项目单位对自我总结评价报告及相关附件的真实性负责。

(3)项目自我总结评价报告应主要包括以下内容：

①项目概况：项目目标、建设内容、投资估算、前期审批情况、资金来源及到位情况、实施进度、批准概算及执行情况等；

②项目实施过程总结：前期准备、建设实施、项目运行等；

③项目效果评价：技术水平、财务及经济效益、社会效益、资源利用效率、环境影响、可持续能力等；

④项目目标评价：目标实现程度、差距及原因等；

⑤项目总结：评价结论、主要经验教训和相关建议。项目自我总结评价报告可参照项目后评价报告编制大纲进行编制。

(4)项目单位在提交自我总结评价报告时,应同时提供开展项目后评价所需要的以下文件及相关资料清单：

①项目审批文件。主要包括项目建议书、可行性研究报告、初步设计和概算、特殊情况下的开工报告、规划选址和土地预审报告、环境影响评价报告、安全预评价报告、节能评估报告、重大项目社会稳定风险评估报告、洪水影响评价报告、水资源论证报告、水土保持报告、金融机构出具的融资承诺文件等相关的资料,以及相关批复文件。

②项目实施文件。主要包括项目招投标文件、主要合同文本、年度投资计划、概算调整报告、施工图设计会审及变更资料、监理报告、竣工验收报告等相关资料,以及相关的批复文件。

③其他资料。主要包括项目结算和竣工财务决算报告及资料,项目运行和生产经营情况,财务报表以及其他相关资料,与项目有关的审计报告、稽查报告和统计资料等。

（二）确定后评价项目

（1）国家发展改革委结合项目单位自我总结评价情况，确定需要开展后评价工作的项目，制定项目后评价年度计划，印送有关项目行业主管部门、省级发展改革部门和项目单位。

（2）列入后评价年度计划的项目主要从以下项目中选择：

①对行业和地区发展、产业结构调整有重大指导和示范意义的项目；

②对节约资源、保护生态环境、促进社会发展、维护国家安全有重大影响的项目；

③对优化资源配置、调整投资方向、优化重大布局有重要借鉴作用的项目；

④采用新技术、新工艺、新设备、新材料、新型投融资和运营模式，以及其他具有特殊示范意义的项目；

⑤跨地区、跨流域、工期长、投资大、建设条件复杂，以及项目建设过程中发生重大方案调整的项目；

⑥征地拆迁、移民安置规模较大，可能对贫困地区、贫困人口及其他弱势群体影响较大的项目，特别是在项目实施过程中发生过社会稳定事件的；

⑦使用中央预算内投资数额较大且比例较高的项目；

⑧重大社会民生项目；

⑨社会舆论普遍关注的项目。

（三）后评价工作实施

（1）国家发展改革委根据项目后评价年度计划，委托具备相应资质的工程咨询机构承担项目后评价任务。

参加过同一项目前期、建设实施工作或编写自我总结评价报告的工程咨询机构不得承担该项目的后评价任务。

（2）承担项目后评价任务的工程咨询机构，在接受委托后，应组建满足专业评价要求的工作组，在现场调查、资料收集和社会访谈的基础上，结合项目自我总结评价报告，对照项目的可行性研究报告、初步设计（概算）文件及其审批文件的相关内容，对项目进行全面系统地分析评价。

（3）承担项目后评价任务的工程咨询机构，应当按照国家发展改革委的委托要求和投资管理相关规定，根据业内应遵循的评价方法、工作流程、质量保证要求和执业行为规范，独立开展项目后评价工作，在规定时限内完成项目后评价任务，提出合格的项目后评价报告。

（4）项目后评价应按照适用性、可操作性、定性和定量相结合原则，制定规范、科学、系统的评价指标。

承担项目后评价任务的工程咨询机构，应根据项目特点和后评价的要求，在充分调查研究的基础上，确定具体项目后评价指标及方案。

（5）工程咨询机构在开展项目后评价的过程中，应当采取适当方式听取社会公众和行业专家的意见，并在后评价报告中设立独立篇章予以客观反映。

三、后评价报告内容

根据《中央政府投资项目后评价报告编制大纲（试行）》，后评价报告内容包括六部分。

（一）项目概况

项目概况主要包括：

（1）项目基本情况。

（2）项目决策理由与目标。

（3）项目建设内容及规模。

（4）项目投资情况。

（5）项目资金到位情况。

（6）项目运营（行）及效益现状。

（7）项目自我总结评价报告情况及主要结论。

（8）项目后评价依据、主要内容和基础资料。

（二）项目全过程总结与评价

1. 项目前期决策总结与评价

（1）项目建议书主要内容及批复意见。

（2）可行性研究报告主要内容及批复意见。

（3）项目初步设计（含概算）主要内容及批复意见（大型项目应在初步设计前增加总体设计阶段）。主要包括工程特点、工程规模、主要技术标准、主要技术方案、初步设计批复意见。

（4）项目前期决策评价。主要包括项目审批依据是否充分，是否依法履行了审批程序，是否依法附具了土地、环评、规划等相关手续。

2. 项目建设准备、实施总结与评价

（1）项目实施准备。

（2）项目实施组织与管理。

（3）合同执行与管理。

（4）信息管理。

（5）控制管理。

（6）重大变更设计情况。

（7）资金使用管理。

（8）工程监理情况。

（9）新技术、新工艺、新材料、新设备的运用情况。

（10）竣工验收情况。

（11）项目试运营（行）情况。

（12）工程档案管理情况。

3. 项目运营（行）总结与评价

（1）项目运营（行）概况。

（2）项目运营（行）状况评价。

（三）项目效果和效益评价

1. 项目技术水平评价

（1）项目技术效果评价。

（2）项目技术标准评价。

（3）项目技术方案评价。
（4）技术创新评价。
（5）设备国产化评价（主要适用于轨道交通等国家特定要求项目）。

2. 项目财务及经济效益评价

（1）竣工决算与可研报告的投资对比分析评价。主要包括分年度工程建设投资和建设期贷款利息等其他投资。
（2）资金筹措与可研报告对比分析评价。主要包括资本金比例、资本金筹措、贷款资金筹措等。
（3）运营（行）收入与可研报告对比分析评价。主要包括分年度实际收入和以后年度预测收入。
（4）项目成本与可研报告对比分析评价。主要包括分年度运营（行）支出和以后年度预测成本。
（5）财务评价与可研报告对比分析评价。主要包括财务评价参数和评价指标。
（6）国民经济评价与可研报告对比分析评价。主要包括国民经济评价参数和评价指标。
（7）其他财务、效益相关分析评价。比如项目单位财务状况分析与评价。

3. 项目经营管理评价

（1）经营管理机构设置与可研报告对比分析评价。
（2）人员配备与可研报告对比分析评价。
（3）经营管理目标。
（4）运营（行）管理评价。

4. 项目资源环境效益评价

（1）项目环境保护合规性。
（2）环保设施设置情况。项目环境保护设施落实环境影响报告书及前期设计情况、差异原因。
（3）项目环境保护效果、影响及评价。
（4）公众参与调查与评价。
（5）项目环境保护措施建议。
（6）环境影响评价结论。
（7）节能效果评价。项目落实节能评估报告及能评批复意见情况、差异原因，以及项目实际能源利用效率。

5. 项目社会效益评价

（1）利益相关者分析。
（2）社会影响分析。
（3）互适应性分析。
（4）社会稳定风险分析。

（四）项目目标和可持续性评价

1. 项目目标评价

（1）项目的工程建设目标。

（2）总体及分系统技术目标。

（3）总体功能及分系统功能目标。

（4）投资控制目标。

（5）经济目标。对经济分析及财务分析主要指标、运营成本、投资效益等是否达到决策目标的评价。

（6）项目影响目标。项目实现的社会经济影响、项目对自然资源综合利用和生态环境的影响以及对相关利益群体的影响等是否达到决策目标。

2. 项目可持续性评价

（1）项目的经济效益。主要包括项目全生命周期的经济效益和项目的间接经济效益。

（2）项目资源利用情况。

（3）项目的可改造性。主要包括改造的经济可能性和技术可能性。

（4）项目环境影响。主要包括对自然环境的影响、对社会环境的影响、对生态环境的影响。

（5）项目科技进步性。主要包括项目设计的先进性和技术的先进性。

（6）项目的可维护性。

（五）项目后评价结论和主要经验教训

1. 后评价主要内容和结论

（1）过程总结与评价。根据对项目决策、实施、运营阶段的回顾分析，归纳总结评价结论。

（2）效果、目标总结与评价。根据对项目经济效益、外部影响、持续性的回顾分析，归纳总结评价结论。

（3）综合评价。

2. 主要经验和教训

按照决策和管理部门所关心问题的重要程度，主要从决策和前期工作评价、建设目标评价、建设实施评价、征地拆迁评价、经济评价、环境影响评价、社会评价、可持续性评价等方面进行评述。

（1）主要经验。

（2）主要教训。

（六）对策建议

（1）宏观建议。对国家、行业及地方政府的建议。

（2）微观建议。对企业及项目的建议。

四、后评价结果应用

（1）中央企业投资项目后评价成果（经验、教训和政策建议）应成为编制规划和投资决策的参考和依据。《项目后评价报告》应作为企业重大决策失误责任追究的重要依据。

（2）中央企业在新投资项目策划时，应参考过去同类项目的后评价结论和主要经验教训（相关文字材料应附在立项报告之后，一并报送决策部门）。在新项目立项后，应尽可能参考项目后评价指标体系，建立项目管理信息系统，随项目进程开展监测分析，改善项目日常管理，并为项目后评价积累资料。

五、相关法律法规及规章制度

（1）《中央政府投资项目后评价管理办法》（2014年9月21日发改投资〔2014〕2129号印发）；

（2）《中央政府投资项目后评价报告编制大纲（试行）》（2014年9月21日发改投资〔2014〕2129号印发）。

参 考 文 献

[1] GB/T 35770—2022 合规管理体系 要求及使用指南 [S].
[2] GB/T 29639—2020 生产经营单位生产安全事故应急预案编制导则 [S].
[3] GB 50028—2006 城镇燃气设计规范（2020 年版）[S].
[4] GB 50251—2015 输气管道工程设计规范 [S].
[5] GB 50253—2014 输油管道工程设计规范 [S].
[6] GB 31221—2014 气象探测环境保护规范 地面气象观测站 [S].
[7] GB 31222—2014 气象探测环境保护规范 高空气象观测站 [S].
[8] GB 31223—2014 气象探测环境保护规范 天气雷达站 [S].
[9] GB 31224—2014 气象探测环境保护规范 大气本底站 [S].
[10] GB 13615—2009 地球站电磁环境保护要求 [S].
[11] GB 50348—2018 安全防范工程技术标准 [S].
[12] SL 520—2014 洪水影响评价报告编制导则 [S].
[13] GA 1551.1—2019 石油石化系统治安反恐防范要求 第 1 部分：油气田企业 [S].
[14] GA 1551.2—2019 石油石化系统治安反恐防范要求 第 2 部分：炼油与化工企业 [S].
[15] GA 1551.3—2019 石油石化系统治安反恐防范要求 第 3 部分：成品油和天然气销售企业 [S].
[16] GA 1551.6—2021 石油石化系统治安反恐防范要求 第 6 部分：石油天然气管道企业 [S].
[17] TSG D7006—2020 压力管道监督检验规则 [S].
[18] Q/SY 25002—2019 石油天然气建设工程质量监督管理规范 [S].
[19] 刘彬 . S 房地产公司合规管理体系构建的研究 [D]. 石家庄：河北师范大学，2023：1-4.
[20] 李霞琴 . 青海移动工程建设项目合规管理研究 [D]. 南京：南京邮电大学，2018：3-5.